Informationstechnologie für Ingenieure

Martin Eigner • Florian Gerhardt • Torsten Gilz
Fabrice Mogo Nem

Informationstechnologie für Ingenieure

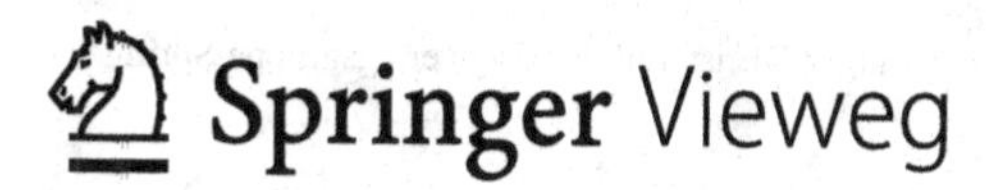

Martin Eigner
Lehrstuhl für virtuelle Produktentwicklung
TU Kaiserslautern
Gottlieb-Daimler-Straße, Geb. 44
Kaiserslautern
Deutschland

Torsten Gilz
Lehrstuhl für virtuelle Produktentwicklung
TU Kaiserslautern
Gottlieb-Daimler-Straße, Geb. 44
Kaiserslautern
Deutschland

Florian Gerhardt
Lehrstuhl für virtuelle Produktentwicklung
TU Kaiserslautern
Gottlieb-Daimler-Straße, Geb. 44
Kaiserslautern
Deutschland

Fabrice Mogo Nem
Lehrstuhl für virtuelle Produktentwicklung
TU Kaiserslautern
Gottlieb-Daimler-Straße, Geb. 44
Kaiserslautern
Deutschland

ISBN 978-3-642-24892-4
ISBN 978-3-642-24893-1 (eBook)
DOI 10.1007/978-3-642-24893-1

Die Deutsche Nationalbibliothek verzeichnet diese Publikation in der Deutschen Nationalbibliografie; detaillierte bibliografische Daten sind im Internet über http://dnb.d-nb.de abrufbar.

Springer Vieweg

Gedruckt auf säurefreiem und chlorfrei gebleichtem Papier

Springer Vieweg ist eine Marke von Springer DE. Springer DE ist Teil der Fachverlagsgruppe Springer Science+Business Media
www.springer-vieweg.de

Vorwort

*Denn es ist eines ausgezeichneten Mannes nicht würdig,
wertvolle Stunden wie ein Sklave im Keller der einfachen
Rechnungen zu verbringen. Diese Aufgaben könnten ohne
Besorgnis abgegeben werden, wenn wir Maschinen hätten.*
Gottfried Wilhelm Leibnitz, 1646–1716

Was im 17. Jahrhundert noch Wunsch war, ist heute Realität. Die Informationstechnologie ist Bestandteil von Maschinen und erweitert den Funktionsumfang in vielfältiger Weise, um den Menschen zu unterstützen.

Das Buch ist entstanden auf Basis der Erfahrungen aus der IT Lehrveranstaltung am Fachbereich Maschinenbau an der TU Kaiserslautern. Zu Beginn der IT-Ausbildung im Maschinenbau bestand die Vorlesung aus reiner Informatik, was bei den Studierenden des Maschinenbaus wenig Zuspruch fand und sich sowohl bei der Vorlesungsumfrage als auch in den Prüfungsergebnissen widerspiegelte.

Im Rahmen einer konzeptionellen Umgestaltung, durch Einführung zahlreicher Praxisbeispiele sowie den Zusammenbau und die Programmierung des Roboters Asuro in Kleingruppenübungen, konnte ein deutlich stärker werdendes Interesse der Studierenden an der Anwendung von Informationstechnologie festgestellt werden.

In diesem Buch möchten die Autoren die Notwendigkeit einer interdisziplinären und anwendungsbezogenen Ausbildung von Ingenieuren in den Vordergrund stellen. Exemplarisches interdisziplinäres Lernen soll helfen, die Herausforderungen heutiger Produktentwicklung besser zu verstehen.

Die Erfahrungen haben gezeigt, dass die Studierenden von heute auch mit Problemen von heute konfrontiert werden möchten, um zu Ingenieuren von morgen ausgebildet zu werden.

Kaiserslautern,
im Dezember 2011

Martin Eigner, Florian Gerhardt,
Torsten Gilz und Fabrice Mogo Nem

Inhaltsverzeichnis

Autoren

Prof. Dr. Ing. Martin Eigner Experte für Product Lifecycle Management und CAD/CAM, gründete 1985 die EIGNER + PARTNER GmbH. Von 2001 bis 2003 bekleidete er den Posten des Aufsichtsratsvorsitzenden der EIGNER Inc. in Waltham, Massachusetts (USA). Prof. Eigner gründete im Juli 2001 die Beratungsfirma ENGINEERING CONSULT. Seit Oktober 2004 leitet er den Lehrstuhl für Virtuelle Produktentwicklung (VPE) an der Universität Kaiserslautern.

Dr. Ing. Dipl. Inf. Florian Gerhardt studierte von 2001 bis 2007 Informatik an der Technischen Universität Kaiserslautern mit Schwerpunkten in der Softwareentwicklung und der Computergrafik/Visualisierung. Nach Abschluss seines Studiums promovierte er am Lehrstuhl für Virtuelle Produktentwicklung. Seit 2011 ist Dr. Gerhardt als Mitarbeiter bei der BMW Group am Standort München beschäftigt und arbeitet dort in der Lieferanten- und Partnerintegration.

Dipl. Ing. Torsten Gilz studierte Maschinenbau mit angewandter Informatik mit den Schwerpunkten Konstruktion und CAD sowie Eingebettete Systeme und Robotik an der Technischen Universität Kaiserslautern. Nach Abschluss seines Studiums 2008 nahm er dort eine Stelle als Wissenschaftlicher Mitarbeiter am Lehrstuhl für Virtuelle Produktentwicklung (VPE) an. In dieser Zeit begleitete er die Veranstaltung „Integrated Design Engineering Education" (IDEE) und „Informationstechnologie im Maschinenbau". Sein Forschungsgebiet ist Systems Engineering in der frühen Phase der mechatronischen Produktentwicklung.

Dr. Ing. Dipl. Inf. Fabrice Mogo Nem studierte Informatik mit den Schwerpunkten Eingebettete Systeme, Rechnernetze und Datenbanken an der Technischen Universität Kaiserslautern. Nach Abschluss seines Studiums 2007 nahm er dort eine Stelle als Wissenschaftlicher Mitarbeiter am Lehrstuhl für Virtuelle Produktentwicklung (VPE) an. In dieser Zeit begleitete er die Vorlesung „Informationstechnologie für den Maschinenbau" und promovierte im Februar 2011 im Bereich Produktlebenszyklusmanagement. Seit August 2011 ist er Mitarbeiter bei der AUDI AG am Standort Ingolstadt.

Kapitel 1
Einleitung – Informationstechnologie im Ingenieurwesen

Viele technische Produkte sind heute in hohem Maße mit elektrotechnischen bzw. elektronischen Komponenten ausgestattet und die Bedeutung der Steuerungs- und Regelungssoftware nimmt entsprechend stark zu. Eine interdisziplinäre Zusammenarbeit der ingenieurwissenschaftlichen Gebiete Maschinenbau, Elektrotechnik/Elektronik und Informatik ist die absolute Voraussetzung für eine innovative Produktentwicklung. Derartige technische Systeme müssen von Beginn an als integrierte Systeme geplant werden. Parallel haben sich in den letzten Jahren die technischen IT-Anwendungen ständig weiterentwickelt. Dem Ingenieur werden intelligente Werkzeuge bereitgestellt, die Entwicklung (Computer Aided Design), die Berechnung und Simulation (Computer Aided Engineering), die Administration (Product Lifecycle Management) und die Visualisierung abdecken.

Lernziele In diesem ersten Kapitel wird der Leser in die grundlegenden Definitionen um das Thema IT eingeführt. Zudem werden, anhand von Beispielen, unterschiedliche Anwendungsbereiche von IT im Ingenieurwesen erörtert. Letztere sollen im Allgemeinen dazu beitragen, den Leser für das Thema IT zu begeistern und die Notwendigkeit des Erlernens der damit verbundenen Grundlagen zu motivieren. Zusammenfassend werden im Wesentlichen diese zwei Inhalte vermittelt:

- Definitionen von grundlegenden Begriffen um das Thema IT
- Überblick über unterschiedliche Anwendungsbereiche von IT im Ingenieurwesen und über die Rollen, die der Ingenieur dabei annimmt

1.1 Definition von Informationstechnologien

Die Entwicklung stets komplexer werdender Produkte führt dazu, dass insbesondere Komponenten aus den Bereichen Elektronik, Mechanik, aber auch Software miteinander in Beziehung stehen. Zudem müssen in der Produktentwicklung permanent Daten und Informationen über die Disziplingrenzen kommuniziert werden. Diese

M. Eigner et al., *Informationstechnologie für Ingenieure*,
DOI 10.1007/978-3-642-24893-1_1, © Springer-Verlag Berlin Heidelberg 2012

Tatsachen, die das heutige Arbeitsumfeld von Ingenieuren stark beeinflussen, machen den Einsatz von innovativen IT-Lösungen zur Unterstützung der Ingenieurtätigkeiten unabdingbar. Im Folgenden werden wichtige Begriffe um das Thema IT für Ingenieure definiert.

Definition 1.1 *Die **Informationstechnologie (IT)** wird als Oberbegriff für Datenverarbeitung und Kommunikation verstanden. Sie behandelt „die Entwicklung und Einführung neuer Methoden der Informationsverarbeitung und basiert auf Bereichen der Informatik, sowie der Mess- und Regelungstechnik (Sensorik, Abtastung, Wandlung), der Nachrichten- und Übertragungstechnik, Telekommunikation, Elektrotechnik, Mikroelektronik und Mikrotechnik*“ [BRO-06].

Der Begriff Informationstechnologie impliziert dabei einen sehr innovativen Prozess der digitalen Datenverarbeitung [BRO-06]. Ein wichtiger Bestandteil von IT stellt die Datenverarbeitung dar.

Definition 1.2 *Der Begriff **Datenverarbeitung (DV)** steht für den organisierten Umgang mit großen Datenmengen in elektronischer Form.*

Außerdem schließen IT auch Kommunikationstechnologien zum Austausch von Daten und Informationen ein.

Definition 1.3 *Der Begriff **Kommunikationstechnologie (KT)** umfasst die wissenschaftlichen Grundlagen, Methoden und Prinzipien zum Austausch von Daten und Informationen.*

1.2 Bedarf an Informationstechnologien im Ingenieurwesen

Verfolgt man die Produktentwicklung in den letzten 30 bis 50 Jahren, so haben der Funktions- und damit der Komplexitätsumfang dramatisch zugenommen. Die Aussage „*Früher war alles viel einfacher...*“ vieler Ingenieure deckt diese Entwicklung nur unzureichend ab. Intelligente und technologisch hochwertige Produkte erscheinen dem Maschinenbauingenieur durch den hohen Anteil der Interdisziplinarität, die er aufgrund veralteter Ausbildungskonzepte nur unzureichend erfahren hat, natürlich komplexer. Abbildung 1.1 verdeutlicht diese Veränderungen im Maschinenbau.

Eine Darstellung eines modernen Produktentwicklungsprozesses und der daraus resultierenden Aspekte der Integration zeigt Abb. 1.2.

Dabei ist der Begriff *Produktentwicklungsprozesses* wie folgt definiert.

Definition 1.4 *Der **Produktentwicklungsprozess** umfasst alle Phasen der Produktdefinition, also auch für die Erstellung der Fertigungs- und Montageunterlagen und die Entwicklung der für die Produktion notwendigen Hilfsmittel (Maschinen, Werkzeuge und Vorrichtungen).*

Neben dem Bedarf an interdisziplinarischer Ausbildung hat sich das Berufsbild des Ingenieurs generell in Richtung fachübergreifendes Wissens und sozialer und kommunikativer Kompetenz geändert. Ein moderner Produktentwicklungsprozess verlangt vom Ingenieur:

Abb. 1.1 Veränderungen im Maschinenbau

- Die Bereitschaft, das Produkt nicht nur auf Grund seiner Funktionserfüllung sondern auch für alle der eigentlichen Produktentwicklung nachfolgenden Phasen des Produktlebenszyklus zu optimieren (↬ Design for X). Ein Produkt muss fertigungs-, montage-, wartungs-, transport- und recyclinggerecht ausgelegt werden.
- Die Bereitschaft zur interdisziplinären Zusammenarbeit bereits in der frühen Phase der Produktentwicklung. Hier bedarf es neuer konstruktionsmethodischer Ansätze, die eine Disziplinen-übergreifende funktionale Produktspezifikation und -beschreibung ermöglichen.
- Die Bereitschaft zur internationalen Zusammenarbeit im Rahmen der verteilten Produktentwicklung und Produktion und unter den Randbedingungen weltweiter Einkaufs- und Verkaufsmärkte.
- Die Bereitschaft, moderne IT-Werkzeuge gezielt einzusetzen und zu nutzen. Zielsetzung ist eine frühere und tiefere Virtualisierung des Produktentwicklungsprozesses und damit virtuelle Simulation statt realem Test bereits in frühen Produktentwicklungsphasen.

Daraus resultierende Konsequenzen für die Ingenieursausbildung sind:

- Solide Grundlagen schaffen, d. h. besser wenige Dinge richtig verstehen als Vieles auswendig lernen.
- Exemplarisches Lernen, d. h. nicht nur Theorie sondern auch deren Umsetzung in die Praxis.
- Systemorientiertes Denken, d. h. Überblick über das Gesamtsystem behalten und nicht in Details verlieren.
- Basiswissen in Informationsverarbeitung, Modellierung, Simulation, Regelung und Optimierung.

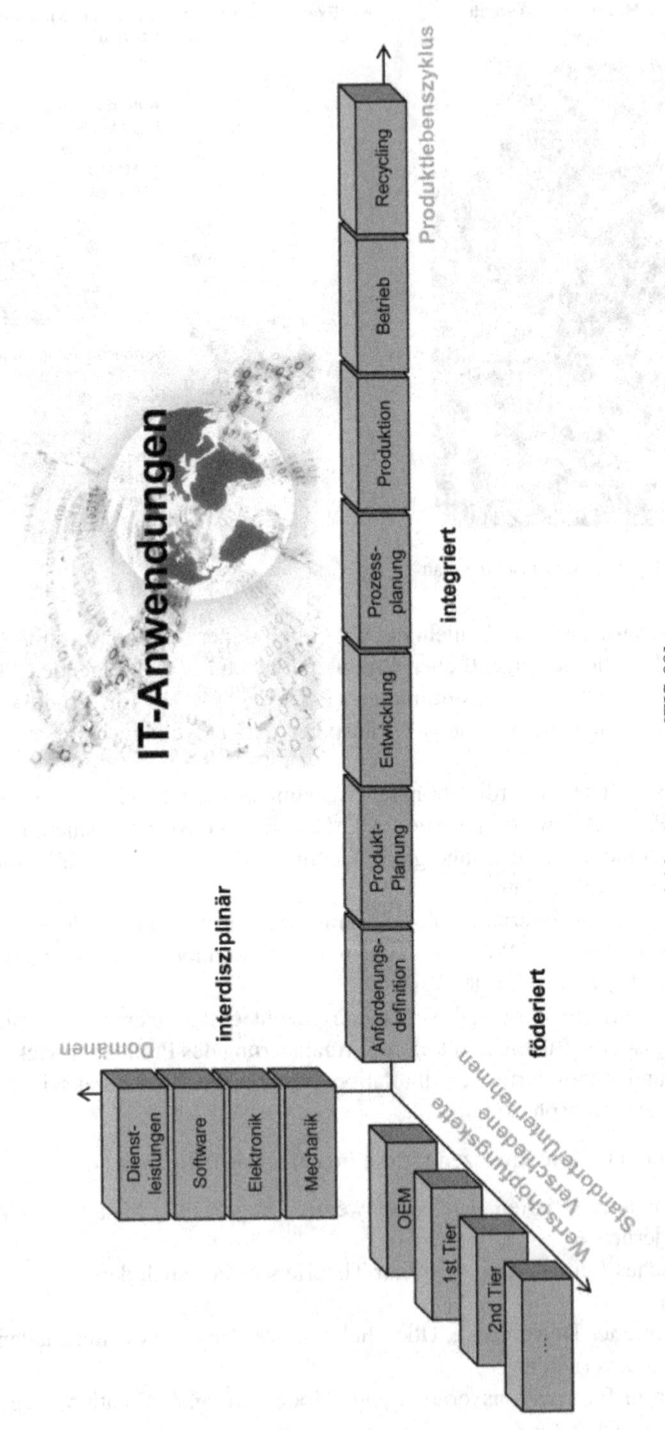

Abb. 1.2 Randbedingungen eines modernen Produktentwicklungsprozesses [EIS-09]

Abb. 1.3 Neues Berufsbild des Ingenieurs

So ergibt sich ein vollkommen neues Berufsbild des zukünftigen fachübergreifenden Ingenieurs (Abb. 1.3).

Im Umfeld der Informationstechnologie entsteht nicht nur ein Bedarf an Zusatzqualifikationen für Absolventen der einzelnen Ingenieursdisziplinen (Maschinenbau, Elektrotechnik/Elektronik und Informatik), um in der Anwendung moderner IT-Werkzeuge oder in der interdisziplinären Kooperation erfolgreich zu sein, sondern auch an einer eigenen generalisierten Qualifikation in der fachübergreifenden Systementwicklung innovativer und technologisch hochwertiger Produkte.

Im Rahmen der interdisziplinären Ausbildung soll dieses Lehrbuch einen Schwerpunkt in der Anwendung und vor allem der Entwicklung von Informationstechnologien im Ingenieurwesen setzen (Abb. 1.4). Diese Informationstechnologien gliedern sich in die beiden Kategorien:

- *IT als Werkzeug* für Anwendungen des Ingenieurs im Produktentwicklungsprozess.
- *IT als Produktbestandteil* (*Eingebettete IT oder Embedded IT*). IT bildet typischerweise gemeinsam mit mechanischen und elektrisch/elektronischen Komponenten ein Produkt. In diesem Fall spricht man von *mechatronischen Systemen bzw. Produkten.* Wenn diese Systeme untereinander kommunizieren und sich gegenseitig beeinflussen, spricht man von cybertronischen Systemen.

IT als Werkzeug bedeutet, dass der Ingenieur IT-Lösungen zur Erstellung und Optimierung seiner Arbeitsergebnisse nutzt. Kapitel 2 vermittelt einen Überblick über typische IT-Anwendungen im interdisziplinären Konstruktionsprozess. Eine weitere Vertiefung findet nicht statt. Model-based Systems Engineering (MBSE), Computer Aided Design (CAD) und Product Lifecycle Management (PLM) bilden den Kern eines virtuellen Produktentwicklungsprozesses. MBSE beschreibt die funktionale und logische und CAD beschreibt die geometrisch/technologische Grundlage

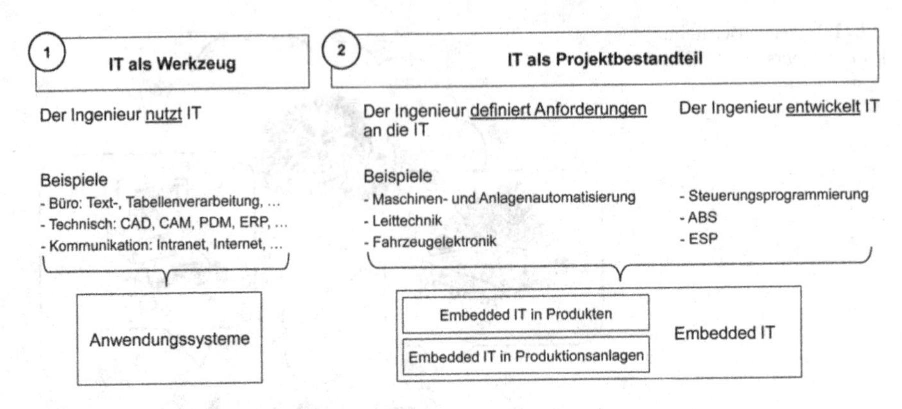

Abb. 1.4 Informationstechnologien im Ingenieurwesen

des Produktes, PLM-Lösungen verwalten und verteilen die digitalen produkt- und prozessrelevanten Informationen. Die darauf aufbauenden typischen Anwendungen sind:

- Computer Aided Engineering (CAE) zur Berechnung und Simulation
  - Finite Element Methode (FEM)
  - Mehrkörpersysteme (MKS)
  - Noise, Vibration and Harshness (NVH)
  - Computational Fluid Dynamic (CFD)
- Computer Aided Styling (CAS)
- Computer Aided Manufacturing (CAM)
- Digitale Fabrik (DF)
- Virtual and Augmented Reality (VR/AR)

Embedded IT bedeutet dagegen IT, die sich in einem mechatronischen System integriert wiederfindet. Ein mechatronisches System kann wiederum ein Produkt (z. B. Kraftfahrzeug) oder eine Produktionsanlage, etwa eine Förderanlage mit Sortiersystem, sein. Diese Systeme zeichnen sich für gewöhnlich durch Mess- und Steuer- bzw. Regelkreisläufe (MSR) bezogen auf einen bestimmten Prozess aus. Abbildung 1.5 zeigt, dass der prozentuale Anteil der Software an der Wertschöpfung mechatronischer Produkte in den letzten Jahren erheblich angestiegen ist und vermutlich auch noch weiter zunehmen wird, wobei je nach Branche und Produkt der Anteil der Software und Elektronik im Produkt und in der Produktion variieren kann. Dennoch wird natürlich immer ein gewisser Anteil an Mechanik nötig sein, so dass sich die Kurve nicht beliebig fortsetzen lässt.

Mechatronische Systeme nehmen grundsätzlich Einfluss auf einen technischen Prozess, in dem sie über mechanische und elektronische Elemente mitsamt Software Energie, Stoff und Informationen transportieren bzw. manipulieren (Abb. 1.6).

Mechatronische Systeme können somit in Funktionsgruppen unterteilt werden, die meist Regelkreise bilden und aus Modulen mit mechanisch-elektrisch-

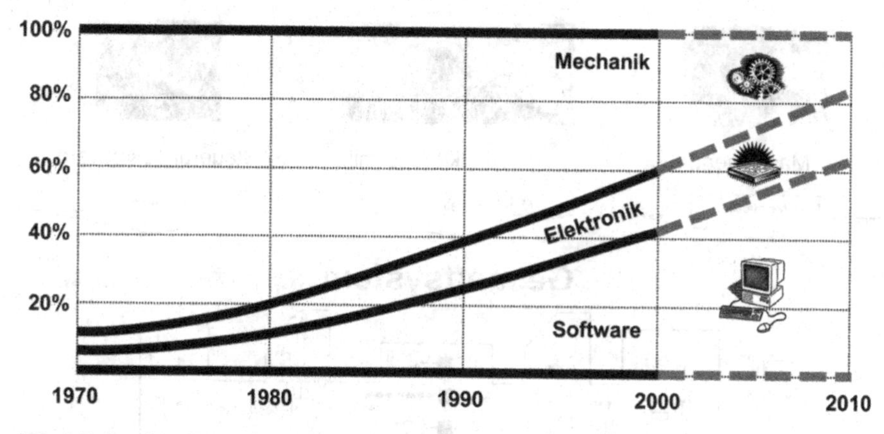

Abb. 1.5 Anteil an Entwicklungskosten von Produkten [BEN-09]

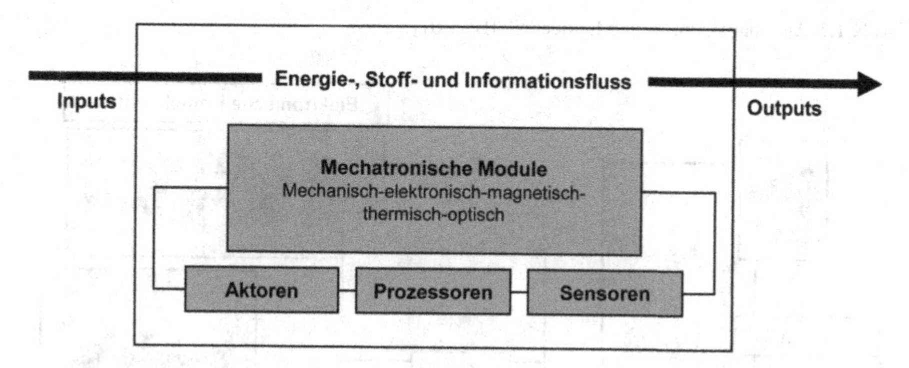

Abb. 1.6 Grundelemente der Mechatronik nach Czichos [CZI-08]

magnetisch-thermisch-optischen Bauelementen, Sensorik zur Erfassung von Messgrößen des Systemzustandes, Aktuatorik zur Regelung und Steuerung, sowie Prozessorik und Informatik zur Informationsverarbeitung bestehen. Mechatronische Produkte sind einerseits Maschinen und Anlagen, bei denen die Automatisierungs- und Leittechnik im Vordergrund steht (Abb. 1.7) und andererseits Konsumgüter des täglichen Gebrauchs.

Beispiele für diese Art von Produkten bei denen im Wesentlichen die Automatisierung von Prozessen im Vordergrund steht, sind:

- Produktionsstätten
  - Fertigungsautomatisierung (Teilefertigung, Automobilmontage),
  - Verfahrensautomatisierung (Raffinerien, Chemiewerke),
- Kraftwerke (Dampf-, Wasser-, Blockheizkraftwerke),
- Fertigungsautomatisierung (Teilefertigung, Automobilmontage),
- Verfahrensautomatisierung (Raffinerien, Chemiewerke),
- Netze (Strom-, Wasser-, Gasversorgung),

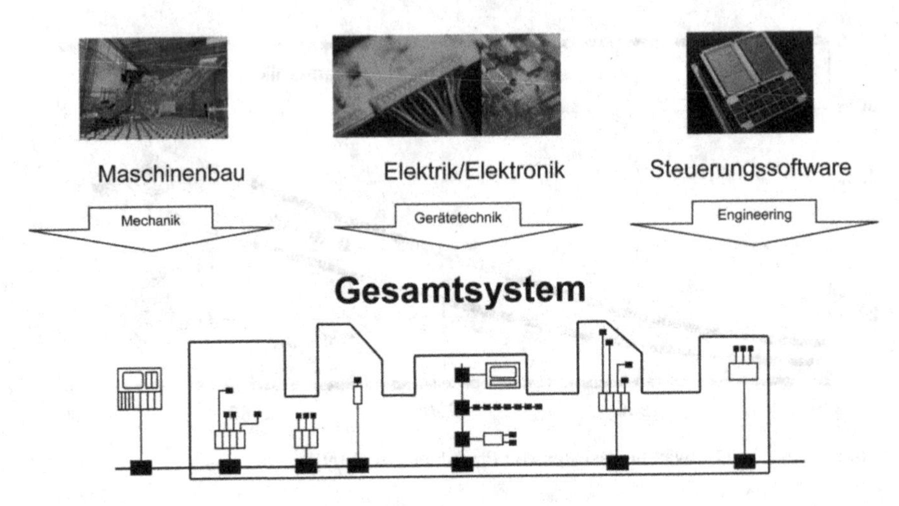

Abb. 1.7 Automatisierungs- und Leittechnik [BES-07]

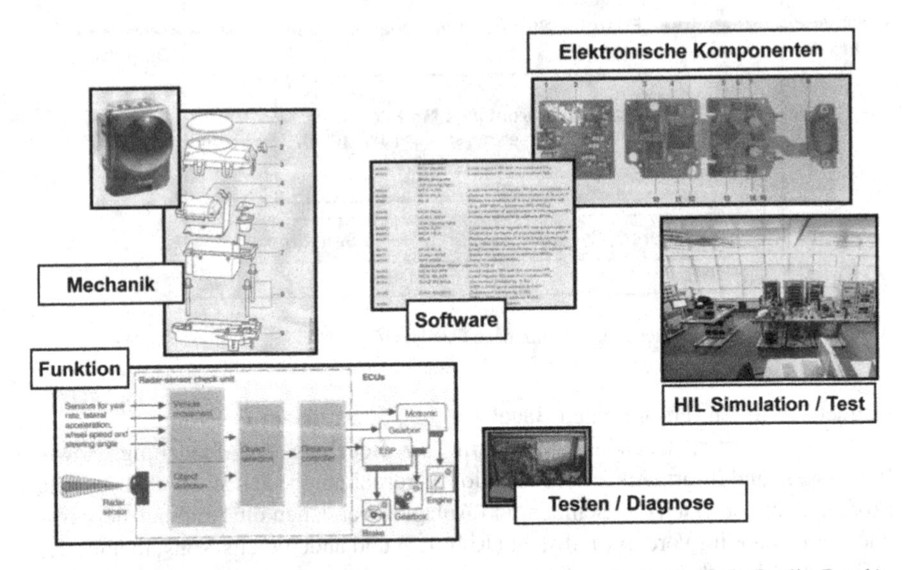

Abb. 1.8 Mechatronische Komponenten in Fahrzeugen – Adaptive Cruise Control. (Quelle: Bosch)

- Kommunikation (Telefon- und Datennetze),
- Gebäude (Krankenhäuser, Flughafengebäude, Hochschulen) und
- Verkehrssysteme (Straße, Wasserwege, Luftfahrt).

Die andere große Gruppe mechatronischer Produkte sind Konsumgüter, wie zum Beispiel Waschmaschinen, Küchengeräte, Geräte der Unterhaltungselektronik, Kommunikationsgeräte und Assistenzsysteme in Fahrzeugen (Abb. 1.8). Zur letz-

Tab. 1.1 Zusammenhang zwischen der Rolle des Ingenieurs und Informationstechnologien

Rolle des Ingenieurs	Rolle der IT
Der Ingenieur *nutzt* Informationstechnologie	Die IT *dient als Werkzeug* zur Unterstützung von Tätigkeiten
Der Ingenieur *definiert Anforderungen* an die Informationstechnologie	Die IT *ist Bestandteil* eines multidisziplinären Projekts, den es für die Software-Entwicklung zu spezifizieren gilt. Obwohl Szenarien existieren, in denen es um Anforderungen an ein zu entwickelndes *IT im Engineering*–System geht, liegt der Schwerpunkt dieses Anwendungsfalls auf der Entwicklung von Systemen im Kontext *Eingebetteter IT*, bei denen das Know-how der Ingenieure zum Tragen kommt
Der Ingenieur ist selbst *an der Entwicklung* der Informationstechnologie *beteiligt*. Er trägt zum Systementwurf und der Implementierung bei	Die IT *ist das Ziel-Objekt der Entwicklung*. Wie im zweiten Fall liegt auch hier der Schwerpunkt auf der Entwicklung mechatronischer Systeme, in denen etwa eine Steuerung oder Regelung implementiert werden muss

teren Kategorie gehören beispielsweise ABS, ESP, das Automatik- Getriebe oder neuerdings Spur- und Abstandskontrollsysteme.

Entsprechend der Kategorien Embedded IT kommen zusammenfassend sowohl dem Ingenieur, als auch der IT unterschiedliche Rollen zu, wie in Tab. 1.1 beschrieben.

Dieses Buch beschäftigt sich im Wesentlichen mit IT als Bestandteil eines mechatronischen Systems bzw. Produktes, entweder als Teil eines Gesamtprojektes, bei dem der Ingenieur die Anforderungen definiert und am Systementwurf mitarbeitet oder direkt an der Softwarenentwicklung beteiligt ist.

1.3 Zusammenfassung und Aufgaben

Zusammenfassung

In diesem Kapitel haben Sie

- eine ausführliche Definition von Begriffen um das Thema Informationstechnologie bekommen, sowie
- ein Verständnis über die verschiedenen Anwendungsbereiche der Informationstechnologie im Ingenieurwesen erhalten.

Das nächste Kapitel vertieft den Anwendungsbereich Informationstechnologie als Werkzeug in der Produktentwicklung.

Übungsaufgaben

1. Begriffsdefinitionen

- Beschreiben Sie den Begriff Informationstechnologie.
- Beschreiben Sie den Begriff Datenverarbeitung.
- Beschreiben Sie den Begriff Kommunikationstechnologie.
- Beschreiben Sie den Begriff Produktentwicklungsprozess.

2. Wissen

- Welche sind die Grundelemente der Mechatronik?
- Nennen Sie zwei Anwendungsbereiche der Informationstechnologie im Ingenieurwesen und beschreiben Sie jeweils die Rolle des Ingenieurs.

Literatur

[BEN-09] K. Bender: Ausblick und Zukunftsperspektiven der Mechatronik im Maschinen- und Anlagenbau, Informationstechnik im Maschinenwesen, TU München, 2009

[BES-07] K. Bender, F. Schiller: Automatisierungstechnik, Vorlesung, Informationstechnik im Maschinenwesen, TU München, 2007

[BRO-06] F. A. Brockhaus, Leipzig, 2006

[CZI-08] H. Czichos: Grundlagen und Anwendung technischer Systeme, 2. Auflage, Vieweg + Teubner Verlag, Wiesbaden 2008

[EIG-10] M. Eigner, „Trends in Forschung und Praxis“, PLM Future Symposium, Kaiserslautern, 2010

[EIS-09] M. Eigner, R. Stelzer: Product Lifecycle Management, Springer Verlag, Berlin Heidelberg, 2009

Kapitel 2
Informationstechnologie als Werkzeug im Produktentwicklungsprozess

Der Einsatz der Informationstechnologie im Produktentwicklungsprozess hat bereits einen hohen Durchdringungsgrad erreicht und zielt darauf ab, die Produktentwicklung weitgehend auf Basis digitaler Modelle durchzuführen, die entweder eine detaillierte und eindeutige Beschreibung oder die Voraussetzungen für Simulationen und Berechnungen darstellen. Dafür ist der Begriff der virtuellen Produktentwicklung geprägt worden. IT-Lösungen für die virtuelle Produktentwicklung sind Autorensysteme, die digitale Modelle generieren, Lösungen zur Berechnung, Planung, Simulation sowie Kooperations- und Visualisierungswerkzeuge. Produktdaten-Management und Product Lifecycle Management Lösungen bilden den administrativen Verwaltungsbackbone für diese Systeme und Lösungen.

Lernziele Das Ziel dieses Kapitels ist es, sowohl diverse Definitionen, als auch Grundlagen zum Thema Informationstechnologie als Werkzeug im Produktentwicklungsprozess einzuführen. Mit diesem Kapitel erhalten Sie:

- Kenntnis über verschiedene Definitionen, z. B. virtuelle Produktentwicklung und Model-based Design
- einen Überblick über die verschiedenen Anwendungssysteme in den verschiedenen Phasen des Produktentwicklungsprozesses
- einen Ausblick auf die systemtechnischen Änderungen in diesem Anwendungsumfeld

2.1 Virtuelle Produktentwicklung

Die in Kap. 1 genannten Veränderungen des Produktentwicklungsprozesses führen zu einem großen Bedarf an neuen innovativen Entwicklungsmethoden, optimierter Prozessgestaltung und neuen Technologien. Nur so ist es möglich, die Produkt-, Produktions- und Prozesskomplexität zu beherrschen, die Entwicklungszeiten zu verkürzen und die Produktqualität zu erhöhen. Eine entscheidende Bedeutung hat in diesem Zusammenhang das Optimierungs- und Innovationspotential der *virtuellen*

M. Eigner et al., *Informationstechnologie für Ingenieure*,
DOI 10.1007/978-3-642-24893-1_2, © Springer-Verlag Berlin Heidelberg 2012

Produktentwicklung (VPE). Darunter werden alle Verfahren zur digitalen Modellierung von Produkten und den dazugehörigen Produktionsressourcen sowie die auf diesen rechnerinternen Modellen basierenden Simulationen, Verifikationen und Validierungen zusammengefasst.

Da in allen Produktentwicklungsphasen verschiedenartigste Modelle zur Beschreibung und/oder Simulation eingesetzt werden, spricht man auch von Modell-basierten Konzepten oder Entwurfsmethoden (*MBD-Model Based Design*). Zum Beispiel ist das geometrische Modell eines Flugzeugs, beschrieben durch ein CAD-Autorensytem, ein Modell mit dem Ziel die Konstruktion zu beschreiben. Für das Modell einer Strömungssimulation in CFD interessieren nur die äußere Form und die Eigenschaften der Strömung, um so Aussagen über das Flugverhalten zu bekommen. Die Modelle beschreiben das gleiche Produkt, jedoch in unterschiedlichen Sichten, je nach Einsatzzweck und Produktentwicklungsphase. Des Weiteren kommen auch Modelle für die Beschreibung und Simulation von nicht rein mechanischen Komponenten, z. B. Software oder Regelungselemente zum Einsatz. Diese werden mit den entsprechenden Autorensystemen für z. B. Codegenerierung oder mathematische Simulation erstellt.

Diese vielfach erstellten Modelle beschreiben gemeinsam das Produkt und es stellt sich die Herausforderung, eine durchgängige virtuelle Produktentwicklung sicherzustellen. Dies erfordert einen kontrollierten und koordinierten Umgang mit verschiedenen, umfangreichen und komplexen Modellen die gemeinsam das Produkt beschreiben.

Definition 2.1 *Unter einem* ***Modell*** *wird die beschränkte Abbildung eines interessierenden Realitätsausschnitts verstanden. In der virtuellen Produktentwicklung werden* ***digitale Modelle*** *verwendet, um die Eigenschaften des Produktes und der zur Herstellung notwendigen Ressourcen im Rechner abzubilden.*

Um in heutigen globalen Märkten erfolgreich zu sein, müssen Unternehmen, und dies schließt kleine und mittelständige Unternehmen explizit ein, adäquate Kompetenzen im Bereich der virtuellen Produktentwicklung aufbauen [KRA-04]. Dies beinhaltet die Beherrschung der zur Entwicklung des Produktes notwendigen Prozesse und Daten.

Definition 2.2 *Unter* ***virtueller Produktentwicklung (VPE)*** *wird die durchgehende rechnerinterne Modellbildung bei der Produktentwicklung mit der Zielsetzung der Weiterverwendung dieser Modelle für Simulation, Validierung und Verifikation verstanden. Ziel ist die frühe Erarbeitung des Produkt- und Produktionswissens und damit das frühzeitige Optimieren von Produkteigenschaften sowie die drastische Reduzierung von physischen Prototypen.*

Die virtuelle Produktentwicklung ermöglicht – unter Einsatz von Systemen zur Produktdatenvisualisierung – eine frühzeitige Unterstützung der Mitarbeiter hinsichtlich der Abstimmung, Analyse und Konkretisierung der Entwicklungsergebnisse mit Hilfe digitaler Prototypen, auch DMU (Digital Mock-Up) genannt. Ein digitaler Prototyp entspricht einer Repräsentation des Produktes, die entsprechend der Entwicklungsphase und der geplanten Weiterverwendung verschiedene Sichten und Konkretisierungsgrade enthalten kann.

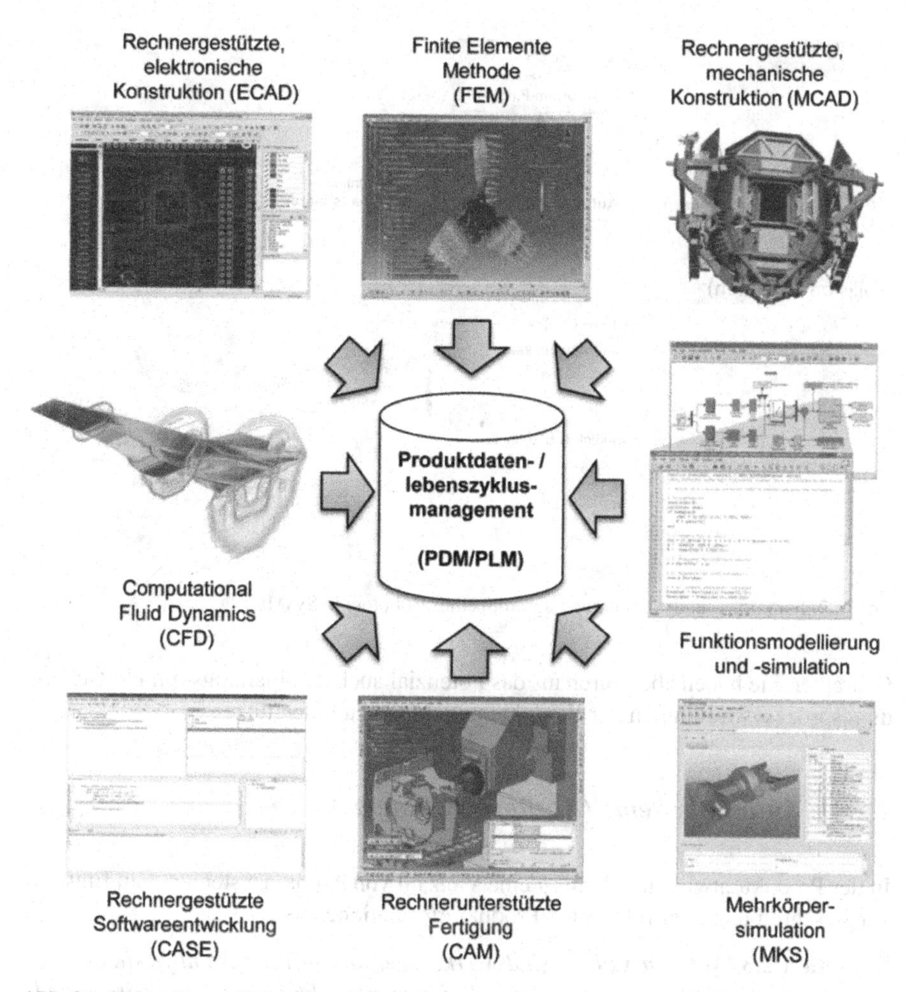

Abb. 2.1 Beispiele von IT-Lösungen für die virtuelle Produktentwicklung

2.2 IT-Lösungen für die virtuelle Produktentwicklung

Zielsetzung der virtuellen Produktentwicklung ist die möglichst vollständige und realitätsnahe Beschreibung des Produktes, um auf dieser Basis Bewertungen, Berechnungen und Simulationen durchzuführen. Eine Reihe von IT-Lösungen steht heute bereits zur Verfügung. Abbildung 2.1 zeigt einen Überblick.

PDM/PLM-Lösungen bilden den Kern einer Virtuellen Produktentwicklungslösung. Autorensysteme, wie z. B. Systeme zur Funktionsmodellierung und CAD-Systeme, erarbeiten die funktionale und geometrische Grundlage des Produktes. Simulations- und Berechnungssysteme nutzen diese Informationen. PLM-Lösungen verwalten und verteilen die digitalen produkt- und prozessrelevanten Informationen. Heute haben PDM/PLM Systeme schwerpunktmäßig einen administrativen

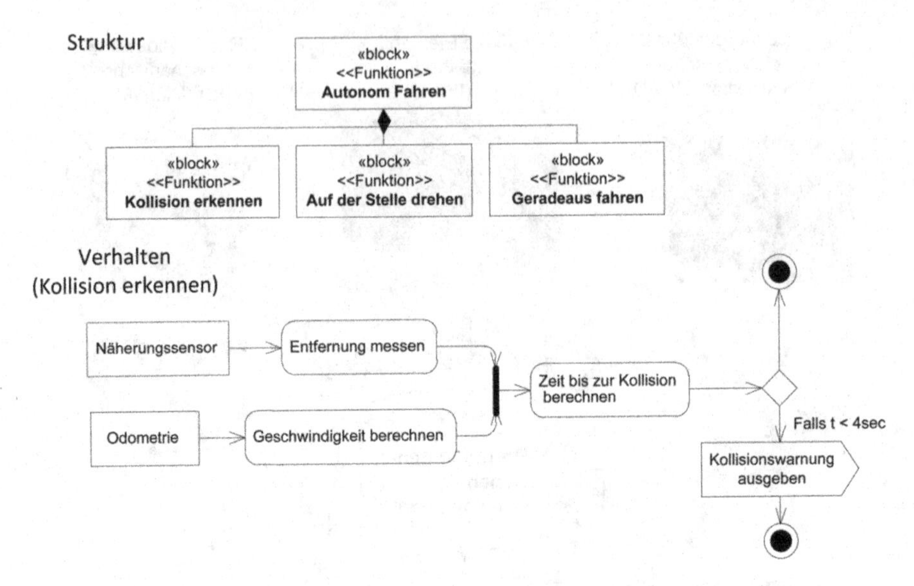

Abb. 2.2 Funktions- und Aktivitätendiagramm eines Robotors in SysML

Charakter. Sie haben aber durchaus das Potenzial auch den Planungs- und Entscheidungsprozess im Rahmen der Produktentwicklung zu unterstützen.

2.2.1 Autorensysteme (Authoring Systems)

In der Produktentwicklung kommt eine Vielzahl von Autorensystemen zum Einsatz zur Beschreibung aller relevanten Produktinformationen.

Definition 2.3 ***Autorensysteme*** *sind Werkzeuge, die im Produktentwicklungsprozess eingesetzt werden, um grundlegende funktionale, logische, geometrische und technologische produktrelevante Informationen zu erzeugen.*

Zu Autorensystemen zählen z. B. Editoren für die frühen Entwicklungsphasen, die sowohl Anforderungen, Funktionen, Zustände und Verhalten beschreiben (Abb. 2.2), Modellierungssysteme zur Simulation als auch Werkzeuge für die disziplinspezifische Ausarbeitung von mechanischen, elektronischen oder Software Komponenten wie z. B. M-CAD, E-CAD und CASE.

Die Beschreibung eines Produktes in der Konzeptphase des Produktentwicklungsprozesses basiert auf der Möglichkeit, strukturelle oder grundsätzliche Informationen, wie z. B. Anforderungen, Funktionen und Verhalten in einem Beschreibungsmodell festzuhalten. Dafür werden auch angepasste Editoren für Modellierungssprachen wie z. B. UML oder SysML eingesetzt. Eine tiefergehende Behandlung der frühen disziplinübergreifenden Beschreibung erfolgt in Kap. 3.

Für eine detailliertere simulierbare Beschreibung von mathematischen und physikalischen Eigenschaften können spezifische, mathematisch basierte Autorensysteme

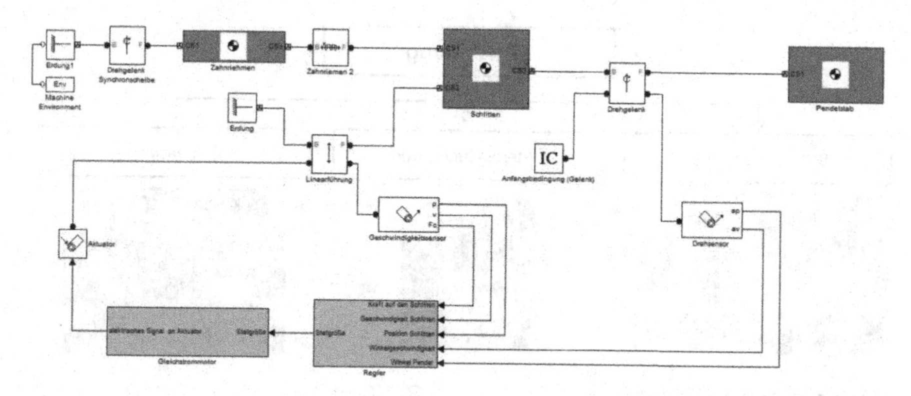

Abb. 2.3 Modellierung eines inversen Pendels in Simulink und SimMechanics [LIC-11]

Abb. 2.4 Beispiel eines M-CAD Modells

eingesetzt werden, um Parameter in Funktionsblöcken zu hinterlegen. Typische Systeme sind MATLAB/Simulink mit den Erweiterungen SimScape bzw. SimMechanics, Modelica, sowie andere proprietäre Werkzeuge zur Modellierung multiphysikalischer Simulationen, die funktionale Abbildungen von Produktbestandteilen ermöglichen. Ein Beispiel für ein frühes Simulationsmodell in Matlab/Simulink ist in Abb. 2.3 gezeigt. Diese beiden Ebenen werden unter dem Begriff Model-based Systems Engineering (MBSE) zusammengefasst.

In der Phase der Entwicklung und Konstruktion werden Computer Aided Design (CAD)-Systeme eingesetzt. Sie sind im Gegensatz zu den Systemen der Funktionsmodellierung Disziplin orientiert. Entsprechend existieren CAD-Systeme für die Anwendungen Mechanik (M-CAD) (Abb. 2.4), Elektrotechnik und Elektronik (E-CAD) sowie Computer Aided Software Engineering (CASE) – Anwendungen zum Entwurf von Software.

E-CAD steht für Computer Aided Design in der Elektro- und Elektronik-Konstruktion. Dazu gehören alle rechnergestützten Hilfsmittel für die elektrotech-

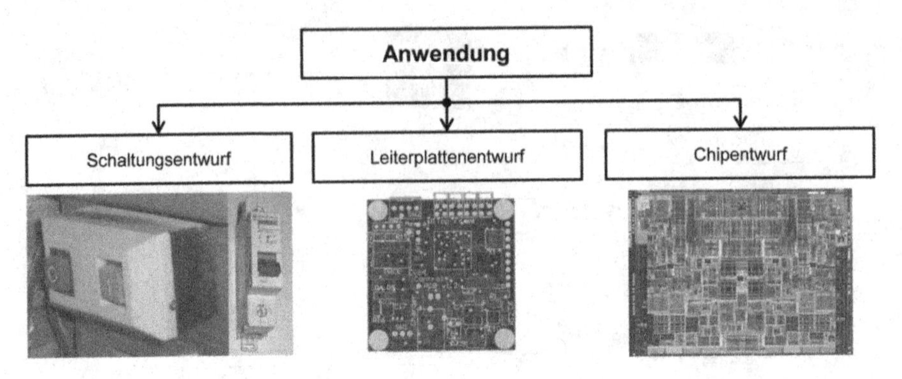

Abb. 2.5 E-CAD Anwendungen

nische Entwicklung und Absicherung auf unterschiedlichen Ebenen: Schaltungsentwurf, Leiterplattenentwurf und Chipentwurf (Abb. 2.5).

Ein CASE-Tool ist eine Zusammenstellung von Programmen zur rechnerunterstützten Softwarenentwicklung. Es koordiniert und unterstützt die Systementwicklung in allen Projektphasen (mehr hierzu in Kap. 5). Ein CASE-Tool-Paket besteht aus:

- Upper CASE-Tools
  Unified Modeling Language (UML)-Editoren zur Umsetzung von Spezifikationen und Modellen für die jeweilige Entwicklungsphase.
- Lower CASE-Tools, auch Integrierte Entwicklungsumgebung
  (engl.: Integrated Development Environment, IDE)
  Editor mit Quellcodeformatierungsfunktion, Compiler, Debugger
- Disziplinen spezifisches Backbone
  (engl.: Application Lifecycle Management, ALM)
  Unterstützung des kompletten Software Engineering Prozesses durch Verwaltung von Modellen.

Die Anwendungen beschränken sich bis heute vorwiegend auf die funktionalen (E-CAD und CASE) und die geometrischen Aufgaben (M-CAD und E-CAD) in der Entwicklungs- und Konstruktionsphase. In letzter Zeit sind verstärkte Bemühungen zur Integration von Entwurf und Berechnung, sowie zur Einbindung wissensbasierter Plattformen zu beobachten. Wichtiges Argument beim Aufbau integrierter Prozessketten ist die Offenheit des Systems und die Existenz industriell anerkannter bzw. genormter Schnittstellen.

Ein weiteres relevantes Autorensystem ist *Computer Aided Styling (CAS)*. CAS-Systeme sind skalierbare Softwarelösungen, die alle Aufgaben des Designprozesses, vom 2D-Sketching über 3D-Concept Modeling bis zu Class-A Oberflächenmodellierung, in einer Softwareumgebung abdecken.

2.2.2 Produktdatenmanagement und Product Lifecycle Management

Produktdaten-Management (PDM) und das darauf aufbauende PLM sind die zentralen IT-Lösungen für den Produktentwicklungsprozess.

Definition 2.4 ***Produktdaten Management (PDM)*** *ist das Management von produktdefinierenden Daten (Produktmodell) in Verbindung mit der Abbildung und dem Management von technisch/organisatorischen Geschäftsprozessen.*

Die ersten PDM-Lösungen kamen in der Mitte der 80er Jahre auf den Markt. Sie entstanden häufig im Umfeld von Dokumentenmanagement, CAD- und Enterprise Resource Planning (ERP)-Systemen aus der Problematik, die zunehmenden CAD-Dokumente parallel mit gescannten Papierdokumenten in einer dem herkömmlichen Zeichnungsarchiv entsprechenden Form zu verwalten. Durch die stärkere Verbreitung der 3D-Arbeitstechnik ergaben sich zusätzlich eine stärkere und zwangsläufige Anbindung an die Produktstruktur und damit auch an das Freigabe- und Änderungswesen, Versionsverwaltung und Konfigurationsmanagement. Die typische Einsatzbreite von PDM war gekennzeichnet durch die Beschränkung auf abteilungsspezifische Entwicklungs- und Konstruktionstätigkeiten. PLM-Lösungen hatten im Kern identische Funktionen wie PDM-Systeme, stellen jedoch ein über den gesamten Lebenszyklus erweitertes Konzept dar.

Definition 2.5 ***Produkt-Lifecycle Management (PLM)*** *bezeichnet das produktbezogene und unternehmensübergreifende Informationsmanagement und umfasst darüber hinaus die Planung, Steuerung und Organisation der zur Erzeugung und ganzheitlichen Verwaltung aller Daten, Dokumente und Ressourcen erforderlichen Prozesse im gesamten Produktlebenszyklus.*

Durch die Anwendung über den gesamten Produktlebenszyklus ergaben sich zwangsläufig über die verschiedenen Ausprägungen der Produktstruktur entlang den Produktlebenszyklusphasen auch zusätzliche Anwendungen, z. B. Anforderungs-, Funktions-, Wartungs-, Service und Ersatzteilmanagement sowie Erweiterungen des Konfigurationsmanagements. Außerdem ist die Internet-basierende Einbindung von Kunden und Zulieferern in Form einer Engineering Collaboration Plattform Teil einer PLM-Lösung. PLM Lösungen werden zunehmend durch Management-orientierte Funktionen ergänzt. Abbildung 2.6 vermittelt einen Überblick über den Funktionsumfang.

2.2.3 IT-Lösungen zur Simulation und Berechnung

Der Begriff „Simulation" wird nach der VDI-Richtlinie 3633 [VDI-3633] folgendermaßen definiert:

Definition 2.6 ***Simulation*** *ist das Nachbilden eines Systems mit seinen dynamischen Prozessen in einem experimentierfähigen Modell, um zu Erkenntnissen zu gelangen, die auf die Wirklichkeit übertragbar sind.*

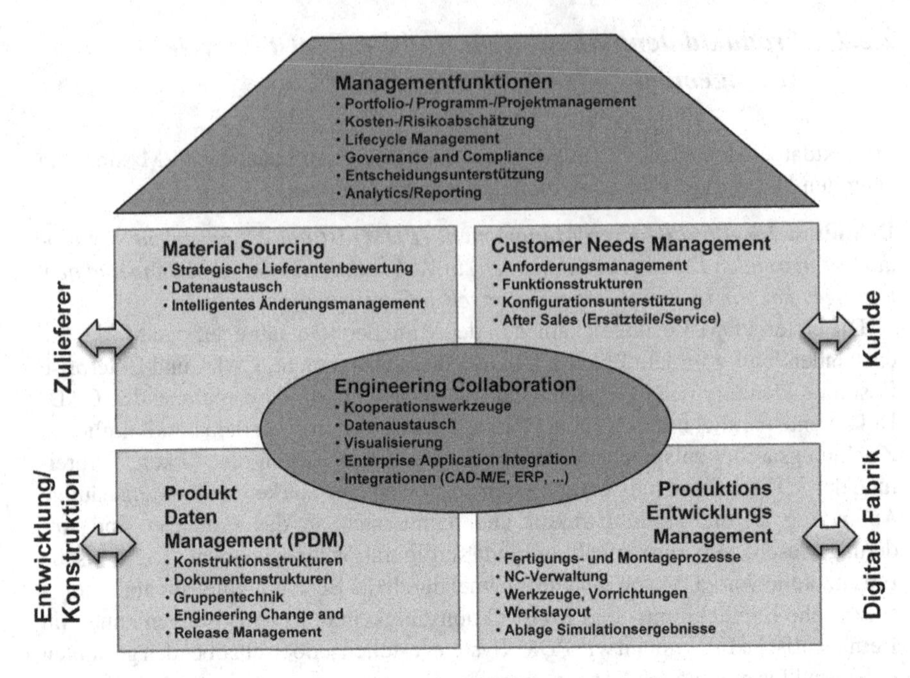

Abb. 2.6 Funktionsumfang von PLM-Lösungen [EIS-09]

Folgende Berechnungs- und Simulationstechnologien besitzen für produzierende Unternehmen die größte Bedeutung:

- Multidisziplinäre Funktionssimulation in der Konzeptphase
- Finite Element Methode (FEM) – Simulation
- Mehrkörpersystem (MKS) – Simulation
- Computational Fluid Dynamics (CFD) – Simulation
- Noise Vibration Harshness (NVH) – Simulation

Diese Technologien werden auch unter dem Begriff *Computer Aided Engineering (CAE)* zusammengefasst.

Mittels Funktionssimulation können die Eigenschaften und das Verhalten von komplexen Produkten und Produktionsanlagen im Rechner abgebildet und hinsichtlich der gewünschten Eigenschaften optimiert werden. Die entsprechenden Systeme wurden bereits vor dem Hintergrund der Modellierung in der Konzeptphase erwähnt (z. B. Simulink, MATLAB, Modelica,. . .), werden aber auch in Phasen des disziplinspezifischen Entwurfs eingesetzt. Die Kinematiksimulation kann bereits auf einer vereinfachten Modellierung der zugrunde liegenden Geometrie in die Funktionsmodellierung eingebunden werden und dient der Analyse und Optimierung der Bewegungsabläufe und Einbauuntersuchungen von Produkten und Produktionssystemen. Alle relevanten Teile des simulierten Produktes bzw. der Anlage werden als vereinfachte 3D-Modelle definiert, bewegte Teile werden mit ihrer Kinematik beschrieben.

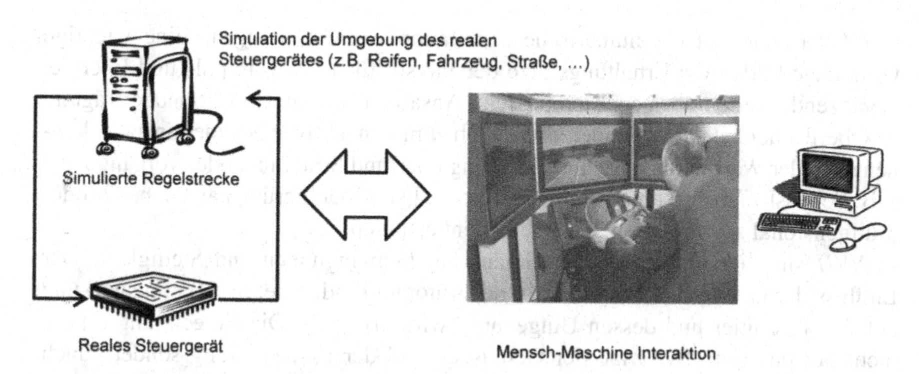

Abb. 2.7 Hardware in the Loop (HiL)

Anwendungsbeispiele sind Bewegungskinematik von Achsgeometrien, Schiebedächern, Scheibenwischern usw. Genau wie in der mechanischen Anwendung werden natürlich auch elektrische und elektronische Schaltungen in ihren Funktionen simuliert. Wenig eingesetzt – weil auch nur begrenzt verfügbar – ist die vollständige mechatronische Simulation, das heißt das Zusammenspiel von Mechanik, Elektronik und Software in der Phase der Entwicklung und Konstruktion. Hier dominieren die disziplinenspezifischen Autorensysteme. Ein Schritt in Richtung angewandter mechatronischer Simulation ist die Kombination von virtuellen Umfeldsystemen mit realer Hard- und Software (Hardware in the Loop) (s. Abb. 2.7).

FEM-*Simulation* eignet sich zum Nachbilden der physikalischen Eigenschaften von Werkstoffen. Dadurch ist es beispielsweise möglich, die mechanische Beanspruchung oder das Schwingungsverhalten einzelner Bauteile beziehungsweise ganzer Baugruppen am Rechner zu analysieren. Die FEM-Simulation wird eingesetzt zur Berechnung der Betriebsbeanspruchung und zur Optimierung der Prozessparameter. Neben mechanischen Prozessen können auch thermische, rheologische oder strömungsmechanische Prozesse nachgebildet werden.

MKS dient der Berechnung der Kinematik bzw. Dynamik von Systemen, die aus mehreren Komponenten bestehen. Dabei fasst der Begriff „Kinematik" die Verbindungen zwischen unterschiedlichen Körpern zusammen. Der Begriff „Dynamik" ergänzt die Kinematik um Kräfte und Randbedingungen, die eine Bewegung auslösen können [EGG-10]. Damit lassen sich beispielsweise Lagerkräfte bei der Beschleunigung von Massen bestimmen. Bewegungs-, Verformungs- und Versagensabläufe komplexer, großer Strukturen lassen sich wirtschaftlich nicht mit der Methode der Finiten Elemente (FEM) berechnen. Um globale Aussagen über das Verhalten dieser Systeme zu erhalten, ist es völlig ausreichend, sie als Mehrkörpersystem aus Massenpunkten und Balken- oder Federelementen zu modellieren. Diese Art der Modellierung ist allerdings ungeeignet, detaillierte Versagensvorgänge in den Kontaktbereichen (Aufschlagzonen) zu simulieren. Daher sind gegenwärtige Bestrebungen dahin gerichtet, MKS und FEM gemeinsam einzusetzen, so dass für das globale Strukturverhalten MKS, für die Versagensbereiche der Kontaktzonen hingegen FEM Systeme eingesetzt werden.

CFD bezeichnet die numerische Simulation von Strömungen. Eine wichtige Grundlage bilden die Erhaltungssätze der Physik für Masse, Impuls und Energie. Ergänzend werden aber auch empirische Ansätze (Turbulenz, Wärmeübertragung zu Oberflächen, etc.) verwendet. Zusätzlich zum konvektiven Wärmetransport, können auch der Wärmetransport durch Leitung oder/und Strahlung, oder Vorgänge wie z. B. Schadstoffausbreitung, simuliert werden. Die Modellierung kann dabei 2- oder 3-dimensional sowie stationär oder transient erfolgen.

NVH simuliert und berechnet Geräusche, Schwingungen und Steifigkeit. Der Einfluss der Geräusche, besonders in der Automobilindustrie, in ihrer Auswirkung auf den Passagier und dessen Umgebung, wird ermittelt. Die Berechnung erfasst nicht nur das objektive Maß der Geräusche und der Erschütterung sondern auch die subjektive Auswirkung. Anwendungsfälle sind zum Beispiel, wie ein Schalldämpfer klingt, welche Art der Windgeräusche irritierend ist und welche Art der Gummireifengeräusche angenehm oder ärgerlich ist.

2.2.4 IT Lösungen zur Planung und Simulation von Fertigung und Montage (Digitale Fabrik)

Während Produkte bereits längst digital entworfen und optimiert werden, sind Methoden und Werkzeuge zur digitalen Planung und Absicherung von Produktionssystemen in Anlehnung an das Produkt relativ spät zum Einsatz gekommen. Sie werden mit dem Begriff *Digitale Fabrik* zusammengefasst. Solche Werkzeuge sind ein integraler Bestandteil des Produktionslebenszyklus heutiger Industrien [ZAF-08; SPL-08]. Eine Definition der Digitalen Fabrik wurde in [KÜH-06] vorgeschlagen:

Definition 2.7 *Die **Digitale Fabrik (DF)** ist der Oberbegriff für ein umfassendes Netzwerk von digitalen Modellen, Methoden und Werkzeugen – u. a. der Simulation und 3D-Visualisierung – die durch ein durchgängiges Datenmanagement integriert werden. Ihr Ziel ist die ganzheitliche Planung, Evaluierung und laufende Verbesserung aller wesentlichen Strukturen, Prozesse und Ressourcen der realen Fabrik in Verbindung mit dem Produkt.*

Der große Vorteil der Digitalen Fabrik ist die Möglichkeit zu einer produktionsgerechten Produktauslegung sowie zur optimalen Anpassung der zu entwickelnden Produktionssysteme und -prozesse an das Produkt zu gelangen. Natürlich erfordert auch der Einsatz von Simulationstechniken im Rahmen der digitalen Fabrik organisatorische Veränderungen und eine enge Koordination und Abstimmung mit dem ERP-System [RSF-08]. Die Werkzeuge der Digitalen Fabrik sorgen nicht nur für eine Integration zwischen Produkt- und Produktionsentwicklung (Abb. 2.8), sondern auch für ein ausgewogenes Einhalten der für die Produktion festgelegten (sowohl technischen, als auch wirtschaftlichen) Randbedingungen. Durch einen hohen Grad der Absicherung der Planungsergebnisse sollen bei Neuplanungen von Anlagen die Realisierungs- und Anlaufphasen drastisch verkürzt werden.

Weiteres Ziel der Digitalen Fabrik ist es, Rekonfigurationen von Produktionssystemen ohne großen Aufwand durchführen zu können. Dies soll wiederum durch

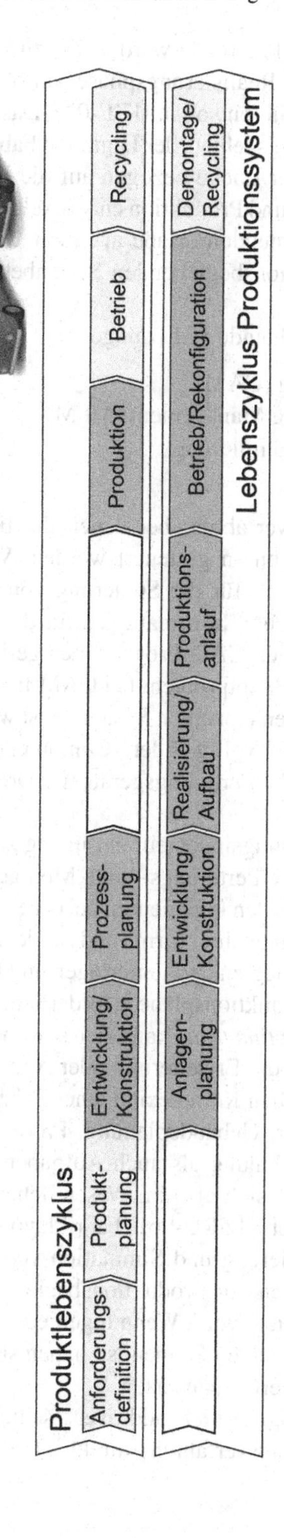

Abb. 2.8 Zusammenspiel von Produkt-Life-Cycle und Produktionssystem-Life-Cycle [ZAR-08]

umfassende Simulationen im Vorfeld erreicht werden, die zu kürzeren Stillstandzeiten der zu ändernden Anlagen in der Realisierungsphase und zu schnellerer Inbetriebnahme in der Wiederanlaufphase führen sollen [KIE-07]. Das ist ein Nachweis des lebenszyklusbezogenen Anwendungsgebiets der Digitalen Fabrik. Laut [LIG-99] ist sie ursprünglich zum Schließen der Lücke bezogen auf die IT-Unterstützung zwischen Produktentwicklung (CAD) und Produktion entwickelt worden. Heute werden ihre Anwendungen aber in zunehmendem Maße auch zur Unterstützung des Produktionsanlaufs bzw. zur produktionsbegleitenden Serienbetreuung herangezogen [ZVM-04; SAU-05]

Zu dieser Kategorie gehören folgende IT-Lösungen:

- Computer Aided Manufacturing (CAM)
- Manufacturing Process Planning Management (MPM)
- Fabriklayout Simulation und Optimierung
- Rapid Prototyping (RPT)

CAM ist ein Sammelbegriff für Verfahren, bei denen die Fertigungs- und Montagemaschinen mit Hilfe von Rechnern gesteuert werden. Verwendet wird CAM vorwiegend im industriellen Bereich für die Steuerung von Werkzeugmaschinen. Im Idealfall werden die erforderlichen Informationen für die Steuerung direkt von den für die Entwicklung zuständigen CAD-Programmen geliefert, z. B. Numerical Control (NC) – Programme. Das Hauptproblem bei CAM liegt in der Standardisierung der Schnittstellen zwischen den einzelnen Systemen, sowie der Anbindung von CAD-Programmen, da in der Regel völlig andere Computersysteme für CAD verwendet werden, als zur Steuerung der Fertigungsgeräte wie Drehmaschinen, Gravier- oder Fräsanlagen.

MPM – Lösungen bieten Fertigungsingenieuren Zugang zu Produktengineering-Daten und Informationen zu den Fertigungs- und Montagemöglichkeiten ihrer Firmen und ihrer Partner. Sie helfen den Ingenieuren bei der Suche nach den geeigneten Fertigungs- und Montagepraktiken ihrer Firma und bei der Analyse, Entwicklung und Simulation von Fertigungsstrategien und -unterlagen und führen ERP-Systemen die zur Erstellung detaillierter Produktionspläne erforderlichen Daten zu.

Fabriklayout Simulation und Optimierung kann sich sowohl auf die Neugründung eines Fabrikbetriebs, als auch auf die Erweiterung oder Änderung des bestehenden Betriebes beziehen. Wegen der hohen Komplexität eines Fabrikbetriebes zählen zur Fabrikplanung sowohl Architektur, Gebäudeplanung, Produktionsanlagenplanung, Anlagenlayoutplanung, Personalplanung als auch Aufgaben der Fabrikorganisation. Die Fabrikplanung beschäftigt sich also im Wesentlichen mit der Neuplanung oder Änderung eines Fabrikbetriebs [GRU-06]. Fabriklayout- und Optimierungssysteme ermöglichen die Modellierung und Simulation von Produktionssystemen und Prozessen. So kann man schon vor Produktionsbeginn sicherstellen, dass die höchstmögliche Produktivität erreicht wird. Wenn Ingenieure das Resultat ihrer Planungen als virtuelle Fabriken betrachten können, so haben sie die Möglichkeit, die Ressourcen optimiert im realen Werk einzusetzen.

RPT bezeichnet die Technologie durch additives, schichtenweises Auftragen von Material (generative Fertigungsverfahren) direkt aus der abgeleiteten CAD-

Geometrie ein Werkstück zu erzeugen. Der Begriff Prototyping ist eher irreführend, da neben den Prototypen auch Formen und Werkzeuge sowie Design- und Anschauungsmodelle gefertigt werden. In Abhängigkeit des Materials (flüssig, pulverförmig oder fest) unterscheidet man verschiedene Verfahren [GEB-07]:

- Stereolithographie (Aushärten eines flüssigen Polymers)
- Selective Laser Sintering (Schichtweises Aufschmelzen und Sintern von Kunststoff- oder Metallpulver)
- Fused Deposition Modelling (Aufbringen von Kunststoffdrähten oder Feingusswachs)
- Laminated Object Manufacturing (Auflaminieren von Folien)

2.2.5 Digitaler Mock-Up (DMU)

Unter dem Begriff *Digitaler Mock-Up* versteht man zusammengefasst die wirklichkeitsgetreue Beschreibung eines Produktes im Rechner.

Definition 2.8 *Ein **Digital Mock-Up (DMU)** stellt eine auf ein bestimmtes Endprodukt (z. B. Fahrzeug) bezogene, abgegrenzte Datenmenge dar, auf deren Grundlage Teams in der virtuellen Produktentwicklung kommunizieren, sowie Funktionalitäten des Produktes Bereichs- und Komponentenübergreifend ausgeführt und getestet werden können. Unter Anderem steht hierbei insbesondere die Produktgeometrie im Vordergrund.*

Der DMU besteht aus Dokumenten, Attributen und Strukturen. Möchte man ein DMU benutzen, muss man gegebenenfalls Prozesse und Organisationsformen anpassen. Eine Kooperation zwischen Mitarbeitern oder Organisationseinheiten ist in Bezug auf ein bestimmtes Endprodukt unter Umständen früher erforderlich als in heutigen Prozessabläufen. Der DMU dient als Informationsaustauschmedium, in das in einem festgelegten zeitlichen Turnus Informationen abgelegt werden. Zum Beispiel müssten alle 14 Tage neue Informationen über das Produkt abgelegt werden, damit andere Mitarbeiter und Organisationseinheiten diese Informationen für ihre Arbeit nutzen können. Diese Arbeitsweise geht somit in die Richtung des „Simultaneous Engineering“ bzw. „Cross Enterprise Engineering“. Durch die stärkere Parallelisierung und Vernetzung von Prozessen wird es möglich, früher als bisher Produktoptimierungen durchführen oder Fehler am Modell früher erkennen zu können. Dadurch lassen sich in diesem Prozess Zeit sparen und Kosten senken. Als Voraussetzungen für den Aufbau und die Nutzung eines DMU darf es keine starren Prozesskonzepte geben und es muss ein systematisches und zielgerichtetes Projektmanagement erfolgen. Im Gegensatz zu den starren Prozesskonzepten sind eine stetige Anpassung an unternehmens- und produktspezifische Belange und ein am Kunden orientierter Prozessablauf erforderlich.

Zu Beginn eines Produktentwicklungsprozesses müssen Produktstrukturen aufgebaut werden, in denen die Informationen über das Produkt abgelegt werden. Diese Produktstrukturen müssen es den anderen Mitarbeitern oder Organisationseinheiten ermöglichen, benötigte Informationen für ihre Arbeit möglichst schnell in diesen Pro-

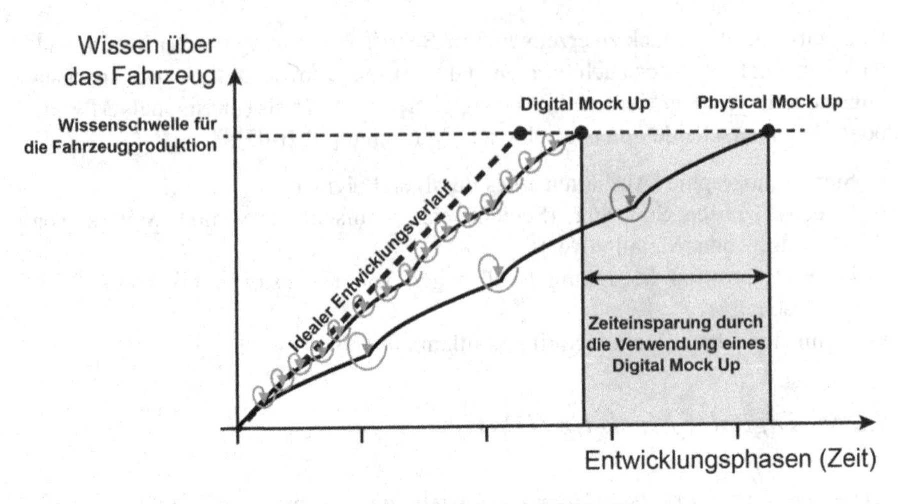

Abb. 2.9 Reduzierung der Entwicklungszeiten durch DMU [OVT-07]

duktstrukturen zu finden. Bei Nutzung des DMU können Versuchsaktivitäten durch aussagefähige, validierte Berechnungs- und Simulationsverfahren ersetzt werden.

Dadurch lassen sich zum Beispiel etwaige Werkzeug- und Nachbearbeitungskosten für ein physisches Bauteil einsparen. Die Integration von Zulieferern ist ein weiterer wichtiger Aspekt des DMU. Da die parallel laufenden Entwicklungsaktivitäten sehr eng abgestimmt werden müssen, ist die Integration der Zulieferer in das Projekt von großer Bedeutung. Die gesamte Projektarbeit eines DMU findet im Rahmen von Cross Enterprise Engineering Teams statt, in die die Zulieferer integriert werden müssen, damit der Gesamtprozess harmonisiert gesteuert werden kann.

Die Zulieferer müssen somit auch in den Datenaustausch einbezogen werden, der auch hier in einem regelmäßigen Turnus stattfinden muss. Der DMU erzeugt somit in den Entwicklungsabläufen eine starke Transparenz. Damit erkennt man schneller, in welchen Teilprozessabläufen Schwachstellen liegen. Digital Mock-Up führt dazu, dass im Produktentwicklungsprozess die physische Erprobung der Bauteile erst viel später einsetzt. Die Bauteile sind im DMU durch Berechnungs- und Simulationsverfahren sehr genau getestet worden, so dass zu Beginn der Herstellung der physischen Bauteile diese schon sehr weit entwickelt sind und die Zeit für die physische Erprobung gesenkt werden kann. Dadurch werden Kosten gesenkt und der gesamte Zeitplan kann sich verkürzen (s. Abb. 2.9).

DMU wird aufgrund der Komplexität der Produktgeometrie im CAD-System i. d. R. in einem neutralen Visualisierungsformat realisiert (JT von SIEMENS PLM, U3D von Adobe, 3D XML von Dassault und ProductView von PTC). Dies hat insbesonders Vorteile beim Einsatz von DMU bei Produkten, die aufgrund verschiedener CAD-Ausstattung der Zulieferer, in verschiedenen Formaten vorliegen. Der DMU ist heute schwerpunktmäßig durch seinen statischen Charakter, seinen Einsatz in der mechanischen Konstruktion und in der Regel basierend auf endgültiger Geometrie geprägt. Aus Forschungssicht werden zukünftige Entwicklungen die Einbindung von Berechnung und Simulation multidisziplinärer digitaler Produktbeschreibungen (Functional bzw. Dynamic DMU) und der Einsatz der Mock-Up Technologie in

VR Technologien	VR Anwendungsfelder
 z.B. CAVE, Powerwall, ...	**DMU Packaging:** Kollisionsanalyse, Visualisierung von Montage, Bauraumuntersuchungen, ... **Fertigung:** Visualisierung Ablaufplanung **Styling:** 1: 1 Darstellung von virtuellen Prototypen, Beurteilung von Verformungen, ...

Abb. 2.10 Einsatzgebiete von VR [OVT-07]

der frühen Konstruktionsphase unter Verwendung angenäherter und vereinfachter Geometrie (Conceptual DMU) berücksichtigen.

2.2.6 Virtuelle und Erweiterte Realität (Virtual and Augmented Reality)

Unter dem Begriff *Virtual Reality (VR)* wird eine computergenerierte, virtuelle Umgebung in Kombination mit Technologien zur immersiven Wahrnehmung verstanden. Im Unterschied zu einer gewöhnlichen Darstellung und Interaktion am Standard-Bildschirm, geben Werkzeuge der VR dem Benutzer ein Gefühl des „Eintauchens" in die virtuelle Welt. So werden Bildschirm und Maus durch 3D-Visualisierungs- und Interaktionstechniken ersetzt. In diesem Zusammenhang wird die Interaktion multimodal ausgelegt, so dass neben dem rein visuellen Kanal weitere menschliche Sinne wie Akustik und Haptik in die Schnittstelle integriert werden. VR lässt sich in viele der obig genannten IT-Lösungen, z. B. CAS, CAD und DMU, integrieren. Einsatzgebiete von VR zeigt Abb. 2.10. Ein industrielles Beispiel ist in [CRB-04] beschrieben.

Durch den Einsatz von VR und die daraus resultierende, erweiterte Wahrnehmung lassen sich Änderungen besser beherrschen. D. h. die Anzahl der Änderungsschleifen kann reduziert, beziehungsweise deren Durchlaufzeit verkürzt werden. Diese Wettbewerbsvorteile werden ergänzt durch optimale Präsentationsmöglichkeiten zur Projektakquisition sowie zur Vermittlung von Entwicklungsständen in den frühen Phasen der Projekte.

Augmented Reality (*AR*), also die *erweiterte Realität*, ist eine Form der Mensch-Technik-Interaktion, bei der dem Anwender Informationen in sein Sichtfeld eingeblendet werden – beispielsweise über eine Datenbrille. Die Realität wird entweder über eine Kamera oder durch eine halbtransparente Brille gewährleistet. Die Einblendung geschieht jedoch kontextabhängig, d. h. passend und abgeleitet vom betrachteten Objekt, z. B. einem Bauteil. So wird das reale Sichtfeld beispielsweise eines Monteurs durch eingeblendete Montagehinweise um für ihn wichtige

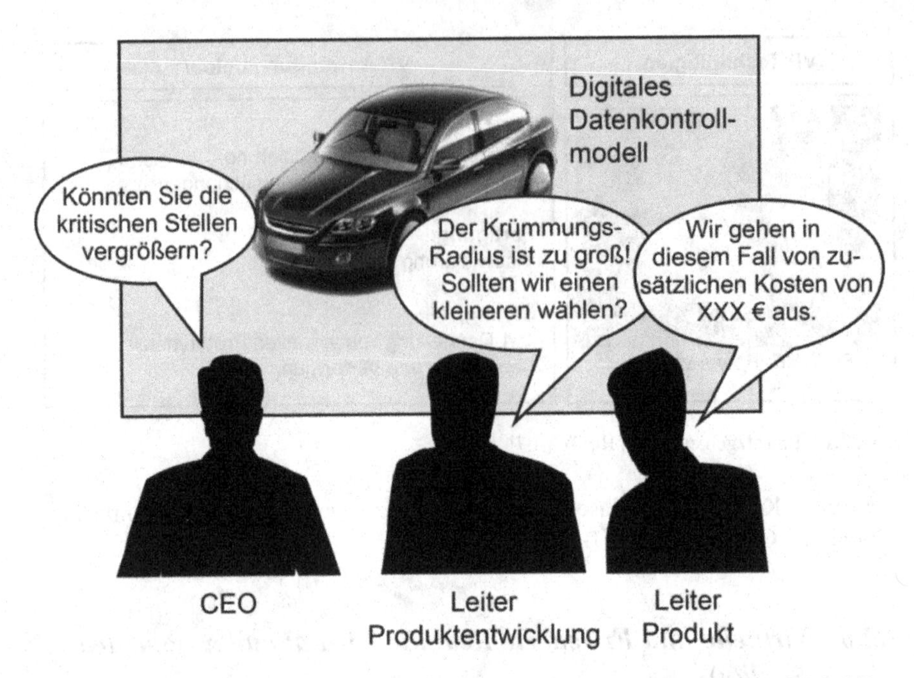

Abb. 2.11 Virtuelle Arbeitstechniken führen zu vollkommen neuen Arbeitstechniken [KRA-04]

Informationen erweitert. In diesem Falle kann Augmented Reality unter anderem das herkömmliche Montagehandbuch ersetzen.

AR-Techniken können dazu beitragen, Anwendungen wesentlich einfacher zu lösen, da der haptische, d. h. den Tastsinn betreffende, Eindruck, der bei VR durch spezielle Hardware erfolgen muss, durch reale Objekte bzw. Teile abgedeckt wird. Einige Problemstellungen im Produktentwicklungsprozess sind ausschließlich durch AR zu lösen, so zum Beispiel direkte Vergleiche zwischen Versuchsergebnissen und Berechnungsresultaten. Vielversprechende Erkenntnisse lässt der Einsatz von AR-Techniken beim Vergleich von Crash-Ergebnissen erwarten: Nach einem Crashtest überlagert das AR-System, im Sichtfeld des Entwicklungsingenieurs, dem realen Crashfahrzeug die durch die Simulation vorhergesagte Verformung. Differenzen sind damit „auf einen Blick" zu erkennen und zu bewerten.

DMU, sowie VR und AR haben einen großen Einfluss auf die Aufbau- und Ablauforganisation sowie auf die beteiligten Personen und deren Zusammenarbeit. Ein Umdenken ist auf allen Ebenen notwendig, um diese Techniken sinnvoll einzusetzen (Abb. 2.11).

2.2.7 IT Lösungen zur Unterstützung von Engineering Collaboration (e2e)

Der Begriff *Engineering Collaboration* fasst alle Anwendungen und Funktionen zusammen, mit denen die Zusammenarbeit von bereichsinternen und –externen

Teilnehmern des Produktentwicklungsprozesses unterstützt wird. Hierunter fallen die in Abb. 2.12 zusammengefassten Aufgabenbereiche.

Speziell für den Produktentwicklungsprozess muss die IT Lösung einen sogenannten Virtual Design Room anbieten, in dem die regional und organisatorisch getrennten Teilnehmer auf der Basis des Internets den DMU betrachten und bewerten können. Dazu gehört

- der Aufbau von sogenannten Engineering Portalen zur Kommunikation mit Kunden und Zulieferern,
- Sicherheitsmaßnahmen zur Sicherung Firewall-übergreifender Systemzugriffe, und
- Datenaustausch auf der Basis von nativen CAD Formaten oder Standards wie zum Beispiel STEP[1], JT[2] oder PDX[3].

Typischerweise werden die Funktionen des Engineering Collaboration im Funktionsumfang eines PLM-Systems abgedeckt und durch virtuelle Techniken unterstützt.

2.2.8 *IT Lösungen für Knowledge Based Engineering*

Knowledge-Based Engineering (KBE) stellt in Verbindung mit CAD- und PLM-Lösungen die Techniken zur Verfügung, um vorhandene Daten und Regeln sowie erprobte Vorgehensweisen (best practices) elektronisch zu erfassen und allen Beteiligten im Entwicklungsprozess bereitzustellen [DEN-02; KRU-01]. Dadurch lassen sich Informationen heranziehen, die normalerweise nicht in CAD- und PLM-Lösungen sondern verteilt im Unternehmen in anderen IT-Systemen zur Verfügung stehen – zum Beispiel, was das Produkt kosten wird, ob ein Teil gefertigt werden kann oder ob es zu einem Entwurf bessere Alternativen gibt oder es kann geprüft werden, ob Konstruktionsvorschriften beziehungsweise nationale Vorschriften verletzt werden oder ob die Produkt-Spezifikation eingehalten wird. Das sorgt nicht nur für eine gleichbleibend hohe Produktqualität, sondern beschleunigt auch die Entscheidungsfindung, was den „richtigen“ Entwurf betrifft.

2.3 Trends in der virtuellen Produktentwicklung

Die wesentlichen Trends in der virtuellen Produktentwicklung sind zusammenfassend geprägt durch

---

[1] STEP: Standard for the exchange of Product model data, ist ein Standard zur Beschreibung von Produktdaten.

[2] JT: Jupiter Tesselation, ist ein neutrales 3D Grafikformat.

[3] PDX: Product Data Exchange (Industriestandard zum Austausch von Elektronik Teilen).

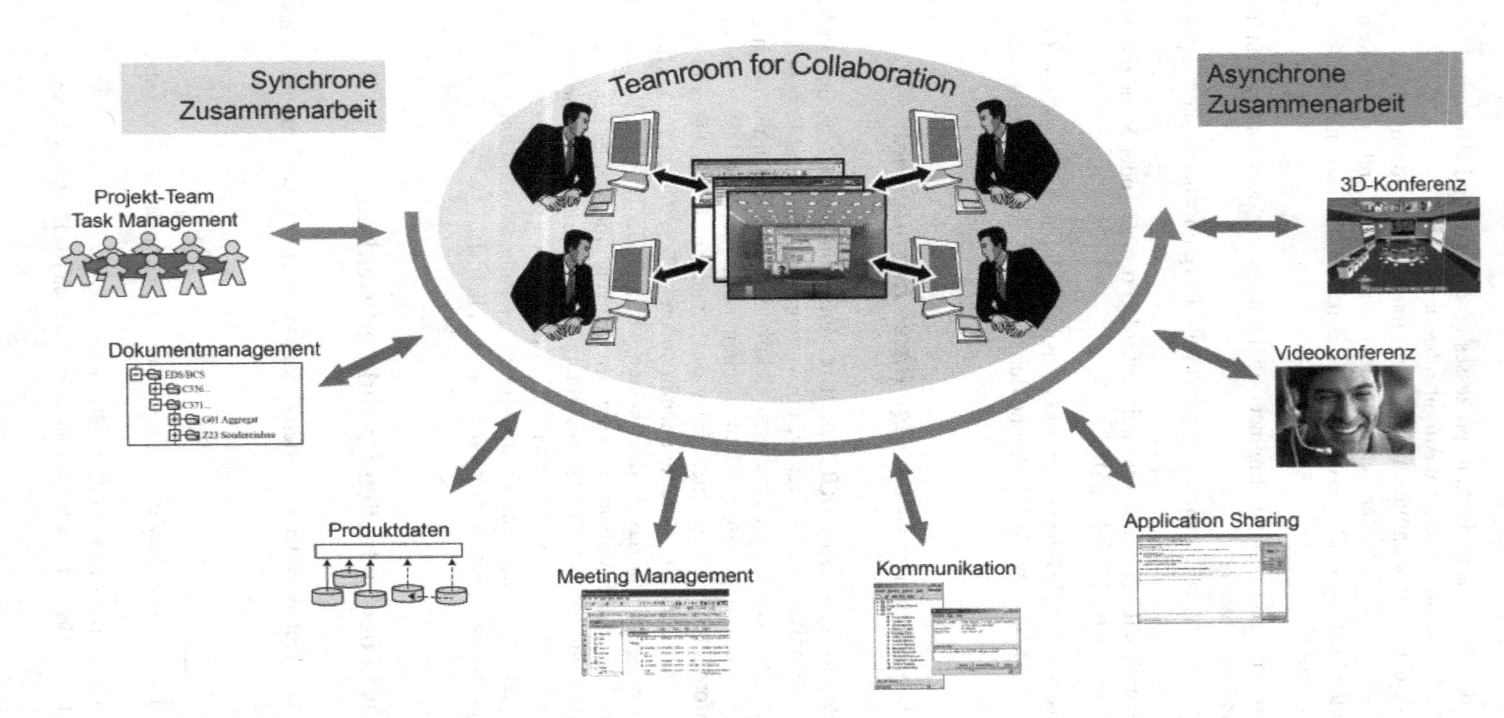

Abb. 2.12 Aufgabenbereiche eines Virtuellen Konstruktionsraums [FEL-04]

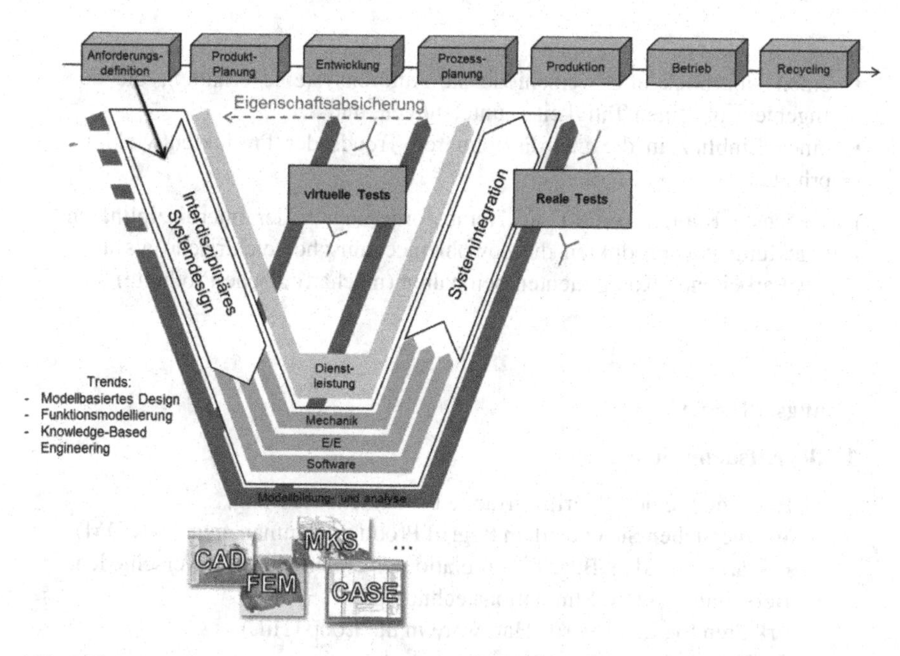

Abb. 2.13 Mapping Produktlebenszyklus zu V-Modell (in Anlehnung an [VDI-2206])

- zunehmende Multidisziplinarität der Produkte und damit interdisziplinäre Entwicklungsprozesse und -teams,
- Weiterentwicklung der sequentiellen, von der Mechanik geprägten Konstruktionsmethodik [VDI-2221] zu einer ursprünglich aus der Softwareentwicklung abgeleiteten iterativen Konstruktionsmethodik (V-Modell nach [VDI-2206]),
- weiteren Einsatz der Modell-basierenden Entwurfsmethoden bereits in den frühen Phasen der Produktentwicklung (MBSE),
- interdisziplinären und früheren Einsatz von DMU und
- verstärkten Einsatz von Knowledge Based Engineering.

Abbildung 2.13 fasst einige dieser Trends zusammen und bildet den Produktlebenszyklus auf die V-Modell Methodik nach VDI-2206 [VDI-2206] ab.

2.4 Zusammenfassung und Aufgaben

Zusammenfassung

In diesem Kapitel haben Sie

- ein Verständnis über den Einsatz von Informationstechnologie als Werkzeug im Produktentwicklungsprozess vermittelt bekommen,

- einen Überblick über verschiedenste Autorensysteme erhalten, die den Ingenieur in seinen Tätigkeiten unterstützen, und
- einen Einblick in die interdisziplinären Trends der Produktentwicklung erhalten.

Das nächste Kapitel vertieft die Herausforderung in der interdisziplinären Entwicklung von Produkten die sowohl mechanische, elektrische als auch datenverarbeitende Komponenten beinhalten (mechatronische Produkte).

Übungsaufgaben

1. Begriffsdefinitionen

- Erklären Sie den Begriff virtuelle Produktentwicklung.
- Was verstehen Sie unter dem Begriff Produktdatenmanagement (PDM)?
- Erklären Sie den Begriff Simulation. Nennen Sie drei verschiedene Berechnungs- und Simulationstechnologien.
- Erklären Sie den Begriff Hardware in the Loop (HiL).
- Erklären Sie den Begriff Digitale Fabrik.
- Erklären Sie den Begriff DMU.
- Was ist der Unterschied zwischen virtueller und erweiterter Realität?

2. Wissen

- Nennen Sie vier aktuelle Trends in der virtuellen Produktentwicklung.

Literatur

[CRB-04] Crüchten, M. van; Bohuszewicz, O. von: Virtual Reality in der Produktentwicklung eines Schienenfahrzeugherstellers. Konstruktion, Heft 3, 2004

[DEN-02] Denkena, B. u. a.: Wissensmanagement in integrierten Produktlebenszklen. ZWF 97 (2002) 9, 2002

[EGG-10] Eigner, M, Gerhardt, F., Gilz, T., Handschuh, S.: Proposal for a guideline to integrate kinematics within lightweight formats. DESIGN 2010, Proceedings of the 11th International DESIGN Conference, 2010

[EIS-09] M. Eigner, R. Stelzer: Product Lifecycle Management, Springer Verlag, Berlin Heidelberg, 2009

[FEL-04] Feltes, M.: PLM-Services ein neuer Standard zur Unterstützung von Collaborative Engineering. PDM Implementor Forum 16. Nov. 2004, Daimler Forschung & Technologie

[GEB-07] Gerbhardt, A.: Generative Fertigungsverfahren. Wien/München: Carl Hanser

[GRU-06] Grundig, C.-G.: Fabrikplanung: Planungssystematik, Methoden, Anwendungen. 2. aktualisierte Auflage, Carl Hanser Verlag, Wien München, 2006

[KIE-07] Kiefer, J.: Mechatronikorientierte Planung automatisierter Fertigungszellen im Bereich Karosserierohbau. Universität des Saarlandes, Schriftenreihe Produktionstechnik, Band 43, 2007

[KRA-04] Krause, F.-L.: Strategische Bedeutung des Digital Engineering. in Digital Engineering Forum MIT Bochum 2004

[KRU-01] Krüger, J.: Produktdaten und Wissen wachsen zusammen. CAD/CAM Report 20 (2001) 10, 2001

[KÜH-06] Kühn, W.: Digitale Fabrik – Fabriksimulation für Produktionsplaner. Carl Hanser Verlag, Wien München, 2006

[LIC-11] Lickteig, S.: Konzeptmodellierung und Systemsimulation eines geregelten inversen Pendels. Studienarbeit am VPE, TU Kaiserslautern, 2011

[LIG-99] Linner, S.; Geyer, M.; Wunsch, A.: Optimierte Prozesse durch Digital Factory Tools. VDI Berichte 1489, VDI Verlag, Düsseldorf, 1999

[OVT-07] Ovtcharova, J.: Vorlesung „Virtual Engineering". IMI, Universität Karlsruhe 2007

[RSF-08] Organisationsanpassungen von der digitalen Fabrik zum digitalen Unternehmen, ZWF 103 (2008) 1-2, 2008

[SAU-05] Sauer, O.: Trends bei Manufacturing Execution Systemen (MES) am Beispiel der Automobilindustrie. PPS Management, Heft 3, 2005

[SPL-08] D. Spath, J. Leutes: Wirtschaftlich Entwickeln und Produzieren durch die digitale Produktion. ZWF 103 (2008) 6, 2008

[VDI-2206] Verein Deutscher Ingenieure: Entwicklungsmethodik mechatronischer Systeme. VDI-Düsseldorf 2000

[VDI-2221] Verein Deutscher Ingenieure: Methodik zum Entwickeln und Konstruieren technischer Systeme und Produkte. VDI-Düsseldorf 1993

[VDI-3633] Verein Deutscher Ingenieure: Simulation von Logistik-, Materialfluß- und Produktionssystemen – Grundlagen. VDI-Düsseldorf 2000

[ZAF-08] Zafirov, R.: Domänenübergreifende Modellierung und Validierung automatisierter Rohbau-Fertigungszellen, Diplomarbeit Lehrstuhl für virtuelle Produktentwicklung, TU Kaiserslautern 2008

[ZAR-08] Zafirov, R.: Funktionsmodellierung im Maschinen- und Anlagenbau, in: Eigner, M.; Faißt, K.G. (Hrsg.): Tagungsband Jahrestagung 2008. Berliner Kreis, 2008, S. 203–225. - ISBN: 978-3-939432-95-1

[ZVM-04] Zäh, M. u. a.: Virtuelle Inbetriebnahme im Regelkreis des Fabriklebenszyklus. Seminarberichte iwb, Nr. 74: Virtuelle Produktionssystemplanung, Herbert Utz Verlag, 2004

Kapitel 3
Informationstechnologie als Produktbestandteil in mechatronischen Produkten

Die Produktentwicklung ist ein komplexer Prozess mit vielen Beteiligten. Der Einsatz der Informationstechnologie als integraler Produktbestandteil ist heutzutage nicht mehr wegzudenken. Oft sind Produkte multidisziplinäre komplexe Systeme, die von mehreren Ingenieurdisziplinen entwickelt werden. Hier ist vor allem ein gemeinsames Verständnis der Problemstellung eine Herausforderung, die in alle beteiligten Entwicklungsdisziplinen transportiert werden sollte. Das modellbasierte Design und die Methoden des Systems Engineering adressieren diese Problemstellung.

Lernziele In diesem Kapitel werden Definitionen, als auch Grundlagen zum Thema Mechatronik und Systems Engineering vorgestellt. Wenn Sie dieses Kapitel gelesen haben, werden Sie

- die Herausforderungen in der Mechatronik kennen, sowie einen Überblick über die Vorgehensweise bei der Entwicklung haben,
- die Notwendigkeit der interdisziplinären Systementwicklung als Kernbestandteil der frühen Phase der Produktentwicklung kennen gelernt haben,
- in Systemen denken können, um eine ganzheitliche Sichtweise zu erhalten,
- ein grundlegendes Verständnis zum Einsatz von modellbasiertem Design haben.

3.1 Einführung

Heutige Produkte beinhalten immer häufiger informationstechnologische Bestandteile. Dies stellt neue Herausforderungen an den Maschinenbauingenieur, die durch klassische Konstruktionsmethoden selten adressiert werden. Im Zusammenhang mit der immer stärker werdenden Rolle der Mechatronik in der Produktentwicklung, wird die Integration der verschiedenen Ingenieurdisziplinen immer wichtiger. Hier bieten

M. Eigner et al., *Informationstechnologie für Ingenieure*,
DOI 10.1007/978-3-642-24893-1_3, © Springer-Verlag Berlin Heidelberg 2012

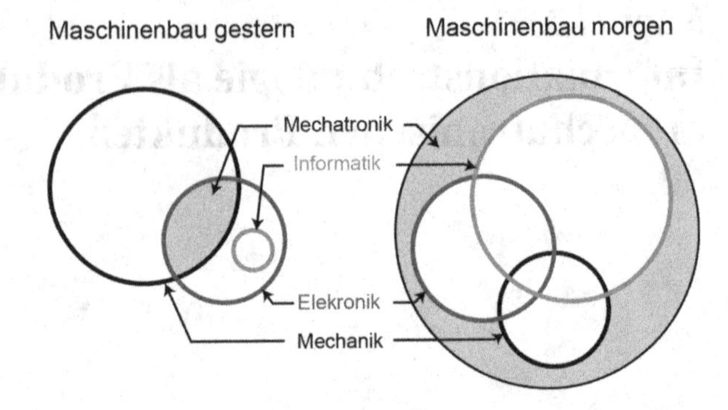

Abb. 3.1 Verschiebung der Entwicklungsanteile mechatronischer Produkte in Anlehnung an [KÜH-10]

Ansätze, wie z. B. das modellbasierte Systems Engineering Möglichkeiten, eine übergreifende Beschreibung zu erstellen, die gerade in den frühen Entwicklungsphasen ein gemeinsames Verständnis zwischen den unterschiedlichen Disziplinen generieren kann. Eine Abb. des Wandels ist in Abb. 3.1 aufgezeigt.

Der zunehmenden Bedeutung von IT in Produkten und Systemen muss im Produktentwicklungsprozess Rechnung getragen werden. War in der Vergangenheit die Mechanik führend, so ist zu beobachten, dass Elektronik und Software einen immer größeren Entwicklungsbestandteil ausmachen. Erweiterte Sichtweisen aus der aktuellen Forschung sind im Folgenden kurz in Anlehnung an [BRO-10] zusammengestellt:

- **Cyber-Physical Systems** adressieren die enge Verbindung eingebetteter Systeme zur Überwachung und Steuerung physikalischer Vorgänge mittels Sensoren und Aktuatoren über Kommunikationseinrichtungen mit globalen digitalen Netzen.
- **Smart Objects/Smart Devices** sind Geräte, die digital aktiv, vernetzt und konfigurierbar sind, und autonom funktionieren.
- **Ubiquitous Computing** bezeichnet den allgegenwärtigen Einsatz von Rechnern.
- **Internet of Things** ist die Vision der elektronischen Vernetzung von Gegenständen des Alltags.
- **Internet of (phyiscal) Services** betrachtet die digitale Vernetzung von (physikalischen) Diensten des Alltags.
- **System of Systems** hat als Vision eine hierarchische Vernetzung und Integration von Systemen zu umfassenderen Systemen.

Der Fokus dieses Kapitels liegt auf der Betrachtung des Produktes mit all seinen Software- und Hardwarebestandteilen. Die Mechatronik basierte früher auf der Vorstellung, dass vorwiegend das mechanische Ausgangsproblem mit Hilfe der Elektronik und IT optimaler zu lösen ist. Ein typisches Beispiel ist die Nockenwellenverstellung an Ottomotoren, die in der Vergangenheit mechanisch gelöst wurde und heute über Elektronik und Software realisiert wird. Heutzutage geht dies über die Optimierung des mechanischen Grundsystems hinaus. IT wird dazu verwendet immer mehr Funktionalität zur Verfügung zu stellen. Ein Beispiel hierfür sind Assistenzsysteme im Fahrzeug, die hauptsächlich durch IT neue Funktionalitäten

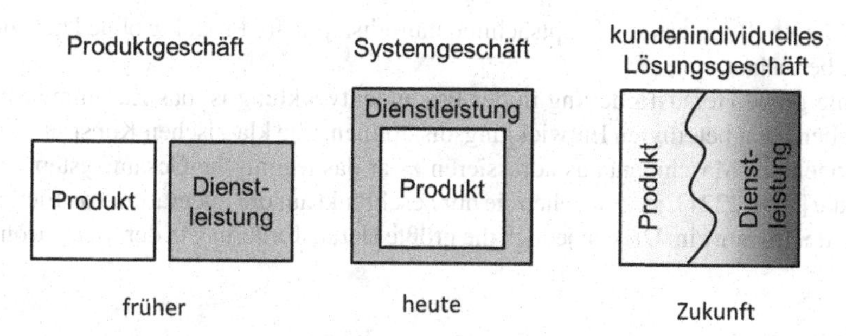

Abb. 3.2 Paradigmenwechsel in der Produkt- und Dienstleistungsentwicklung in Anlehnung an [SSP-00]

schaffen. Eine weitere Strömung ist der vermehrte Einsatz von software-intensiven eingebetteten Systemen. Die Vision ist es physische Komponenten mit der digitalen Welt des Internets zu vernetzen und neue Funktionalität zu schaffen, so dass z. B. Fahrzeuge untereinander kommunizieren können um Informationen auszutauschen.

Durch die Vielzahl an der Entwicklung beteiligten Disziplinen kann auch von multidisziplinären Produkten gesprochen werden. Hier ist eine gesamtheitliche Betrachtung des zu entwickelnden Produktes in einem funktionalen Systemdesign zu Beginn wichtig. Dies ist Inhalt der Konzeptphase und Startpunkt für alle beteiligten Disziplinen, im Speziellen auch für die Software als integraler Produktbestandteil.

3.2 Multidisziplinäre Systeme

Heutige technische Produkte werden von mehreren Entwicklungsdisziplinen entwickelt. In diesem Fall kann von multidisziplinären Systemen gesprochen werden.

Definition 3.1 *__Multidisziplinäre Systeme__ sind gekennzeichnet durch das Zusammenspiel von Komponenten aus unterschiedlichen Entwicklungsdisziplinen, z. B. Mechanik, Elektronik und Software.*

Wird Dienstleistung als ein weiterer Bestanteil der Wertschöpfung betrachtet, so wird von hybriden Produkten, bzw. hybriden Leistungsbündeln gesprochen.

Definition 3.2 *Ein __Hybrides Leistungsbündel__ ist gekennzeichnet durch die integrierte Planung, Entwicklung, Erbringung und Nutzung von Sach- und Dienstleistungsanteilen einschließlich Software in industriellen Anwendungen und repräsentiert ein wissensintensives, soziotechnisches System.* [STR-07]

Hybride Leistungsbündel fordern einen Paradigmenwechsel in der heutigen Produktwicklung (vgl. Abb. 3.2). Dies ist Bestandteil aktueller Forschungen.

Beispiele für hybride Leistungsbündel sind z. B. ein Smartphone mit Vertrag in der Telekommunikationsindustrie, komplexe Software mit Wartungsvertrag oder im Maschine bau eine Produktionsanlage mit vertraglich integrierter Ersatzteilversorgung und Wartung.

In diesem Buch werden hauptsächlich multidisziplinäre Produkte ohne Dienstleistung betrachtet.

Eine große Herausforderung in der Produktentwicklung ist das Zusammenspiel zwischen allen beteiligten Entwicklungsdisziplinen. Die klassischen Konstruktionsmethoden des Maschinenbaus adressieren zwar das technische Gesamtsystem, wie z. B. die [VDI-2221], jedoch gehen sie nur beschränkt auf die Integration von Elektronik und Software ein. Dies ist jedoch die größte Herausforderung in der Mechatronik.

3.2.1 Mechatronik

Der Begriff Mechatronik entstand Ende der 60er bis Mitte der 70er Jahre in Japan. Ursprünglich bezeichnete er den Einsatz der sich entwickelnden Mikroprozessoren zur Steuerung von Maschinen und Anlagen. Heute umfasst der Begriff Mechatronik wesentlich mehr, ohne dass sich jedoch eine einheitliche Definition herausgebildet hat. Eine allgemeine Definition ist:

Definition 3.3 *Die **Mechatronik** ist ein interdisziplinäres Gebiet der Ingenieurwissenschaften, das auf Maschinenbau, Elektrotechnik und Informatik aufbaut. Im Vordergrund steht die Ergänzung und Erweiterung mechanischer Systeme durch Sensoren und Mikrorechner zur Realisierung teil-intelligenter Produkte und Systeme.* [BRO-06]

Zur Charakterisierung von mechatronischen Systemen werden aus der Vielzahl der Beschreibungen die folgenden ausgewählt:

- Ein typisches mechatronisches System nimmt Signale auf, verarbeitet sie und gibt Signale aus, die es z. B. in Kräfte und Bewegungen umsetzt.
- Mechatronik bezeichnet eine interdisziplinäre Entwicklungsmethodik, die überwiegend mechanisch ausgerichtete Produktaufgaben durch die synergetische, räumliche und funktionelle Integration von mechanischen, elektrischen und informationsverarbeitenden Teilsystemen fokussiert.
- Man spricht ebenfalls von mechatronischen Systemen, die sich für gewöhnlich durch Mess- und Steuer-, bzw. Regelkreisläufe (MSR) auf einen bestimmten Prozess kennzeichnen.

In der Mechatronik wird zwischen Steuerung und Regelung unterschieden, s. Abb. 3.3. Eine Steuerung hat eine offene Wirkungskette und keine Rückkopplung der zu beeinflussenden Steuergröße. Der Aktor, bzw. der Prozess wird durch die Stellgröße der Steuerung beeinflusst und nicht explizit nach der Beeinflussung gemessen. Abweichungen vom Sollwert können somit nicht erkannt und behandelt werden. Eine Regelung impliziert eine Rückkopplung der beeinflussten Regelgröße und einen Soll/Istwert-Vergleich zwischen Führungsgröße und gemessener Regelgröße. Die Stellgröße greift aufgrund der Regelabweichung ein und korrigiert die Differenz zwischen Soll- und Istwert.

Eine Erweiterung der meist parametrischen Regelung im Hinblick auf die Anpassung an veränderte Randbedingungen wird als adaptive Regelung bezeichnet, wie

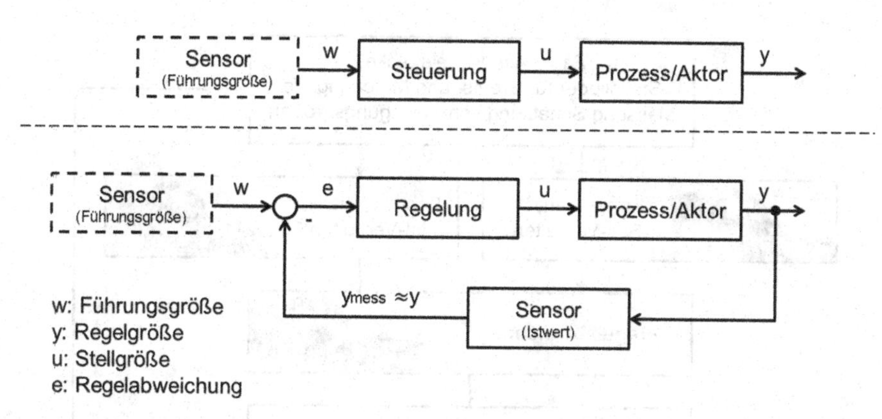

Abb. 3.3 Steuerung und Regelung

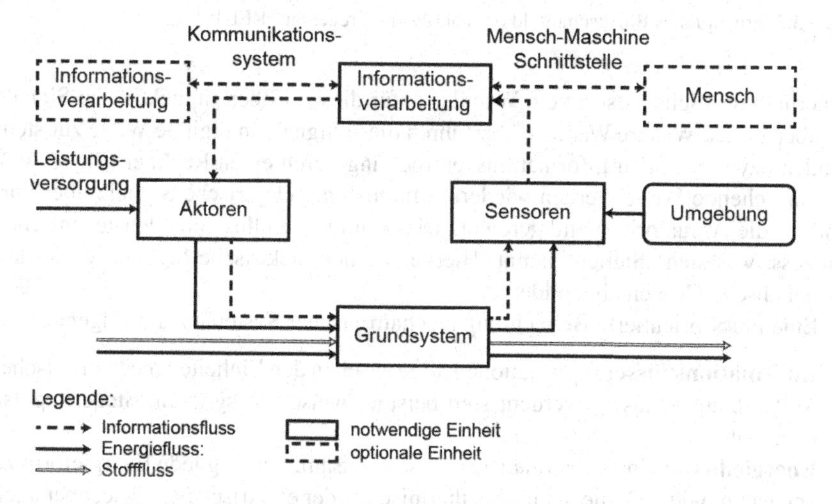

Abb. 3.4 Steuer- und. Regelkreislauf eines mechatronischen Systems [VDI-2206]

z. B. Adaptive Cruise Control (ACC). Beim ACC wird angepasst an die Fahrzeuggeschwindigkeit ein Abstand zum vorausfahrenden Fahrzeug eingestellt. Zwar gibt es mechatronische Systeme, die keine Steuer- oder Regelaufgaben übernehmen, sondern lediglich digitale Signale verarbeiten (z. B. ein digitales Fernsehgerät), doch dieses Buch beschäftigt sich primär mit reaktiven MSR-basierten mechatronischen Systemen, wie in Abb. 3.4 verbildlicht.

Hierbei nehmen Sensoren physikalische (mechanische und elektrische) Größen aus einem technischen Prozess auf. Dieser Vorgang nennt sich „Messen". Wichtige Messgrößen in mechatronischen Systemen sind:

- elektrische Größen (Strom, Spannung, Feldstärke, magnetische Flussdichte usw.)
- mechanische Größen (Weg, Geschwindigkeit, Beschleunigung, Kraft, Drehmoment, Temperatur, Druck usw.)

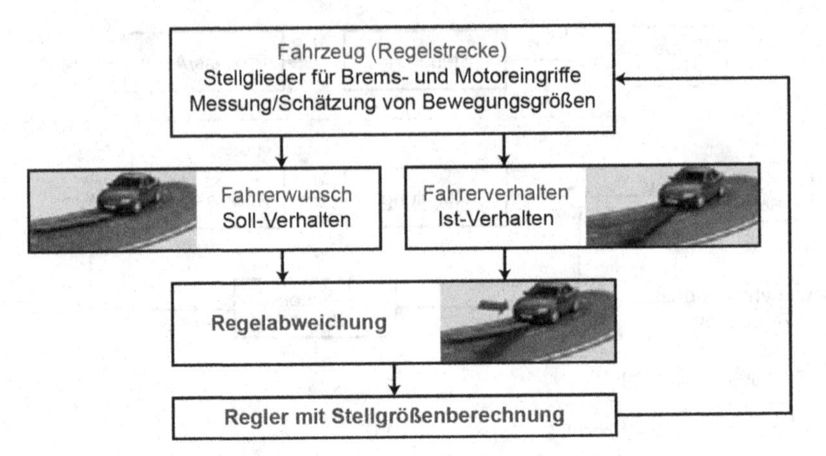

Abb. 3.5 Prinzipielles Blockschaltbild der Fahrdynamikregelung [REI-10]

Innerhalb des Sensors sorgt ein Wandler dafür diese Größen in elektrische Signale zu überführen. Weitere Wandler überführen diese Signale in digitale Werte zur steuernden bzw. regelnden Informationsverarbeitung durch einen Rechner (Prozessor). Herausgehende Werte werden wiederum in analoge, elektrische Signale überführt und an die Aktuatorik weitergereicht. Diese nimmt Einfluss auf den technischen Prozess, was sich „Stellen" nennt. Hierbei werden elektrische Signale wieder auf physikalische Größen abgebildet.

Eine Fluss-orientierte Betrachtung mechatronischer Systeme zeigt folgendes:

- **Informationsflüsse:** Informationen, die zwischen den Einheiten mechatronischer Systeme ausgetauscht werden, sind beispielsweise Messgrößen, Steuerimpulse oder Daten.
- **Energieflüsse:** Unter Energie ist in diesem Zusammenhang jede Energieform zu verstehen, wie z. B. mechanische, thermische oder elektrische Energie, aber auch Größen wie Kraft oder Strom.
- **Stoffflüsse:** Beispiele für Stoffe, die zwischen Einheiten mechatronischer Systeme fließen, sind feste Körper, Prüfgegenstände, Behandlungsobjekte, Gase oder Flüssigkeiten.

Ein Beispiel eines typischen mechatronischen Systems basierend auf einer Regelung ist ESP, wie in Abb. 3.5 und 3.6 dargestellt. Die Abkürzung ESP steht für elektronisches Stabilitätsprogramm. Mit gezielten Bremseingriffen erzeugt ESP die notwendige Gegenkraft, damit das Fahrzeug dem Lenkwunsch des Fahrers folgt. ESP initiiert nicht nur gezielte Bremseingriffe. Es kann zudem die Antriebsräder durch bestimmte Motoreingriffe beschleunigen oder abbremsen. So bleibt das Fahrzeug stabil, soweit es die physikalischen Grenzen zulassen. Drängt beispielsweise in Kurven das Heck nach außen, wird das kurvenäußere Vorderrad verzögert. ESP verhindert ebenfalls bei zu schnellem Anfahren durchdrehende Räder. Ein ESP-System enthält neben dem Fahrzeugregler, der dem Schleudern entgegenwirkt, immer auch

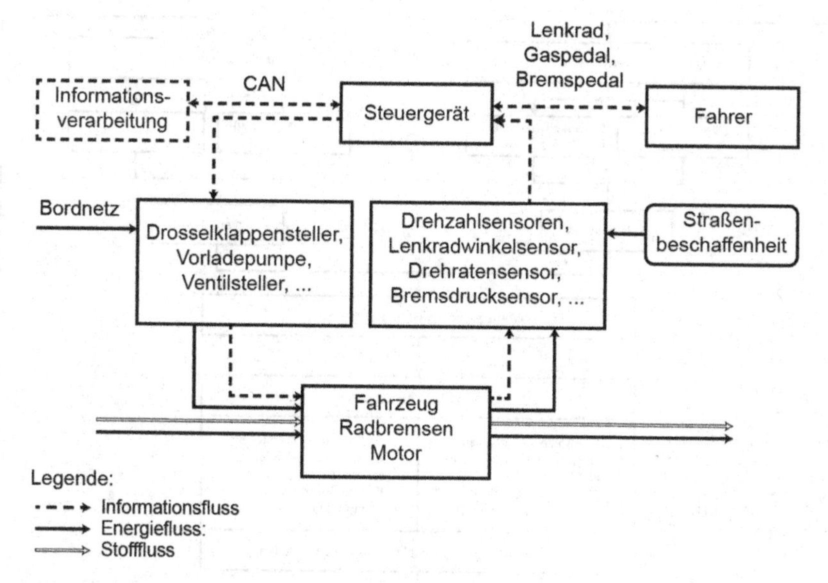

Abb. 3.6 Steuer- und Regelkreislauf am Beispiel ESP [BER-09]

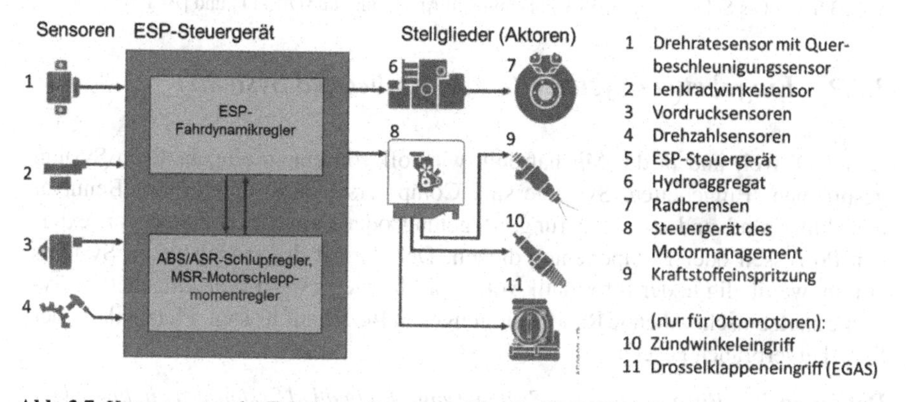

Abb. 3.7 Komponenten der Fahrdynamikregelung [Quelle: REI-10]

ein Antiblockiersystem (ABS) und eine Antriebsschlupfregelung (ASR). Sensoren geben die Straßenbeschaffenheit z. B. über Drehzahl, Lenkwinkel und Querbeschleunigung der auf einem Prozessor laufenden Regelung an, ob ein Steuereingriff in das Fahrzeugverhalten über Bremse und Geschwindigkeit notwendig ist.

Die Einbaulage der verschiedenen Komponenten, Sensoren und Aktoren, des ESP Systems und ihr Zusammenspiel ist Abb. 3.7 zu entnehmen.

Für die ESP-Regelung werden sehr komplexe Modelle und fortgeschrittene Regelungsverfahren basierend auf Zustandsraummethoden benötigt. Abbildung 3.8 veranschaulicht das grobe Schema des ESP-Algorithmus aus der Entwurfsphase, welches durch Programmierung ausdetailliert werden kann.

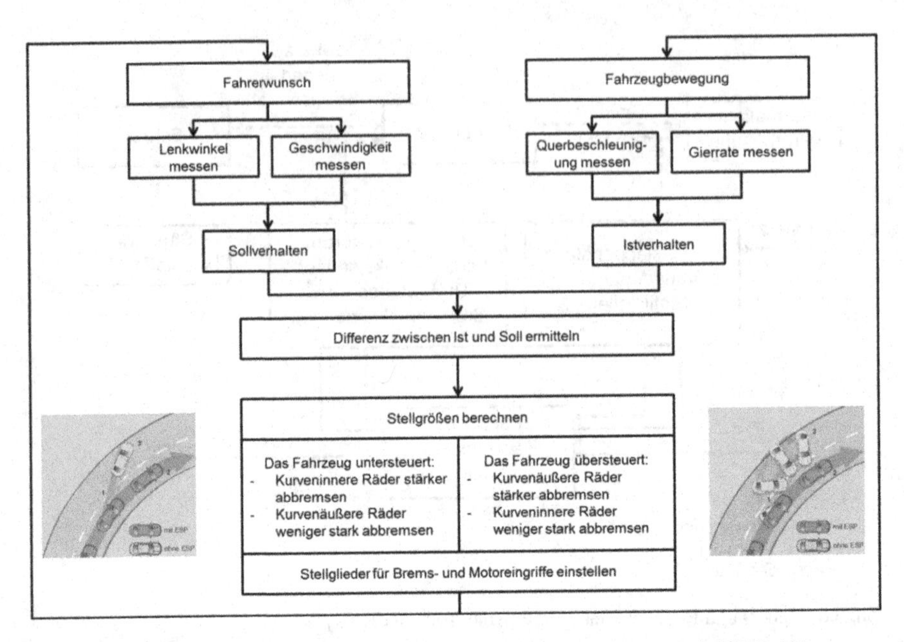

Abb. 3.8 Grobes Schema des ESP-Algorithmus in Anlehnung an [DIE-11] und [REI-10]

3.2.2 *Eingebettete Systeme (engl.: Embedded Systems)*

In der IT Welt und in der Mechatronik wird oft von einem eingebetteten System gesprochen. Eingebettete Systeme sind Computersysteme, die für den Benutzer unsichtbar sind und der Steuerung, Regelung oder dem Überwachen von externen Prozessen oder Komponenten dienen. Der Begriff des eingebetteten Systems kommt weitläufig in der Informatik vor. Typischerweise werden an eingebettete Systeme stark einschränkende Randbedingungen in Bezug auf Kosten, Platzbedarf oder Speicherverbrauch gesetzt.

Definition 3.4 *Ein **eingebettetes System** (engl. Embedded System) ist ein binärwertiges digitales System (Computersystem), z. B. das Steuergerät in einem PKW, das in ein umgebendes technisches System eingebettet ist und mit diesem in Wechselwirkung steht, um externe Prozesse oder Komponenten zu steuern oder zu regeln.*

Die Menge der eingebetteten Systeme kann als Teilmenge mechatronischer Systeme verstanden werden. Bei der Entwicklung von eingebetteten Systemen wird zwar auch das physikalische Grundsystem betrachtet, jedoch zielt dies mehr auf das Verständnis des physikalischen Grundsystems und weniger auf die wirkliche Entwicklung ab. Moderne eingebettete Systeme basieren häufig auf standardisierten Prozessorplattformen, die an PC Systeme angelehnt sind.

In Kap. 4 wird näher auf die Grundlagen von Rechnerarchitekturen und Rechnerkommunikation eingegangen, die die Basis für eingebettete Systeme stellen.

3.3 Modellbasierte Entwicklung mechatronischer Systeme

Die modellbasierte Entwicklung (engl.: model-based Design) ist zentraler Bestandteil der virtuellen Produktentwicklung (s. Kap. 2). Der Nutzen von Modellen ist das:

- Strukturieren von komplexen Sachverhalten
- Erfassen von Einflüssen und Zusammenhängen, um so die Struktur oder Funktionsweise eines Systems zu durchschauen
- Ermöglichen von Analysen, z. B. über Simulationen

Modelle verfolgen eine definierte Zielsetzung und besitzen aufgrund vereinfachter Annahmen eine eingeschränkte Gültigkeit. Modelle können vielfältig sein:

- **Topologische Modelle** beschreiben meist eine Struktur, z. B. Strukturmodelle, Beschreibungsmodelle.
- **Physikalische Modelle** beschreiben das meist ungesteuerte physikalische Verhalten, z. B. Mehrkörpermodelle, Finite Element Modelle.
- **Ablauforientierte Modelle** beschreiben das gesteuerte Verhalten, z. B. Petri-Netze, Sequenzdiagramme.
- **Geometrische Modelle** beschreiben die Gestalt, z. B. CAD Modelle, Finite Element Modelle.
- **Mathematische/Numerische Modelle** beschreiben einen mathematischen, bzw. numerischen Zusammenhang, z. B. Reglermodelle.

Modelle, die das Verhalten beschreiben, können weiter in kontinuierliche und diskrete Modelle unterschieden werden. Kontinuierliche Modelle beschreiben einen kontinuierlichen Zusammenhang zwischen Eingabe und Verhaltensgröße. Dies ist meist bei physikalischem Verhalten der Fall. Bei diskreten Modellen gibt es bei Änderungen des Eingangs eine diskrete Änderung. Dies ist meist bei gesteuerten Verhalten der Fall. Werden kontinuierliche und diskrete Modelle kombiniert, wird von hybriden Modellen gesprochen.

Um Modelle zu erhalten ist immer eine vorausgehende Modellbildung notwendig:

Definition 3.5 ***Modellierung*** bzw. ***Modellbildung*** *bedeutet eine formale und abstrakte Beschreibung von Elementen mit ihren Eigenschaften und Verhaltensweisen, sowie ihrer Beziehung untereinander in einem betrachteten Anwendungsbereich.*

Die Abstraktion ist ein wesentliches Prinzip der Modellbildung. Dies bedeutet das Nachbilden der für einen Anwendungsfall wichtigen Aspekte der Realität. In der virtuellen Produktentwicklung wird ein Großteil der Informationen über Modelle abgebildet, so dass die modellbasierte Entwicklung den Kern darstellt, s. Abb. 3.9. Die Methoden des Systems Engineering unterstützen vor allem die Entwicklung von komplexen Systemen. Hierzu zählen unter anderem mechatronische Systeme.

Mit Hilfe von Modellen werden in der modellbasierten Entwicklung Eigenschaften von Komponenten und Systemen beschrieben. Die Modellbildung ist eine parallel zu den Phasen des Entwicklungsprozesses durchgeführte Tätigkeit. Ziel ist es, die

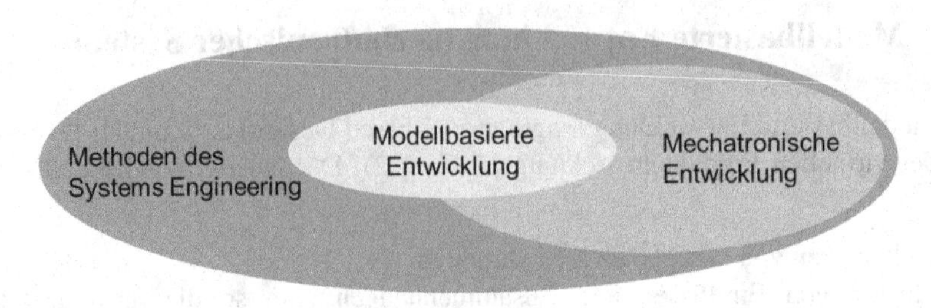

Abb. 3.9 Einordnung der modellbasierten Entwicklung

Systemeigenschaften in Modellen abzubilden und mit Hilfe von rechnerunterstützten Werkzeugen zu analysieren bzw. zu simulieren. Es lassen sich drei Ebenen der Modellbildung identifizieren:

- **Modellbildung und Spezifikation:** Hier werden meist qualitative Modelle wie z. B. Anforderungsmodelle, Funktionsmodelle oder Spezifikationsmodelle erstellt. Als Autorenwerkzeuge dienen z. B. Editoren für Beschreibungssprachen.
- **Modellbildung und Simulation:** Auf dieser Ebene werden meist quantitative, simulierbare Modelle erstellt, z. B. multiphysikalische Simulationsmodelle die mehrere Disziplinen mit einbeziehen. Als Autorenwerkzeuge dienen z. B. Simulationseditoren wie Dymola oder Matlab/Simulink.
- **Disziplinspezifische Modellbildung:** Auf dieser Ebene werden z. B. Geometrie- oder FEM-Modelle erstellt, die einen sehr disziplinspezifischen Charakter haben. Als Autorenwerkzeuge dienen z. B. CAD Systeme oder disziplinspezifische Simulationssoftware.

Die Abbildung der Modellierungsebenen in das Vorgehen während der Entwicklung wird in Abschn. 3.4 vorgenommen (s. Abb. 3.13).

3.3.1 *Modellbasiertes Systems Engineering*

Oft wird bei der Entwicklung von Produkten eine systemtheoretische Betrachtung gewählt. Denkt man an IT als Produktbestandteil, so impliziert dies komplexe mechatronische Systeme. Hier können Methoden des Systems Engineering zur Unterstützung der Entwicklung eingesetzt werden. Systeme wurden früher klassisch über voneinander getrennte Skizzen und Dokumente beschrieben. Heutzutage werden hierfür verschiedene Modelle mit Referenzen untereinander erstellt, die über Systemmodellierungssprachen wie z. B. SysML erzeugt werden können. In diesem Fall wird vom modellbasiertem *Systems Engineering* (MBSE) gesprochen.

Das Systems Engineering ist aufgrund verschiedener historisch bedingter Strömungen kein klar definierter Begriff. Der Ursprung kann schwer festgemacht werden. Die Prinzipien werden seit dem Bau komplexer Bauwerke, wie den Pyramiden angewandt, vielleicht sogar noch davor. In den Zeiten der großen Raumfahrtprogramme in den 50ern wurde nach Methoden gesucht, die immer umfangreichere, interdisziplinäre Großprojekte, z. B. die Raumfahrtprogramme der USA, erfolgreich zum

Ziel zu führen. Charakteristisch war die Einbindung von verschiedenen Experten in den Problemlösungsprozess. Hieraus resultierte das „System Denken" als Denkansatz zum Entwickeln und Einführen von komplexen technischen Systemen. Das klassische Systems Engineering hat keine modellbasierte Ausrichtung.

Definition 3.6 *Das* ***Systems Engineering*** *konzentriert sich auf die Definition von Systemanforderungen in der frühen Entwicklungsphase, die Erarbeitung eines Systemdesigns und die Überprüfung des Systems auf Einhaltung der gestellten Anforderungen unter Berücksichtigung des gesamten Lebenszyklus.* [INC-04]

In der Alltagssprache kann ein System vieles sein, z. B. ein Satz von Regeln, ein Gegenstand, ein Prozess oder eine Maschine. So ist das Wort „System" in vielen Begriffsbildungen enthalten, z. B. Sonnensystem, Verkehrssystem oder Bremssystem. Dies zeigt auch die unterschiedliche Komplexität und die Detailstufen. Die Grundbausteine von Systemen werden Elemente genannt, die in einem System interagieren.

Definition 3.7 *Ein* ***System*** *ist eine Ansammlung von Elementen, die gemeinsam ein Ziel verfolgen, welches von Einzelelementen nicht erreicht werden kann. Ein Element kann aus Software, Hardware, Personen oder beliebig anderen Einheiten bestehen.* [INC-04]

Charakteristisch für das Systems Engineering ist der Ansatz zur Entwicklung von Systemen unter gleichberechtigter Berücksichtigung aller Disziplinen und notwendigen Aspekte über den gesamten Lebenszyklus, so dass es oft als Querschnittsdisziplin gesehen wird. Das Systems Engineering umfasst eine Vielzahl von Methoden, die Aspekte des gesamten Lebenszykluses betrachten. Diese Methoden eignen sich ebenfalls für den Entwurf von komplexen mechatronischen Systemen. Kernbestanteil ist unter anderem der Entwurf des Systems, s. Abb. 3.10. Dies wird auch als modellbasiertes Systems Engineering (mbSE) bezeichnet. Die Modelle beschreiben in einer Systemmodellierungssprache, wie z. B. SysML das zu entwerfende System. Die Methoden des Systems Engineering verwenden die Modelle und sind unter anderem besonders für komplexe mechatronische Systeme anwendbar.

Im Rahmen des Systems Engineering fällt öfters der Ausdruck Systemingenieur (im Engl. systems engineer). Der Systemingenieur

- ist verantwortlich für die Führung des konzeptuellen Entwicklungsstadiums eines neuen Systems,
- definiert und analysiert das funktionale Design entsprechend den Anforderungen des Benutzers,
- trifft Entscheidungen auf Systemebene.

Wichtige Entwicklungsentscheidungen können oft nicht quantitativ ausgedrückt werden, sondern müssen oft auf qualitative Abwägungen einer Vielzahl von unvereinbaren Größen durchgeführt werden. Sie beruhen meist auf den Erfahrungen und dem wichtigen Prinzip des Systemdenkens. Das Systemdenken

- ist ein Denkprinzip welches in vielen Ingenieurdisziplinen zur Problembeschreibung angewandt wird,

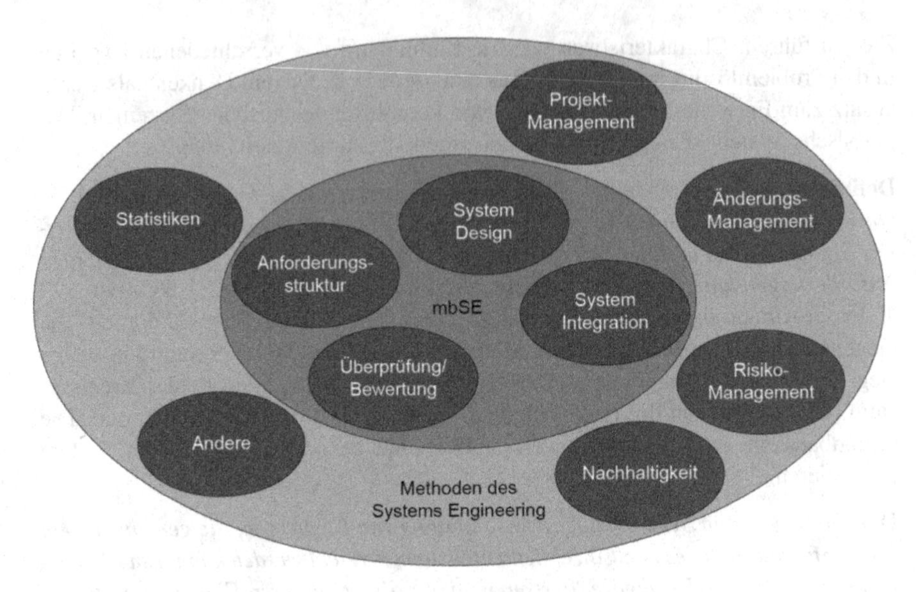

Abb. 3.10 Methoden des Systems Engineering für komplexe mechatronische Systeme

- hilft Sachverhalte bzw. Probleme nicht zu eng abzugrenzen, und
- hilft die Komplexität beherrschbar und transparent zu machen.

Zur Visualisierung des Systemdenkens lässt sich ein System vereinfacht als ein Block vorstellen. Das System hat Eingangs- und Ausgangsgrößen. Die innere Komplexität bleibt erst einmal verborgen. So kann z. B. ein Motor als ein Block oder eine Blackbox gesehen werden, der als Eingangsgröße eine elektrische Leistung und als Ausgangsgröße die Drehung der Welle aufweist.

Gerade in der frühen Phase der Produktentwicklung besteht ein großer Bedarf an einer disziplinübergreifenden Beschreibung. Systemmodellierungssprachen erleichtern hier das Zusammentragen von Daten durch Mittel zur formalen und grafischen Modellierung. Dies wird über Diagramme dargestellt, die eine jeweilige Sicht auf die Modelldaten sind.

Das Systemmodell aus der Phase der interdisziplinären Systementwicklung beschreibt eine prinzipielle Lösungsmöglichkeit. Es definiert die allgemeine Struktur und das gewünschte Verhalten. Die Ergebnisse aus der interdisziplinären Systementwicklung bilden die Basis für die spätere disziplinspezifische Entwicklung. Oft werden die ersten Beschreibungen noch in Texten formuliert und mit schematischen Diagrammen visualisiert. In der Forschung werden in der frühen Phase unterschiedliche Techniken zur Beschreibung des Systems ein gesetzt. Es gibt unterschiedliche Spezifikationstechniken, die je nach Blickwinkel unterschiedliche Informationen abbilden können:

- **Spezifikationstechnik nach Gausemeier:** Die Spezifikationstechnik nach Gausemeier basiert auf einer Prinziplösung. Mit Hilfe unterschiedlicher Sichten wird das System beschrieben. Jede Sicht wird durch ein Partialmodell (Anforderung,

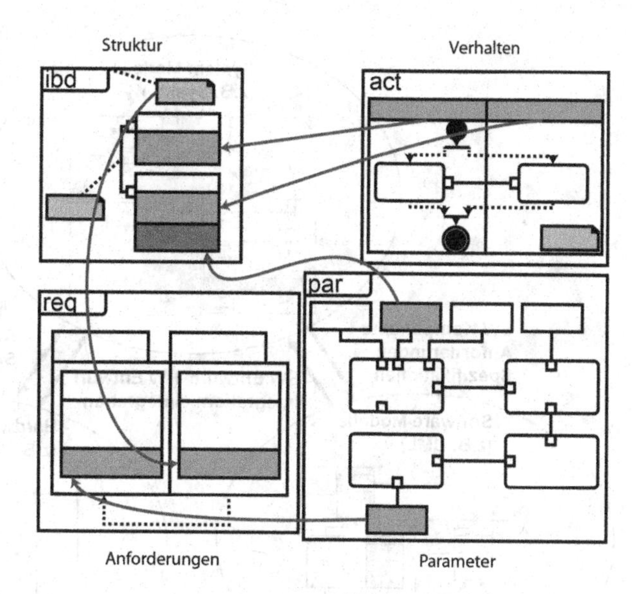

Abb. 3.11 Zusammenhang zwischen SysML Modellelementen in einem Systemmodell [FRI-08]

Umfeld, Zielsystem, Anwendungsszenarien, Funktion, Wirkstruktur, Gestalt und Verhalten) in einem Diagramm abgebildet. [GAU-09].

- **Mechatronik-UML:** Mechatronik-UML ist eine Erweiterung der UML zur Beschreibung von kontinuierlichem und Echtzeitverhalten. [GIE-04].
- **ModelicaML:** ModelicaML stellt Diagramme zum Beschreiben von Anforderungen, Verhalten und Struktur zur Verfügung. Mit Hilfe des ModelicaML Profils lassen sich Simulationsmodelle grafisch beschreiben und in die objekt-orientierte Simulationssprache Modelica überführen. [SFP-09].
- **SysML**: SysML versteht sich als methoden- und werkzeugunabhängige graphische Modellierungssprache für Spezifikation, Analyse, Entwurf, Verifikation und Validierung von Systemen. Systeme beinhalten in diesem Fall Hardware, Software, Personal, Verfahren und Anlagen. Sie ist angelehnt an UML. Mit SysML ist es möglich, mit grafischen Elementen in Diagrammen diskrete, wie auch kontinuierliche Systeme zu beschreiben. [OMG-09].

Dieses Buch geht etwas näher auf den Entwurf von Systemmodellen mittels der Systemmodellierungssprache SysML ein. SysML hat einen standardisierten Sprachumfang und erfreut sich einer wachsenden Interessengemeinschaft. Abb. 3.11 visualisiert den Zusammenhang unterschiedlicher Diagrammtypen mit deren Hilfe das Systemmodell beschrieben werden kann.

Das Systemmodell kann wiederum mit anderen Modellen in Verbindung stehen. Abb. 3.12 zeigt das Zusammenspiel von Softwaremodellen und Hardwaremodellen mit dem Systemmodell. Dies setzt jedoch voraus, dass die Modelle ineinander überführt werden können. Durch die Nähe zu UML können aus SysML Modellen UML Modelle für die Softwareentwicklung abgeleitet werden. Weiterhin gibt es Bestrebungen SysML Modelle in Simulationsmodelle zu überführen.

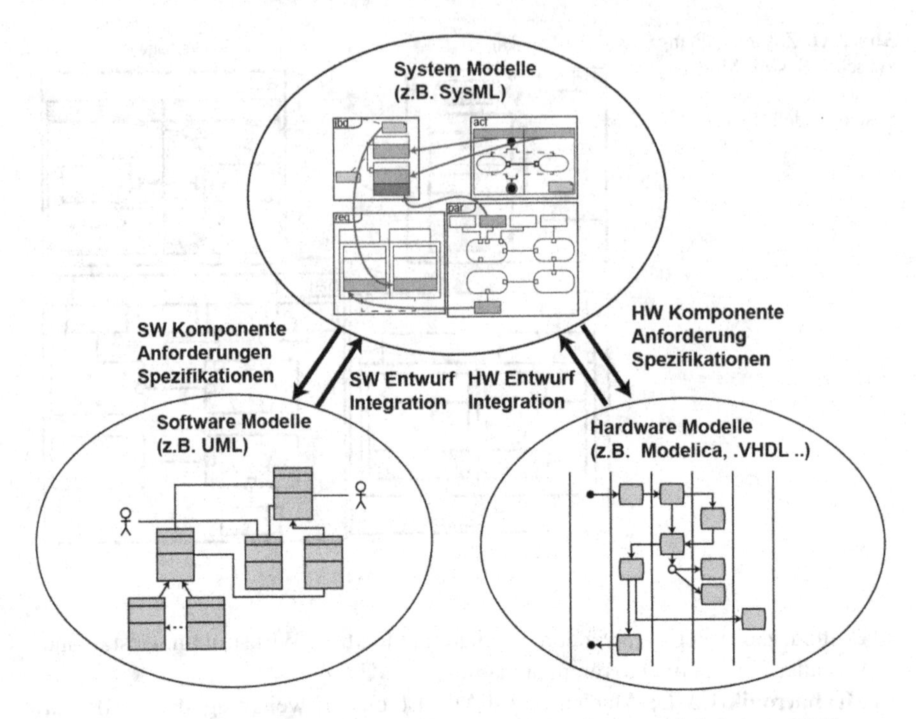

Abb. 3.12 Systemmodellierung im Zusammenspiel mit Hardware- und Softwaremodellierung [FRI-08]

Modellierungssprachen wie SysML stellen eine Beschreibungsmöglichkeit für das zu entwickelnde System dar. Wie das System entwickelt wird beschreiben Vorgehensmodelle.

3.4 Vorgehensmodell zur modellbasierten Entwicklung mechatronischer Systeme

Der Prozess der Entwicklung von Software ist in einem multidisziplinären Produkt Teil des gesamten Entwicklungsvorhabens. Wie schon in der Einleitung erwähnt hat Software bei der Entwicklung einen immer größer werdenden Anteil, da immer mehr Funktionalität anderer Disziplinen durch Software realisiert wird. Die Softwareentwicklung wird somit ein Teil der Produkt- bzw. Systementwicklung. Auf die Entwicklungsmethodik für Software im Speziellen wird in diesem Buch in Kap. 5 näher eingegangen. In diesem Kapitel wird der Fokus auf eine disziplinübergreifende Sichtweise gelegt, die die Eingangsinformation für die entsprechenden nachgelagerten Entwicklungsdisziplinen darstellt.

Produkte und Systeme sind oft komplex und stellen den Ingenieur vor die Herausforderung, die Anforderungen und Funktionen im technischen Produkt schon früh zu überblicken, um den ersten Entwurf zu realisieren. Für die abgestimmte

Zusammenarbeit helfen strukturierte Vorgehen. Ein im deutschsprachigen Raum etabliertes Vorgehen stellt die VDI Richtlinie 2206 dar [VDI-2206]. Die VDI-2206 hat die grundsätzlichen Zielsetzungen:

- Bereitstellung einer disziplinübergreifenden Entwicklungsmethodik für mechatronische Systeme: Vorgehensweisen, Methoden und Werkzeuge.
- Betrachtung der frühen Phasen des Entwickelns mit Schwerpunkt Systementwurf und Systemintegration.
- Die Vielfalt der durch Forschungs- und Praxisarbeiten entstandenen Erkenntnisse aufbereiten und dem Praktiker zugänglich machen.

Das in Abb. 3.13 abgebildete V-Modell ist im Hinblick auf die Virtuelle Produktentwicklung erweitert und entsprechend der Phasen des Produktlebenszykluses ausgerichtet.

Das Vorgehensmodell gliedert sich in Phasen und Modellierungsebenen. Auf der Ebene der Modellbildung und Spezifikation werden meist qualitative Modelle erzeugt, die das System strukturieren und spezifizieren. Auf der Ebene der Modellbildung und Simulation sind Systemsimulationen in z. B. Matlab/Simulink oder Modelica Bestandteil. In der disziplinspezifischen Modellierungsebene werden in den Disziplinen Modelle entwickelt und in virtuellen Tests zur Absicherung der Eigenschaften verwendet. Die Modellierungsebenen sind überlappend. Das Resultat eines Durchlaufs ist das Produkt. Ein Durchlauf des V-Models ist in folgende Phasen gegliedert:

Anforderungsdefinition Die Anforderungsdefinition, bzw. Anforderungsanalyse stellt die Eingangsphase dar. Am Anfang steht der Entwicklungsauftrag, der mehr oder weniger die abstrakte Idee in Form von Kunden- oder Nutzeranforderungen widerspiegelt. Die Idee muss in der Anforderungsanalyse konkretisiert werden und in möglichst widerspruchsfreie, technische Entwickleranforderungen übersetzt werden. Ziel der Anforderungsdefinition ist es, Anforderungen (A) aus unterschiedlichen Quellen und unter Einbeziehung aller Stakeholder[1] aufzunehmen. Die Anforderungen sind der Maßstab für die Bewertung am Ende der Entwicklung.

Interdisziplinäre Systementwicklung Unter dem Begriff der Systementwicklung wird die disziplinübergreifende funktionale Konzeption einer Lösung eines technischen Systems verstanden. Das System wird funktional und technologisch konkretisiert. Ausgehend von einer groben Beschreibung mit unterschiedlichen Entwurfsvarianten werden diese nach Auswahl schrittweise verfeinert. Die Zerlegung in Funktionen (F) ermöglicht eine vorerst neutrale Betrachtung, so dass durch die Auswahl geeigneter Lösungselemente zur Realisierung eine entsprechende Festlegung erfolgen kann. An dieser Stelle sei angemerkt, dass die Grenze zwischen der Anforderungsdefinition (Entwickleranforderungen) und der Modellierung von Funktionen als Bestandteil der Systementwicklung fließend ist. So kann die Funktionsmodellierung

[1] Stakeholder sind Personen oder Gruppen, die wichtige Einflüsse auf die Systementwicklung haben können

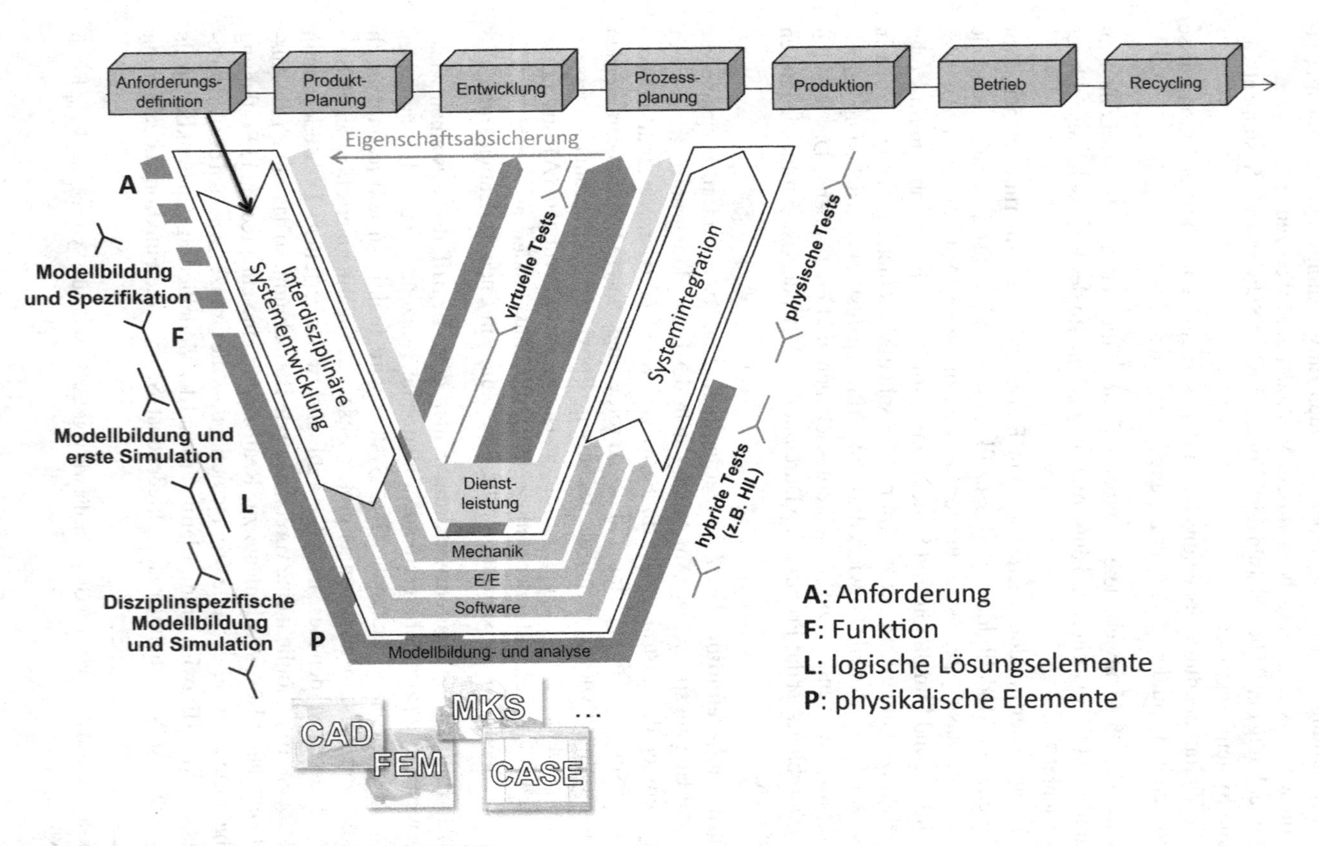

Abb. 3.13 V-Modell (in Anlehnung an [VDI-2206])

auch als Hilfsmittel bei der Ableitung von Entwickleranforderungen aus den Benutzeranforderungen verwendet werden. Die realisierenden logischen Komponenten beschreiben das erarbeitete Lösungskonzept (L). Dies beschreibt die physikalische und logische Wirkungsweise des zukünftigen Produktes.

In dieser Phase des Systementwurfs besteht kreative Freiheit, die der Erfüllung der Systemanforderungen und Systemfunktionen dienen soll. Hier können formale, bzw. semi-formale Sprachen, wie z. B. UML oder SysML und simulationsbasierte Sprachen, wie z. B. Matlab/Simulink oder Modelica den Systementwurf unterstützen. Am Ende der interdisziplinären Systementwicklung können erste virtuelle Tests die Systemeigenschaften absichern.

Domänen- bzw. Disziplinspezifischer Entwurf Am Boden des in Abb. 3.13 gezeigten V-Modells befindet sich der disziplinspezifische Entwurf. Ausgehend von dem disziplinübergreifenden Lösungskonzept werden in den entsprechenden Entwicklungsdisziplinen Teile des Systementwurfs weiter konkretisiert. Diese physikalischen Elemente (P) können z. B. detailliertere Berechnungen zur Auslegung, die Gestaltung der konkreten Geometrie oder Programmierung von Software für die Steuerung sein. Physikalische Elemente bedeutet in diesem Zusammenhang, dass sie physikalische Effekte berücksichtigen. Software ist zwar kein physikalisches Element, dient jedoch dem Zweck des Produktes, so dass hier nicht zwischen Software und physikalischen Elementen unterschieden wird.

Am Ende, bzw. während des disziplinspezifischen Entwurfs können virtuelle Test, z. B. FEM Untersuchungen, Ablaufsimulationen oder Strömungsberechnungen zur Überprüfung der Eigenschaften durchgeführt werden.

Systemintegration In der Phase der Systemintegration werden die Entwicklungsergebnisse aus den einzelnen Disziplinen zusammengeführt und zu einem Gesamtsystem integriert, um so das Zusammenwirken untersuchen zu können. Dies beinhaltet hybride Tests, die die physikalischen Prototypen mit virtuellen vereinen, z. B. Hardware in the Loop (HiL), wie auch physische Tests mit physischen Prototypen.

Integrierte Eigenschaftsabsicherung Durch die integrierte Eigenschaftsabsicherung werden die Produkteigenschaften während der fortschreitenden Entwicklung gegen die Anforderungen geprüft. Der Entwicklungsfortschritt soll fortlaufend in Bezug auf Funktionserfüllung und Einhalten der Anforderungen kontrolliert werden, so dass das Produkt in dem aktuellen Reifegrad mit der gewünschten Systemeigenschaft übereinstimmt. Methoden der virtuellen Produktentwicklung bieten Möglichkeiten, eine frühzeitige Eigenschaftsabsicherung über virtuelle Tests durchzuführen. So kann z. B. ein Simulationsmodell zur groben Dimensionierung, welches in der interdisziplinären Systementwicklung genutzt wurde, zur integrierten Absicherung von Eigenschaften herangezogen werden. Auch Modelle, die im disziplinspezifischen Entwurf verwendet werden ermöglichen eine Eigenschaftsabsicherung noch vor der Erstellung von physischen Prototypen. Gängige Verfahren in der Mechanik sind z. B. FEM zur Berechnung von Spannungen oder MKS, zur etwaigen Analyse des Fahrkomforts. In der Elektronik können diese Simulationen von Schaltplänen oder in

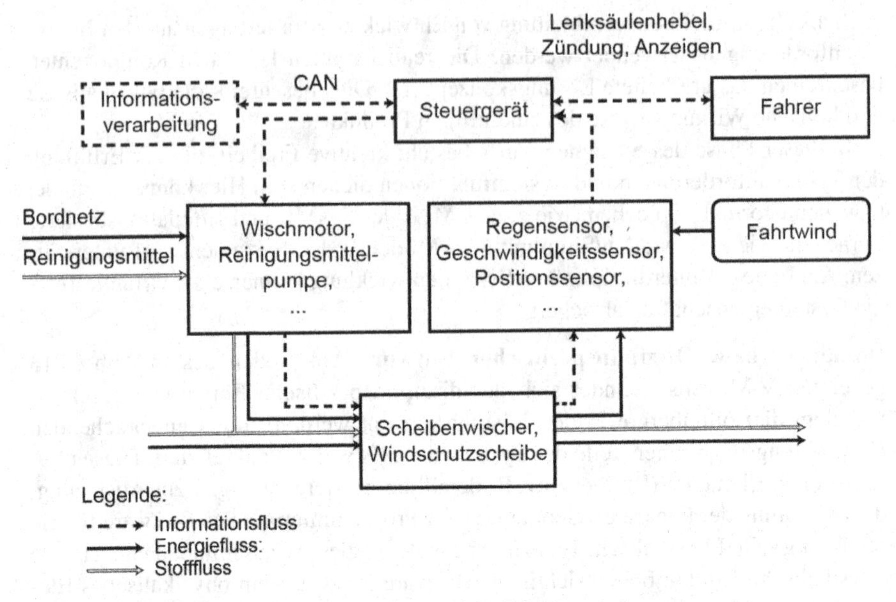

Abb. 3.14 Blockschaltbild des Steuerkreislaufes eines Scheibenwischersystems

der Softwareentwicklung das Verhalten der Software z. B. durch Zustandsautomaten sein.

3.4.1 Fallbeispiel Scheibenwischer

Ein bewusst einfach gehaltenes mechatronisches System ist der Scheibenwischer in einem Fahrzeug. Abb. 3.14 zeigt das Wischsystem als Blockschaltbild des Steuerkreislaufes.

Das Beispiel des Scheibenwischersystems wird exemplarisch zur Veranschaulichung des in Abschn. 3.4 beschrieben Vorgehens verwendet. Am Anfang eines jeden Entwicklungsvorhabens steht die Problembeschreibung.

Problembeschreibung Die Problembeschreibung kann z. B. textuell erfolgen:

> (...)
> Es soll ein Wischsystem für einen PKW entwickelt werden. Das Wischsystem soll dem Fahrer mehr Komfort bieten, indem es weitgehend intuitiv bedienbar ist und automatisiert die Scheibe reinigt, ohne dabei den Fahrer abzulenken.
> Das Wischsystem soll dem Benutzer eine flexible Anwendung erlauben. So soll die Funktion Kurzwischen bei Bedarf groben Dreck von der Scheibe entfernen. Eine Funktion für ein intervallbasiertes Wischen soll flexibel einstellbar sein. Eine vollautomatische Wischfunktion soll es ermöglichen, dass je nach Regenintensität die Wischgeschwindigkeit automatisch angepasst wird. Für letztere Funktion soll das System eine Regenerkennung beinhalten. Darüber hinaus, soll ein Reinigen der Windschutzscheibe mit Wischwasser jederzeit möglich sein.

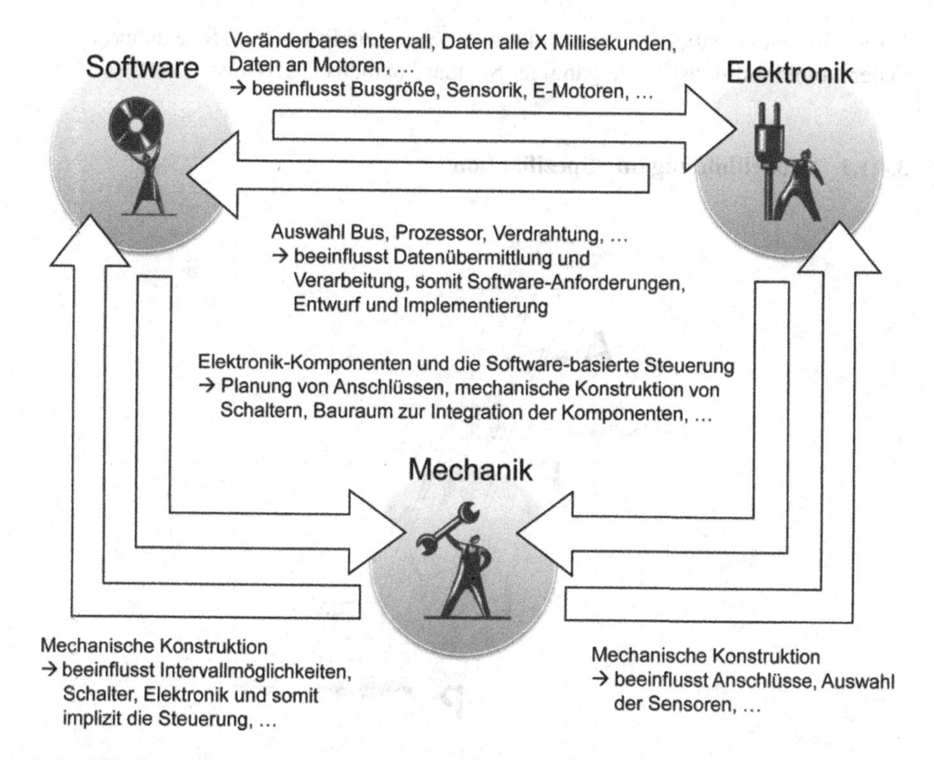

Abb. 3.15 Beispielflüsse einer interdisziplinären Entwicklung

> Geometrisch ist zu berücksichtigen, dass der Scheibenwischer für unterschiedlich große Windschutzscheiben und geformte Wischblätter einsetzbar sein soll. Aus ästhetischen und strömungstechnischen Gründen soll der Wischer bei Nichtgebrauch nicht zu sehen sein. Angestrebt wird ein möglichst wartungsfreundliches System, das einen störungsfreien Betrieb auch bei Kälte und Wärme ermöglicht.
> (...)

Erste mechatronische Konzeptüberlegungen haben starken Einfluss auf die Planung der Software. In dem genannten Beispiel kann z. B. die Eingabe über den Lenkstockhebel oder eventuell über einen Touchscreen erfolgen. Die Wischerbewegung kann z. B. über einen gleichlaufenden Motor, der über eine reversierende Kinematik die Wischerblätter bewegt oder über einen oder zwei elektronisch reversierende Motoren erfolgen.

Je nach Variante stehen wiederum unterschiedliche Möglichkeiten zur Verfügung. Sensoren und Aktoren können z. B. über einen Bus oder direkt elektrische Signale austauschen. Je nach Art des Busses erwartet die Steuerung entsprechende Datenpakete von den Sensoren, was eine bestimmte Elektronik voraussetzt und somit die Auswahl der Sensorik begrenzen kann.

Abbildung 3.15 stellt exemplarisch dar, wie sich die unterschiedlichen Disziplinen in der Suche nach einer Gesamtlösung beeinflussen. Das Zusammenspiel der

Disziplinen ist essentiell um eine schlüssige Lösung zu diskutieren. So existiert z. B. in der Automobilindustrie ein gängiger Standard namens CAN-Bus[2].

3.4.1.1 Modellbildung und Spezifikation

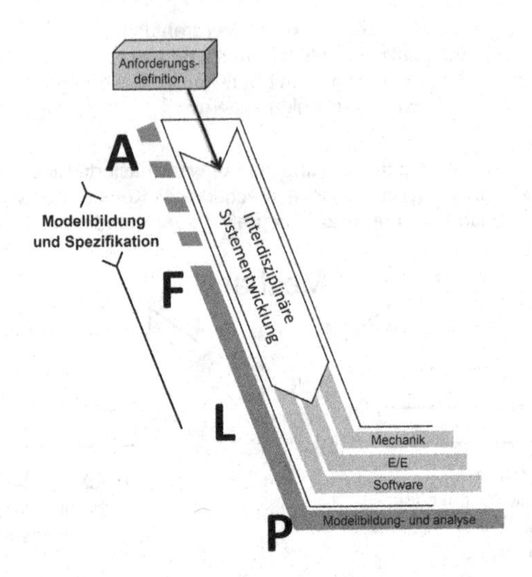

Das in Abschn. 3.4 beschriebene Vorgehen beginnt auf der Modellierungsebene "Modellbildung und Spezifikation" mit der Phase der Anforderungsdefinition, die übergeht in die interdisziplinäre Systementwicklung. Das Resultat sind definierte Anforderungen als Maßstab für die Entwicklung und Bewertung, sowie eine über die Disziplinen greifende Systemspezifikation. Die Systemspezifikation beschreibt die prinzipielle Lösungsmöglichkeit für das System. Die obige Problembeschreibung wird im Folgenden also durch Benutzeranforderungen konkretisiert.

Benutzeranforderungen Durch Gespräche mit dem Kunden kann die Erarbeitung der Benutzeranforderungen durch mehrere Iterationen gehen, in denen jeweils neue Aspekte hinzukommen. Bei der Strukturierung der Anforderungen wird insbesondere zwischen funktionalen und nicht-funktionalen Anforderungen unterschieden.

Definition 3.8 *Eine **funktionale Anforderung** beschreibt eine Funktion, die das System zu leisten hat.*

Definition 3.9 *Eine **nicht-funktionale Anforderung** beschreibt eine Randbedingung oder ein Qualitätsmerkmal, dem das System zu genügen hat.*

---

[2] Der CAN-Bus ist ein in der Automobilindustrie weit verbreitetes und standardisiertes Bussystem zur Vernetzung von Steuergeräten. Im Vergleich zu einer Modulspezifischen, dezentralen Datenübermittlung reduziert ein solcher Bus deutlich die Kabellänge und somit auch das Gewicht eines Fahrzeugs.

Tab. 3.1 Interdisziplinäre Kunden- bzw. Benutzeranforderungen an das Wischsystem

Anf.	Beschreibung
BF_01	Das Wischsystem soll die Windschutzscheibe bei starker Verschmutzung reinigen können.
BF_02	Es soll unterschiedliche automatische Wischfunktionen geben: Kurzwischen, Intervallwischen, Regenerkennung.
BF_03	Im Intervallmodus soll es möglich sein, verschiedene Intervalle vorgeben zu können.
BF_04	Die Wischfeldgröße soll an die Sicht des Fahrers angepasst werden.
BF_05	Im vollautomatischen Modus soll es möglich sein, eine Empfindlichkeit für die Regenerkennung einstellen zu können.
BF_06	Der Benutzer soll in der Lage sein jederzeit Wischwasser auf die Scheibe zu spritzen.
BF_07	Der Benutzer soll das Scheibenwischersystem jederzeit aktivieren bzw. deaktivieren können.
BF_08	Der Wischer soll in der Ruhestellung von außen nicht zu sehen sein.
...	

Tab. 3.2 Nicht-funktionale Benutzeranforderungen, Beispiel Wischer

Anf.	Beschreibung
BNF_01	Das Wischsystem soll mehr Komfort bieten und flexibel benutzbar sein.
BNF_02	Das Wischsystem soll intuitiv und schnell bedienbar sein.
BNF_03	Das Wischsystem soll störungsfrei im Betrieb sein.
BNF_04	Das Wischsystem soll wartungsarm sein.
...	

Tab. 3.3 Inverse Benutzeranforderungen, Beispiel Wischer

Anf.	Beschreibung
BI_01	Der Benutzer benötigt länger als 3 Sekunden zur Aktivierung des Scheibenwischer-Systems.
BI_02	Der Benutzer kann kein Wischwasser spritzen, wenn der Wischermotor in Betrieb ist.

Auf Basis des Entwicklungsvorhabens werden in der Anforderungsanalyse die Kunden- bzw. Benutzeranforderungen ermittelt. Eine Tabelle stellt eine Möglichkeit dar, die Anforderungen entsprechend aufzunehmen und eindeutig zu kennzeichnen. Tab. 3.1 zeigt einen Auszug aus den möglichen Benutzeranforderungen.

Tabelle 3.2 zeigt nicht-funktionale Anforderungen an das System. Sie beschreiben hauptsächlich Qualitätsmerkmale, die in dieser Form stark interpretierbar und später in den Entwickleranforderungen zu präzisieren sind.

Zu den funktionalen und nicht-funktionalen Anforderungen kommen häufig auch inverse Anforderungen hinzu.

Definition 3.10 *Eine **inverse Anforderung** beschreibt eine Situation, die das System nicht aufweisen darf.*

Tabelle 3.3 zeigt mögliche inverse Anforderungen. Dabei detailliert die Anforderung BI_01 z. B. die nicht-funktionale Anforderung BNF-02.

Bei der Weiterentwicklung von funktionalen Benutzeranforderungen zu funktionalen Entwickleranforderungen kann die Methode der Funktionsmodellierung helfen, um so einen strukturierten Überblick über die gewünschte Funktionalität und damit auch die funktionalen Anforderungen zu erhalten.

Funktionsmodellierung Mechatronische Systeme realisieren oft neue Funktionen. In der Entwicklungsmethodik für mechatronische Produkte VDI 2206 werden Funktionen als disziplinübergreifend und lösungsneutral definiert. Produktfunktionen sind ein zentraler Bestandteil in einem Produkt, die zur Zielerfüllung und Kundenzufriedenheit beitragen. Die abstrakte Beschreibung über Funktionen hilft in einem interdisziplinären Team die Absichten und Ziele sowie eine erste denkbare Struktur zu erkennen. [PAB-05].

Definition 3.11 Eine ***Funktion*** beschreibt in einem System einen lösungsneutralen Zusammenhang zwischen Eingangs- und Ausgangsgrößen. [PAB-05]

Eingangs- und Ausgangsgrößen werden als Wirkgrößen, Umsatzprodukte oder Flüsse bezeichnet. Die Einteilung in Energie-, Signal- und Stofffluss (bzw. -umsatz) kann zur Strukturierung der Funktionen eingesetzt werden. [PAB-05]

Definition 3.12 *Die **Gesamtfunktion** definiert den Zweck. Die Verknüpfung von Funktionen führt zur **Funktionsstruktur**, die zur Erfüllung der Gesamtfunktion variabel sein kann.* [PAB-05]

Im Allgemeinen definieren Funktionen die Funktionsstruktur eines Produktes, die die Grundlage für die Wirkprinzipien und die darauf folgende konkrete Lösungsauswahl darstellt. [VDI-2221]

Definition 3.13 ***Hauptfunktionen** sind solche Teilfunktionen, die unmittelbar der Gesamtfunktion dienen. **Nebenfunktionen** tragen im Sinne von Hilfsfunktionen nur mittelbar zur Gesamtfunktion bei.* [PAB-05]

Die Interdisziplinarität heutiger Produkte verlangt neue Vorgehen und Methoden. Funktionen stellen eine Möglichkeit dar, neben der Geometrie das Produkt im Sinne der späteren Funktionserfüllung zu beschreiben. Zur Darstellung einer Funktion wird in Modellen meist eine Blockdarstellung verwendet.

Die resultierende Funktionsstruktur dient der Strukturierung des Problems und erleichtert das Finden von funktionalen Entwickleranforderungen und Lösungen, da es sich um eine lösungsneutrale Betrachtung handelt. Abb. 3.16 stellt die Gesamtfunktion und damit den Zweck eines Wischsystems dar.

Eingangsgrößen aus dem Umfeld des Systems werden links angetragen. So ist die Betätigung des Nutzers ein Signal, das Reinigungsmittel ein Stoff- und der benötigte Strom ein Energiefluss. Der Output der Funktion ist die gereinigte Scheibe. Stör- oder Einflussgrößen aus der Umwelt können der Fahrtwind, ein alterndes Wischblatt oder starker Regen sein. Diese sind am oberen Rand der Blackbox zu finden. Als Output zur Umgebung zählt verbrauchtes Wasser und Abwärme, die durch Reibung des Wischblatts auf der Windschutzscheibe erzeugt wird.

Diese Gesamtfunktion lässt sich nun durch weitere Teilfunktionen verfeinern, s. Abb. 3.17. Genannte Anforderungen erwarten eine automatische Reinigung der Scheibe. Die Funktionen „Automatikmodus aktivieren“ und „Automatisch wischen“ verfeinern die Gesamtfunktion.

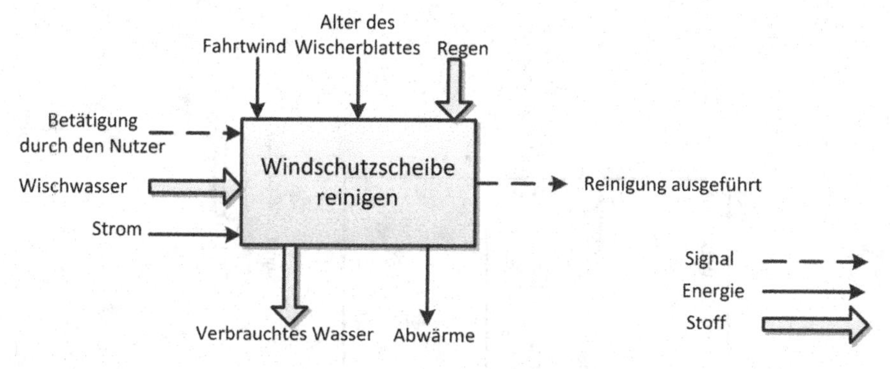

Abb. 3.16 Darstellung der Gesamtfunktion als Black-Box

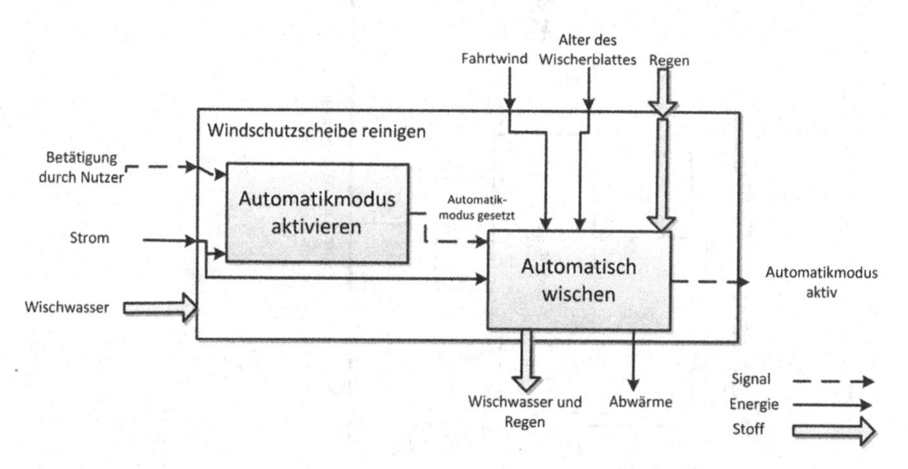

Abb. 3.17 Verfeinerung der Gesamtfunktion „Windschutzscheibe reinigen"

Die Teilfunktion „Automatisch Wischen" kann wiederum weiter verfeinert werden, wie in Abb. 3.18 dargestellt. Aus Gründen der Übersicht wird nur ein Ausschnitt der Funktionsstruktur gezeigt.

Auf unterster Ebene lassen sich bereits Lösungselemente erahnen. So kann die Funktion „Regen erkennen" z. B. durch einen optischen oder kapazitiven Sensor erreicht werden.

In Abb. 3.19 ist die gleiche Funktion exemplarisch in einem internen Blockdiagramm der Systemmodellierungssprache SysML dargestellt. Im Gegensatz zur Darstellung der Funktionen in Abb. 3.18 können die hinterlegten Informationen auf Basis des SysML Modells im Entwicklungsprozess weiter verwendet und mit weiteren Systemelementen vernetzt werden.

Sind die Funktionen soweit heruntergebrochen, dass sie nicht weiter zerlegt werden können, können schon Lösungselemente gesucht werden, die die entsprechenden Teilfunktionen realisieren.

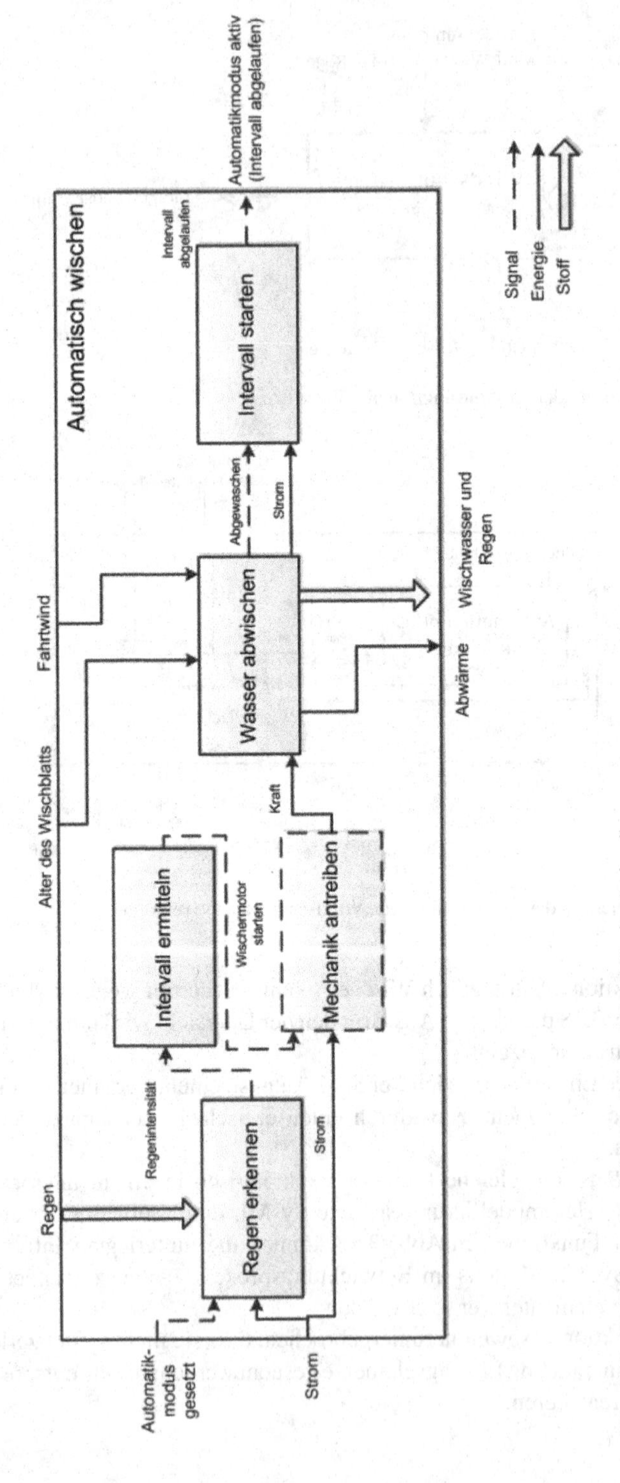

Abb. 3.18 Verfeinerung der Hauptfunktion „Automatisch wischen“

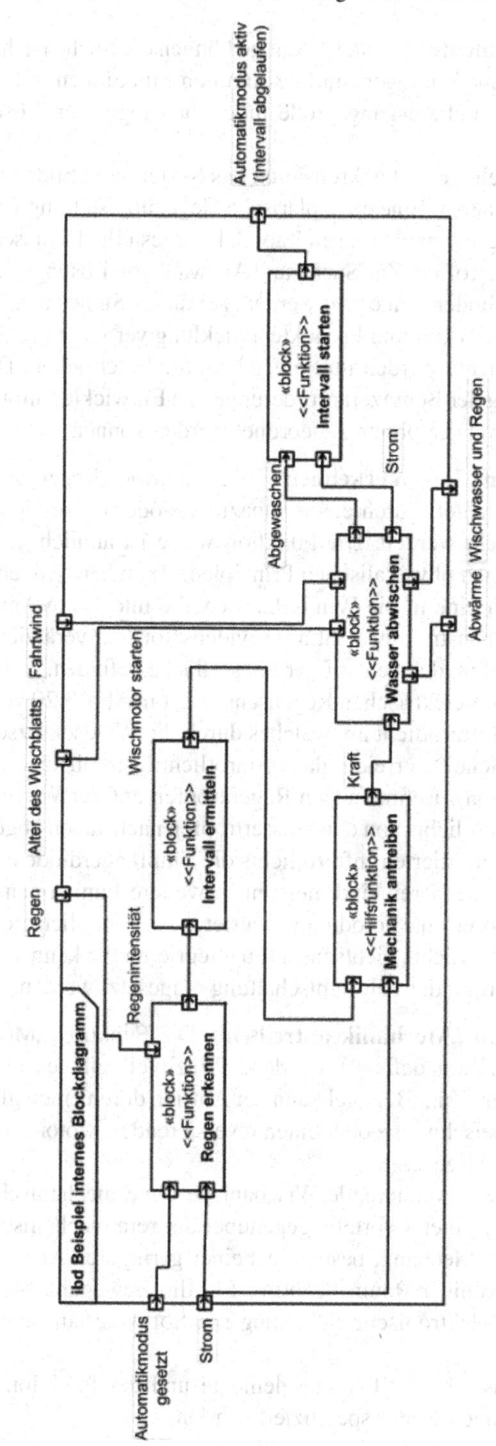

Abb. 3.19 Beispiel der Funktionsstruktur in SysML

Logische Lösungselemente Lösungskataloge können die Suche nach einer Lösung unterstützen. In Lösungskatalogen sind bestimmten Funktionen unter Berücksichtigung der Eingangs- und Ausgangsgröße möglichen logischen Lösungselemente zugeordnet [ROT-00].

Logische Lösungselemente konkretisieren das System und bilden in Summe ein mögliches Lösungskonzept. Eine exemplarische Gegenüberstellung von Funktionen und logischen Lösungselementen ist in Tab. 3.4 dargestellt. In diesem Fall wurde schon eine Auswahl getroffen. Zur Suche und Auswahl von Lösungselementen kann eine Vielzahl von Methoden eingesetzt werden. An dieser Stelle sei auf Literatur zur Konstruktionslehre [PAB-05] und Produktentwicklung verwiesen [LIN-09].

Zwei Lösungselemente werden im Folgenden kurz beschrieben. Danach erfolgt die Weiterentwicklung der Benutzeranforderungen zu Entwickleranforderungen, die dann entsprechend den Disziplinen zugeordnet werden können.

Lösung der Funktion „Regen erkennen" Die Funktion „Regen erkennen" kann, wie schon kurz angedeutet, durch einen kapazitiven oder einen Opto-elektrischen Regensensor ermöglicht werden. Die Funktionsweise ist ähnlich, jedoch basieren sie auf unterschiedlichen physikalischen Prinzipien. Beim kapazitiven Regensensor wird der Regen durch eine in die Windschutzscheibe integrierte Antennenstruktur registriert. Die Antennenstruktur dient als Kondensator und verändert sich je nach Anzahl der Regentropfen, die sich auf der Sensorfläche befinden.

Das Prinzip des opto-elektrischen Regensensors ist in Abb. 3.20 veranschaulicht. Sensordioden geben Infrarotlicht ab, welches durch die Windschutzscheibe geleitet wird. Bei trockener Scheibe erreicht das Infrarotlicht fast vollständig die Empfängerdiode (Totalreflexion). Befinden sich Regentropfen auf der Windschutzscheibe, wird ein Teil des Infrarotlichts von den Wassertropfen nach außen abgeleitet, so dass nur noch ein Teil des emittierten Infrarotlichts die Empfängerdiode erreicht.

In modernen Regensensoren sind meist noch weitere Funktionen integriert. Da opto-elektrische Sensoren eine Fotodiode integrieren ist es möglich ohne großen Aufwand das Erkennen von Licht (Lichtsensor) zu integrieren. So kann der Regensensor auch zur Automatisierung der Fahrlichtschaltung eingesetzt werden.

Lösung der Funktion „Mechanik antreiben" Die Funktion „Mechanik antreiben" ist als Hilfsfunktion definiert worden. Prinzipiell gibt es unterschiedliche Lösungsmöglichkeiten. Zum Beispiel kann der Antrieb durch einen gleichlaufenden Motor mit einer Kurbelschwinge oder einen reversierenden Motor erfolgen. Dies ist vereinfacht in Abb. 3.21 gezeigt.

Eine zweimotorige, reversierende Wischanlage ohne mechanische Verbindung zwischen den Wischern bietet Vorteile gegenüber der rein mechanischen Kopplung der Wischerarme. Die Mechanik besteht aus einer geringeren Anzahl an bewegten Teilen und es wird weniger Raum benötigt. Für die Bewegung der Wischerarme ist dann jedoch eine elektronische Schaltung mit Software auf einem Steuergerät erforderlich.

Auf Basis der Auswahl der Lösungselemente und der Funktionen können die Entwickleranforderungen weiter spezifiziert werden.

Tab. 3.4 Auszug aus der Zuordnungsmatrix Funktion – Lösungselement

		Opto-el. Regensen-sor L_01	Kapazitiver Regensen-sor L_02	…	Berechnungs funktion zur Intervall-schaltung L_05	gummiertes Wisch-blatt L_06	Intervallsensor L_08	Reversierender Wischer-motor L_09	Gleichlau fender Wischer-motor L_10
F	Regen erkennen	X	o						
F	Intervall ermitteln				X				
F	Wasser ab-wischen					X		X	o
F	Intervall starten						X		
NF	Mechanik antrei-ben							X	o
…									

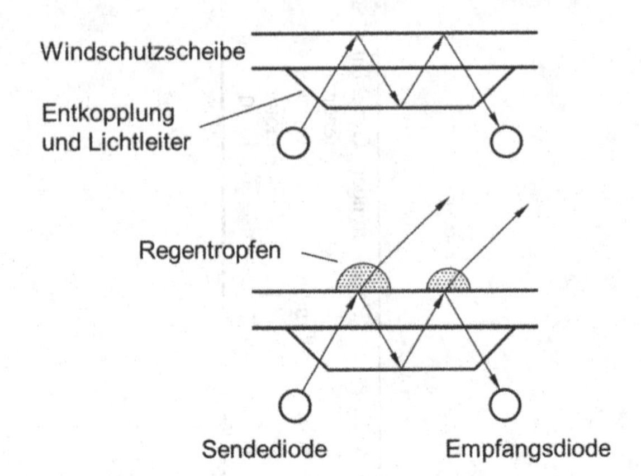

Abb. 3.20 Funktionsprinzip eines Infrarot-Regensensors [ESJ-06]

Entwickleranforderungen Da die Benutzeranforderungen zu Beginn teilweise noch zu unkonkret für die technische Umsetzung sind, werden diese in Entwickleranforderungen neu formuliert und begleiten den Entwicklungsprozess bis zum Ende in den entsprechenden Disziplinen.

Das Ziel ist es, alle Anforderungen möglichst widerspruchsfrei zu formulieren und implizite, wie auch quantifizierbare Anforderungen zu konkretisieren. Da sich Anforderungen unter Umständen oft ändern können ist das Management von Anforderungen Teil der Entwicklung. Anforderungsmanagement ist ein wichtiger Erfolgsfaktor für eine zielgerichtete Entwicklung. Tab. 3.5 zeigt einen Auszug aus den weiter konkretisierten Entwickleranforderungen in Form einer Tabelle.

Zur Nachvollziehbarkeit können die ermittelten Funktionen (s. Abb. 3.18) herangezogen und auf die Entwickleranforderungen abgebildet werden, wie in Tab. 3.6 exemplarisch veranschaulicht.

Um ferner eine Nachvollziehbarkeit zwischen Benutzeranforderungen und Entwickleranforderungen herbeizuführen, eigen sich im Sinne der modellbasierten Entwicklung SysML Anforderungsdiagramme. Hierüber lassen sich, wie in Abb. 3.22 dargestellt, so genannte ≪ trace ≫ Beziehungen zwischen Anforderungen modellieren.

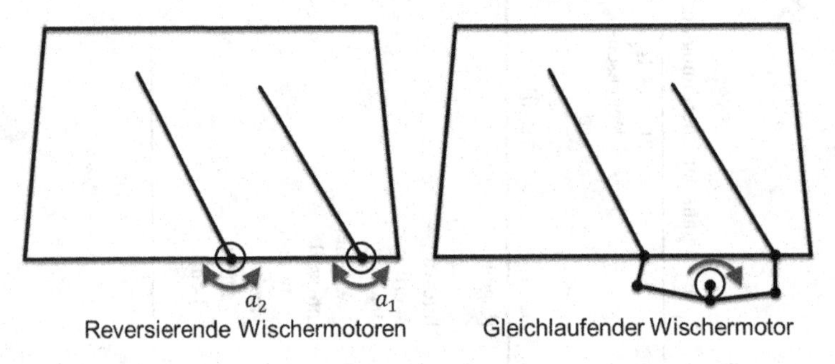

Abb. 3.21 Wischerantrieb

Tab. 3.5 Auszug aus den technischen Entwickleranforderungen

Anf.	Beschreibung	Disziplin
...		
EF_06	Das Wischfeld ist optimal nach gängigen Standards mit 2 Wischern auszunutzen. Die Sitzverstellungsmöglichkeiten sind zu berücksichtigen. Die beiden Wischerarme müssen so gesteuert werden, dass sie nicht kollidieren.	M/E/S
EF_07	Ist das System aktiv, soll eine steuernde Einheit je nach ermitteltem Modus die vom Benutzer eingestellte Empfindlichkeit und der Regen auf der Windschutzscheibe bzw. die eingestellte Geschwindigkeit und das Intervall ermitteln.	S
...		

Das Anforderungsmodell ist selten zu Beginn der Entwicklung vollständig spezifiziert. Anforderungen ändern sich oft in den frühen Phasen eines Projektes. Ein weiterer, großer Vorteil der konsequenten, modellbasierten Entwicklung ist, dass sich mit Hilfe von Referenzen nachverfolgen lässt, welche Elemente durch Anforderungsänderungen betroffen sind. Ebenfalls kann analysiert werden, ob ein Element alle Anforderungen erfüllt. Hierfür müssen jedoch entsprechende Querverweise definiert werden. Systemmodellierungssprachen wie z. B. SysML bieten Konstrukte hierfür an.

SysML baut auf den Säulen Anforderung, Struktur und Verhalten auf und stellt hierfür unterschiedliche Diagramme zur Verfügung. Im Folgenden eine Auswahl:

- **Anforderungsdiagramme [req] (Anforderungen)** beschreiben Struktur und Abhängigkeiten der Anforderungen
- **Blockdefinitionsdiagramme [bdd] (Struktur)** definieren Blöcke, beschreiben Hierarchien und Verbindungen zwischen einzelnen Blöcken. Die verwendeten Blöcke können auch in anderen Diagrammtypen Verwendung finden.
- **Interne Blockdiagramme [ibd] (Struktur)** beschreiben die interne Struktur eines Blockes. Eigenschaften und Konnektoren können hierfür verwendet werden.
- **Zustandsdiagramme [std] (Verhalten)** beschreiben das Verhalten über Zustände und Zustandsübergänge.
- **Zusicherungsdiagramme [par] (Verhalten)** können zur Beschreibung von Systemeinschränkungen wie z. B. Leistung, Zuverlässigkeit und physikalische Eigenschaften verwendet werden.

Das Blockdefinitionsdiagramm definiert die Struktur des Systems und stellt damit das Lösungskonzept in einer groben Sichtweise dar. Ein Ausschnitt ist in Abb. 3.23 gezeigt.

Nicht nur die Struktur, sondern auch das Verhalten ist für das Lösungskonzept wichtig. Mit Hilfe des Zustandsdiagramms ist es in der interdisziplinären Systementwicklung möglich das gewünschte Verhalten genauer zu spezifizieren. Abb. 3.24 zeigt ein Zustandsdiagramm für den Betrieb des mechatronischen Scheibenwischers.

Kontinuierliches Verhalten (z. B. Einschränkungen oder physikalische Eigenschaften) lässt sich über Zusicherungsdiagramme beschreiben. Dabei definiert ein

Tab. 3.6 Zuordnungsmatrix Funktionen – Entwickleranforderungen

		. . .	Automatik modus aktivieren	Regen erkennen	Intervall ermitteln	Wasser abwischen	Intervall starten	Mechanik antreiben	. . .
EF_01	. . . Wasser, Schnee, Schmutz von der Windschutz-scheibe beseitigen.					X			
. . .									
EF_06	. . . Wischfeld optimal . . .							X	
EF_07	. . . eine Empfindlichkeit und Geschwin-digkeit einstellen . . .		X	X	X				
. . .									

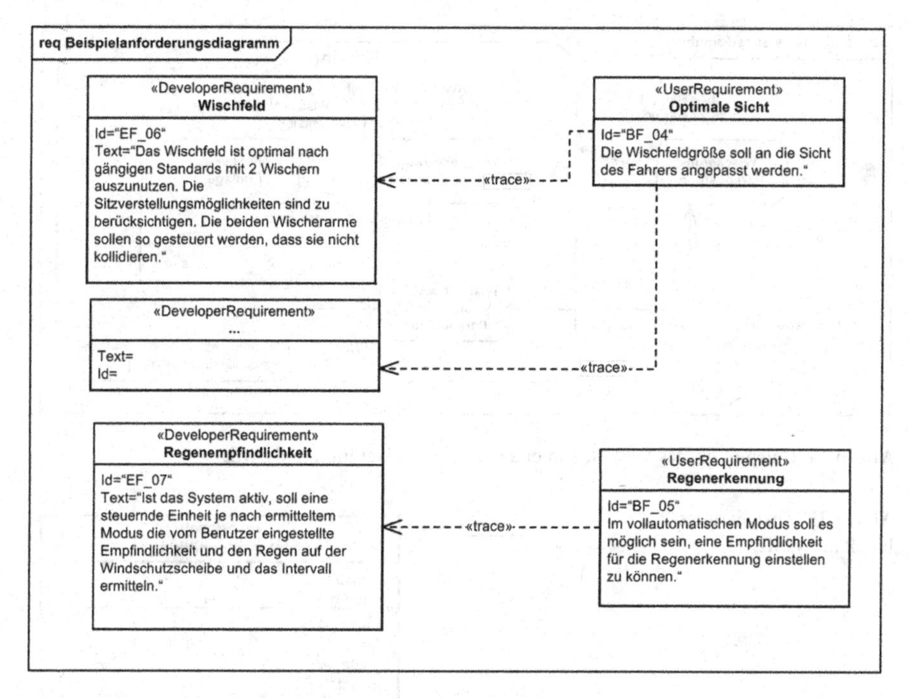

Abb. 3.22 Ausschnitt aus einem Anforderungsdiagramm in SysML

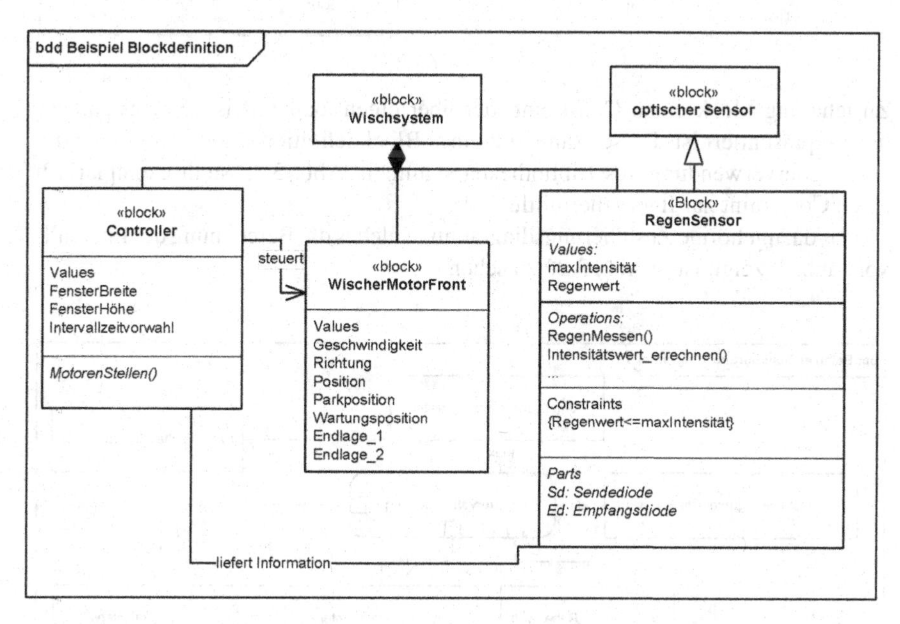

Abb. 3.23 Beispiel für die Zusammenhänge der logischen Lösungselemente im Wischsystem in SysML

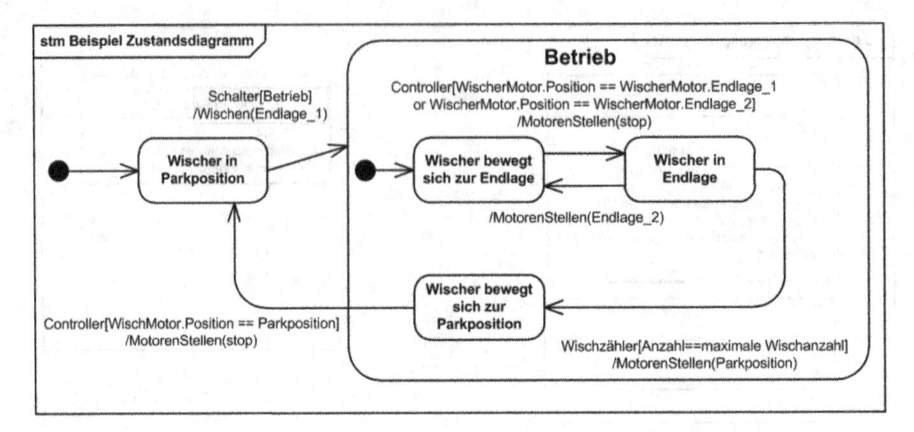

Abb. 3.24 Beispiel für das Verhalten in einem Zustandsdiagramm in SysML

Abb. 3.25 Zusicherungsblock in SysML

«constraint»
Intervallermittlung

Constraints
{Ida=(maxInt*(maxl-I)/maxl)+minl*St}

Parameters
Ida: Real
I: Integer
minInt: Real
maxInt: Real
maxl: Integer
St: Integer

Zusicherungsblock einen Constraint, der über einen mathematischen Zusammenhang repräsentiert ist. Dieser kann Teil eines Blockdefinitionsdiagramms sein oder zur Wiederverwendung aus Bibliotheken stammen. Abb. 3.25 stellt exemplarisch einen Constraint zur Intervallermittlung dar.

Das dazugehörige Zusicherungsdiagramm, welches die Berechnung der Intervallvorwahlzeit zeigt, ist in Abb. 3.26 zu sehen.

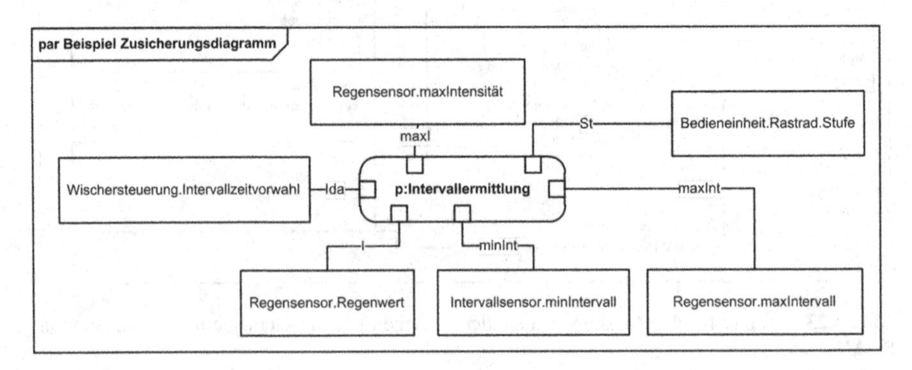

Abb. 3.26 Zusicherungsdiagramm der Intervallschaltung in SysML

Ein Beispiel für die Vernetzung der Modellelemente untereinander, z. B. Anforderung und Funktion, ist in Abb. 3.27 dargestellt.

Auf der Ebene der Modellbildung und Spezifikation ist das Resultat ein qualitativer interdisziplinärer Systementwurf. Um eine Absicherung des Systementwurfs zu erhalten können virtuelle Tests in Form von Simulationen durchgeführt werden. Um dies zu erreichen müssen simulierbare Modelle aufgebaut werden. Dies ist Bestandteil der Ebene Modellbildung und Simulation.

3.4.1.2 Modellbildung und Simulation

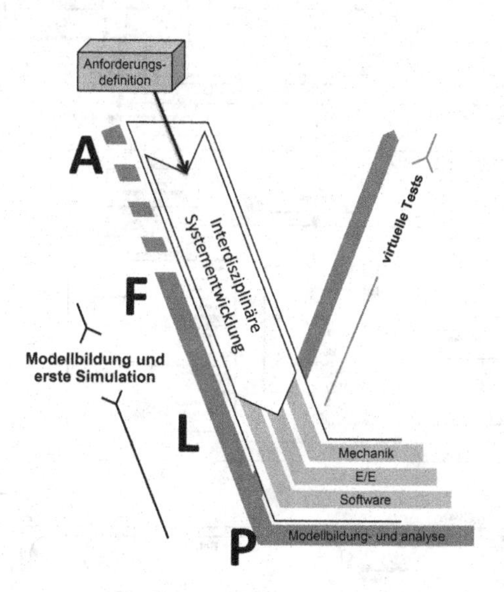

Um das physikalische und gesteuerte Verhalten des Systems zu überprüfen, können Simulationsmodelle erstellt werden. Hierfür werden Werkzeuge und Sprachen, wie z. B. Matlab/Simulink oder Modelica, die ausführbare Simulationen ermöglichen, verwendet. Simulationssprachen, wie z. B. Matlab/Simulink und Modelica bieten große Potentiale für die Analyse von kontinuierlichen und diskreten, zeitdynamischen Verhaltensmustern in virtuellen Tests. Auf Grund der Synergie zwischen beschreibenden SysML Modellen und Simulationsmodellen in Modelica, ist eine Verbindung bzw. Transformation dieser Modelle Stand der Forschung. Zwei Bestrebungen seien kurz erwähnt:

- **ModelicaML Profil** [SFP-09]**:** ModelicaML definiert ein Profil aus UML. Das Profil erlaubt die Generierung von ausführbaren Modelica-Modellen. Mit Hilfe des ModelicaML Profils können z. B. Teile eines in SysML definierten Modells mit dem ModelicaML Profil erweitert werden. Über Codegenerierung kann von diesem Teil ein ausführbares Simulationsmodell in Modelica erzeugt werden.

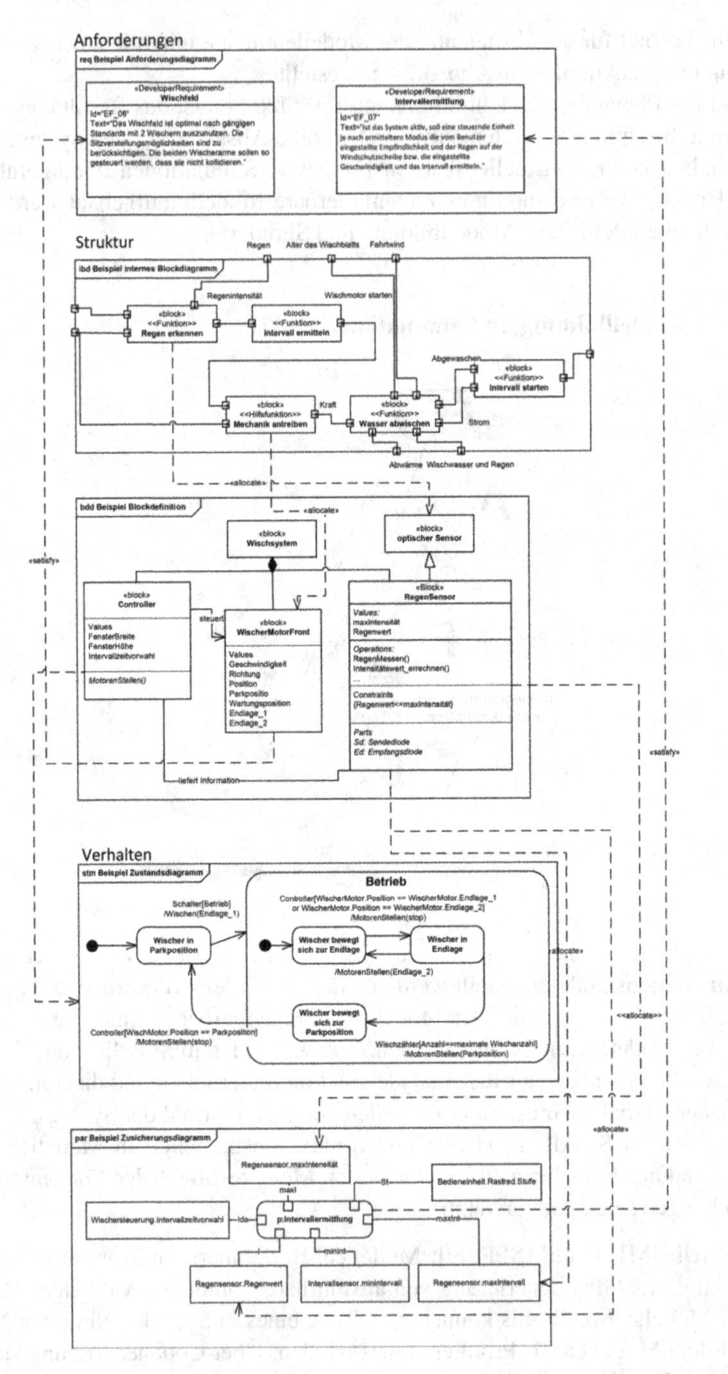

Abb. 3.27 Beispiel für Querverbindungen zwischen Anforderungen, Funktionen und logischen Lösungselementen

- **SysML und Modelica Integration** [PBB-10]: Die Arbeitsgruppe „SysML and Modelica Integration" der OMG geht im Gegensatz zu ModelicaML einen etwas anderen Weg. Es wurde eine formale bidirektionale Transformation zwischen den Sprachen SysML und Modelica definiert. Ziel ist es, Teile aus einem SysML Modell über eine Transformation in Modelica weiter zu spezifizieren, um so das Verhalten zu analysieren.

Die Verbindung der beschreibenden Modelle mit Simulationsmodellen ermöglicht eine durchgängige interdisziplinäre Systementwicklung. Die oben genannten Bestrebungen stellen einen ersten Schritt in diese Richtung dar, so dass Teile der Spezifikation ausführbar sind, um so Analysen über virtuelle Tests vornehmen zu können. Dies ist nach heutigem Stand jedoch noch nicht vollständig möglich. Für Simulationsmodelle wird eine Modellbildung durchgeführt, die existierende Modelle wiederverwenden kann oder die Erstellung von neuen Modellen erfordert.

Simulation der logischen Elemente Die logischen Lösungselemente aus dem Fallbeispiel können in einem Simulationsmodell in Matlab/Simulink oder Modelica beschrieben werden. Dies stellt eine weitere Stufe der Konkretisierung dar. Für das dynamische Verhalten des Scheibenwischers kann z. B. ein Simulationsmodell in Modelica auf Basis von Bibliothekselementen aufgebaut werden, vgl. Abb. 3.28. Durch virtuelle Tests ist es nun möglich die physikalischen Eigenschaften zu testen. Jedes Element, wie z. B. der Motor oder das Getriebe sind simulierbare Objekte aus einer Bibliothek. Sie können mit entsprechend definierten Parametern einzeln simuliert werden. Diese simulationsfähigen Objekte können über definierte Schnittstellen, wie z. B. rotatorische Bewegung oder elektrischer Stromfluss miteinander verbunden werden.

Das Simulationsmodell integriert den Motor als ausgewähltes logisches Lösungselement. Die Simulation kann weitere Elemente konkretisieren. Im Fall des Scheibenwischers sind dies z. B. der Winkelsensor, das Getriebe oder die Trägheit, die in dem SysML Modell noch nicht beschrieben wurden.

Die oben angeführten Ansätze zur Transformation ermöglichen eine Überführung der Elemente aus der Beschreibung zu einer Systemsimulation. Es existiert jedoch noch keine durchgängige Möglichkeit um eine Spezifikation bis hin zur Simulation zu transformieren.

Um eine Systemsimulation zu ermöglichen, müssen weitere Simulationsmodelle über entsprechende Schnittstellen zusammengeschaltet werden. Zum Beispiel kann der Wischermotor in Abb. 3.28 mit einem Controller und dem Regensensor aus dem Systementwurf durch ein komplexeres Simulationsmodell analysiert werden. Hierfür muss jedes Simulationsmodell definierte Anschlüsse zur Verfügung stellen.

Mit Hilfe des Simulationsmodells können Parameter wie z. B. die maximal erreichbare Winkelgeschwindigkeit oder definierte Endlagen des Motors in den weiteren disziplinspezifischen Entwurf für die Steuerung einfließen. Die Analyse der Ergebnisse der Simulation kann erste Rückschlüsse erlauben, ob die Anforderungen erfüllt werden. Hierfür ist die Rückverfolgung der Anforderungen von den

Lösungselementen von großem Interesse. Ergebnisse aus der Analyse der frühen disziplinübergreifenden Simulationen fließen in die disziplinspezifische Modellbildung ein.

3.4.1.3 Disziplinspezifische Modellbildung

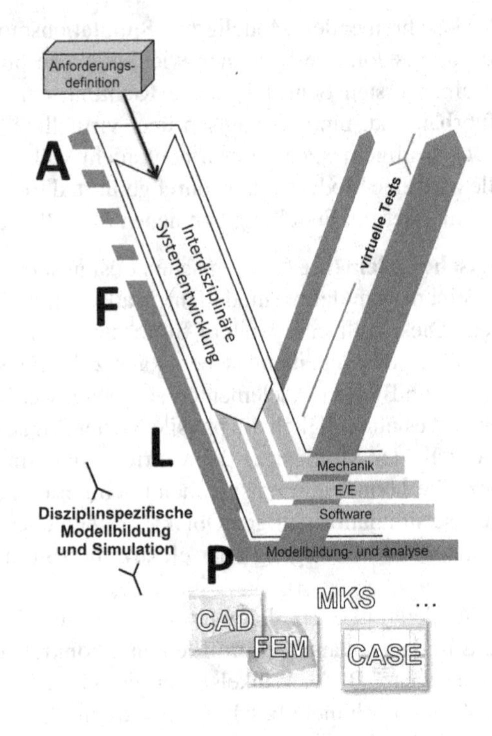

In den Entwicklungsdisziplinen werden das System und die Komponenten erweitert und konkretisiert. Auf der Ebene der disziplinspezifischen Modellbildung werden konkrete virtuelle Modelle erzeugt, die weitere virtuelle Tests ermöglichen. Dies können M-CAD, E-CAD oder UML Modelle sein, die entsprechend die disziplinspezifische Sicht wiedergeben.

Im Fall des Wischsystems können dies z. B. die konstruktive Ausdetaillierung in CAD und eine FEM Analyse des Wischerarms in der Disziplin Mechanik sein. Das Resultat dieser disziplinspezifischen Entwicklung sind konkrete Komponenten, die alle Anforderungen erfüllen. Die weiterführende Softwareentwicklung ist Inhalt von Kap. 5. Hier werden die Konkretisierung des gesteuerten Verhaltens und die Systemarchitektur von Aktor, Sensor und Informationsverarbeitungseinheit vertieft. Das Resultat sind Softwarekomponenten, die das gesteuerte Verhalten entsprechend den Anforderungen abbilden.

Die disziplinspezifische Modellbildung wird immer im Hinblick auf die Anforderungen durchgeführt, die in den Disziplinen erweitert werden können. Eine

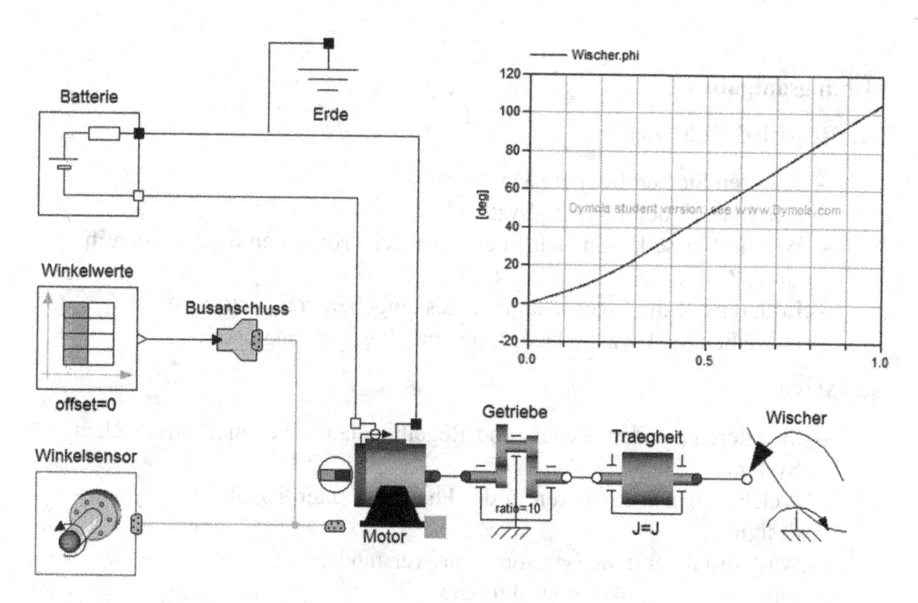

Abb. 3.28 Simulationsmodell in Modelica für den Wischermotor

durchgängige Verwaltung von Anforderungen ist dementsprechend ein Schlüssel zum Erfolg.

3.5 Zusammenfassung und Aufgaben

Zusammenfassung

In diesem Kapitel haben Sie

- ein Verständnis über den Einsatz von Informationstechnologie als Produktbestandteil vermittelt bekommen,
- die Grundlagen der Mechatronik und von eingebetteten Systemen kennengelernt,
- das Vorgehen in der interdisziplinären Systementwicklung kennengelernt, welches sowohl mechanische, elektrische als auch datenverarbeitende Komponenten adressiert,
- ein Beispiel des Wischsystems in SysML und den Einsatz von Systemmodellierungssprachen erfahren.

Das nächste Kapitel vertieft die grundlegenden Prinzipien und Konzepte der Informations- und Kommunikationstechnologie. Dies beinhaltet grundlegende mathematische Prinzipien, die heutigen Rechner zugrunde liegen, sowie einen Überblick über Rechnerarchitekturen und Grundlagen von Kommunikationssystemen.

Übungsaufgaben

1. Begriffsdefinitionen

- Erklären Sie den Begriff „Mechatronik".
- Erklären Sie den Begriff „System".
- Welche Flüsse lassen sich in einem mechatronischen System identifizieren?
- Erklären Sie die Eigenschaften eines eingebetteten Systems.
- Umreißen Sie kurz die Definition von „Systems Engineering".

2. Wissen

- Skizzieren Sie den Steuer- und Regelkreislauf eines mechatronischen Systems.
- Welche Ebenen existieren in der Phase des interdisziplinären Systemdesigns?
- Was wird unter dem Systementwurf verstanden?
- Wozu dienen Funktionsstrukturen?
- Was ist die Aufgabe von Systemmodellierungssprachen?

3. Modellierung

- Erstellen Sie ein Blockdefinitionsdiagramm eines PKWs.
- Erstellen Sie ein Blockdefinitionsdiagramm für ein ESP auf Basis von Abb. 3.6.
- Erstellen Sie ein internes Blockdiagramm eines ESPs um die Interaktion der definierten Komponenten zu zeigen.

Literatur

[BER-09] Bertram T (2009) Einführung in die Mechatronik I, Vorlesungsskript TU Dortmund

[BRO-06] Brockhaus F A (2006) Leipzig

[BRO-10] Broy M (Hrsg.) (2010) Cyber-Physical Systems – Innovation durch Software-Intensive Eingebettete Systeme, Springer

[DIE-11] Dietsche K H, Reif K (2011) Kraftfahrtechnisches Taschenbuch, 27. Aufl., ISBN: 978–3–8348–1440

[ESJ-06] Eckert B, Stetzenbach W, Jodl H J (2006) LowCost-High Tech Freihandversuche Physik, Aulis Verlag Deubner, Köln

[FRI-08] Friedenthal S, Moore A, Steiner R (2009) A Practical Guide to SysML: The Systems Modeling Language, Morgan Kaufmann Verlag, ISBN: 978–0123786074

[GAU-09] Gausemeier J, Frank U, Donoth J, Kahl S, (2009) Specification technique for the description of self-optimizing mechatronic systems, Research in Engineering Design, Vol. 20, Number 4, Springer Verlag

[GIE-04] Giese H, Burmester S, Tichy M (2004) Modeling Reconfigurble Mechatronic Systems with Mechatronic UML, Proceedings of Model Driven Architecture: Foundations and Applications, S. 155–168

[INC-04] Technical Board International Council on Systems Engineering (INCOSE). Systems Engineering Handbook, Version 2a, Juni 2004

[KÜH-10] Kühl C (2010) Software gibt den Takt vor, Magazin für Mechatronik + Engineering, AGT Verlag, THUM GmbH, Ausgabe 2

[LIN-09] Lindemann U (2009) Methodische Entwicklung technischer Produkte, 3. Aufl., Springer Verlag, ISBN: 978–3642014222

[OMG-09] Object Management Group: SysML Specification 1.2, 2009 http://www.omgsysml.org/

[PAB-05] Pahl G, Beitz W, Feldhusen J, Grote KH (2005) Konstruktionslehre, Grundlagen erfolgreicher Produktentwicklung, Methoden und Anwendung, Springer Verlag, ISBN: 978–3540340607

[PBB-10] Paredis C, Bernard Y, Burkhart R, de Koning HP, Friedenthal S, Fritzson P, Rouquette N, Schamai W (2010) An Overview of the SysML-Modelica Transformation Specification, Proceedings of the 2010 INCOSE International Symposium

[REI-10] Reif K (2010) Fahrstabilisierungssysteme und Fahrerassistenzsysteme, Vieweg + Teubner Verlag, ISBN: 079–3–8348–1314–5

[ROT-00] Roth K (2000) Konstruieren mit Konstruktionskatalogen, Bd. 1, Konstruktionslehre, Springer Verlag, ISBN: 978–3540671428

[SFP-09] Schamai W, Fritzson P, Paredis C, Pop A (2009) Towards Unified System Modeling and Simulation with ModelicaML: Modeling of Executable Behavior using graphical Notations, Proceedings 7th Modelica Conference, S. 612–621

[SSP-00] Schuh G, Speth C (2000) Industrielle Dienstleistungen – vom notwendigen Übel zum strategischen Erfolgsfaktor, in: SMM, S. 12–15

[STR-07] SFB/Transregio 29: Engineering hybrider Leistungsbündel, News 1/07, http://www.lps.ruhr-uni-bochum.de/imperia/md/content/tr29/tr-news_1–07_deutsch.pdf

[VDI-2206] Verein Deutscher Ingenieure (Hrsg.): Richtlinie VDI 2206, Entwicklungsmethodik für mechatronische Systeme, Beuth Verlag, 2004

[VDI-2221] Verein Deutscher Ingenieure (Hrsg.): Richtlinie VDI 2221, Methodik zum Entwickeln und Konstruieren technischer Systeme und Produkte, Beuth Verlag, 1993

Kapitel 4
Grundlagen der Informationstechnologie

Viele der heutigen Produktinnovationen in verschiedenen Industriebranchen werden auf das Vorhandensein von informationsverarbeitenden Komponenten in Produkten zurückgeführt. Dank der atemberaubenden Fortschritte der Rechnertechnologien werden immer mehr, früher als wirtschaftlich nicht rentabel oder technologisch nicht realisierbare, Anwendungen möglich. Trotz dieser rasanten Entwicklungen arbeiten die meisten Rechner heute immer noch nach denselben Prinzipien, die vor sechzig Jahren von John von Neumann eingeführt wurden.

Lernziele In diesem Kapitel wird der Leser in die grundlegenden Prinzipien und Konzepte der Informations- und Kommunikationstechnologie eingeführt. Diese sind insbesondere wichtig um die Arbeitsweise sowie das Zusammenspiel zwischen Hardware und Software im Rechner zu verstehen und somit Grundsteine zur erfolgreichen Anwendung und Entwicklung von IT-Systemen zu legen. Zusammenfassend werden folgende Inhalte vermittelt:

- ein Verständnis für die mathematischen Prinzipien, die der Funktion heutiger elektronischen Rechner zu Grunde liegen
- ein Überblick über die grundlegende Architektur und Arbeitsweise von heutigen Rechnern
- eine Einführung in die Grundlagen von Kommunikationssystemen

4.1 Einführung

Rechner gehören zu den wesentlichen Gegenständen, die zur Veränderung der heutigen Gesellschaft beigetragen haben. Sie führten zu einer dritten Revolution, wobei die Informationsrevolution ihren Platz neben der Agrarrevolution und industriellen Revolution einnimmt [PAT-05]. Heute werden synonym die Begriffe *Informationsgesellschaft* und *Wissensgesellschaft* verwendet um die „Informatisierung" der

M. Eigner et al., *Informationstechnologie für Ingenieure*,
DOI 10.1007/978-3-642-24893-1_4, © Springer-Verlag Berlin Heidelberg 2012

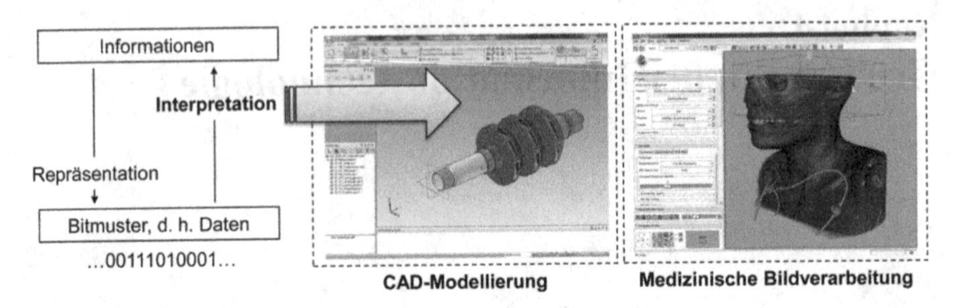

Abb. 4.1 Zusammenhang zwischen Informationen und Daten

Gesellschaft zu bezeichnen. All dies wäre ohne die rasanten Fortschritte der Rechnertechnologien, die den Zugang zu immer leistungsfähigeren, intelligenteren und vor allem günstigeren Geräten für unterschiedliche Anwendungsarten ermöglichen, nicht denkbar. Informationsgesellschaft ist ein „Begriff zur Kennzeichnung eines fortgeschrittenen Entwicklungsstadiums von Wirtschaft und Gesellschaft, in dem die Informations- und Kommunikationsdienstleistungen im Vergleich zur industriellen Warenproduktion, aber auch zu den traditionellen Dienstleistungen (v. a. Handel und Verkehr) zentrale Bedeutung gewonnen haben" [GAB-10]. Dies hebt die Wichtigkeit von Informationen im Alltag hervor, sowie Verfahren und Einrichtungen zu deren Erfassung, Speicherung, Verarbeitung und Übermittlung. Bevor auf die grundlegenden Konzepte von Informationstechnologien eingegangen wird, wird im Folgenden eingeführt, was unter dem Begriff Information verstanden wird und wie eine Information technisch repräsentiert wird.

Definition 4.1 *Unter **Information** versteht man Angaben über Sachverhalte und Vorgänge, die für einen Adressanten bedeutsam sind. Information kann in schriftlicher, akustischer, bildlicher und multimedialer Erscheinungsform vorliegen [HAN-02].*

Informationen werden technisch durch *Daten* repräsentiert. Daten werden ihrerseits im Rechner durch physikalische Signale dargestellt, die stets einen von zwei unterscheidbaren physikalischen Zuständen (z. B. 0 und 1) annehmen können. Aus der *Repräsentation* der Informationen durch Daten kann wieder umgekehrt durch *Interpretation* (auch *Abstraktion* genannt) auf die Information geschlossen werden. Somit können gleiche Daten in unterschiedlichen Kontexten völlig unterschiedliche Interpretationen haben. Wie in Abb. 4.1 beispielhaft abgebildet, können die gleichen Daten, abhängig vom Anwendungsbereich, unterschiedlichen Interpretationen unterzogen werden um somit unterschiedliche Informationen daraus zu gewinnen.

Die Grundlage zur Anwendung von Informationstechnologien in unterschiedlichen Anwendungsbereichen der heutigen modernen Gesellschaft bilden elektronische, datenverarbeitende Systeme (im Folgenden *Rechner* genannt).

Definition 4.2 *Unter **Rechner** (genauer **Digitalrechner** oder auch **Computer**) versteht man ein technisches Medium für die elektronische Verarbeitung von Daten, nämlich zur Durchführung mathematischer, umformender, übertragender und speichernder Operationen [HAN-02].*

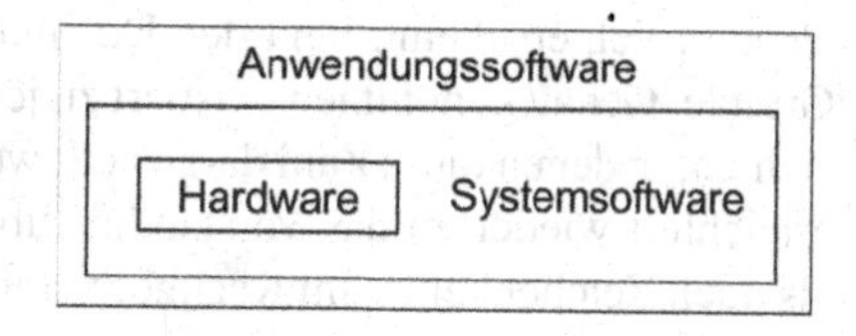

Abb. 4.2 Hardware und Software eines Rechners

Ein Rechner besteht aus unterschiedlichen Komponenten: *Hardware* und *Software*.

Definition 4.3 *Unter* ***Hardware*** *versteht man alle physikalisch greifbaren Komponenten eines Rechners.*

Das bedeutet, der Begriff Hardware fasst die materiellen Ausstattungen eines Rechners zusammen. Dies sind etwa Komponenten zur Eingabe von Daten (z. B. Tastatur, Maus), zur Ausgabe von Daten (z. B. Bildschirm, Drucker), zur Speicherung von Daten (z. B. Speicher, Festplatte) oder zur Datenmanipulation (z. B. Prozessor).

Definition 4.4 *Unter* ***Software*** *versteht man allgemein die von einem Rechner zu verarbeitenden Daten.*

Eine umfangreichere Definition des Begriffs Software findet sich im Kap. 5 dieses Buches wieder. Software ermöglicht den Betrieb von Rechnern. Im Allgemeinen unterscheidet man bei Software zwischen *Anwendungssoftware* und *Systemsoftware* (s. Abb. 4.2).

Anwendungssoftware wird hauptsächlich durch Programme repräsentiert, die direkt vom Benutzer eines Rechners ausgeführt werden (z. B. ein CAD-, oder Textverarbeitungsprogramm). Systemsoftware setzt dahingegen direkt auf der Hardware auf und stellt nützliche Dienste zur vereinfachten Implementierung von Anwendungssoftware bereit (z. B. Betriebssysteme, Compiler). Kapitel 5 vertieft die Thematik der Software. Um in diesem Kontext die rechnerinterne Repräsentation und Verarbeitung von Daten zu verstehen, werden Grundlagen technischer und mathematischer Natur sowie ein Verständnis von Rechnerarchitekturen vorausgesetzt.

4.2 Technische und Mathematische Grundlagen

In diesem Abschnitt wird insbesondere die Darstellung von Zahlen in verschiedenen Zahlensystemen erläutert. Darauf aufbauend wird auf die Darstellung von Zahlen im Rechner, sowie die dazugehörige Zahlenarithmetik eingegangen.

4.2.1 Zahlendarstellung (das Dualsystem)

Der Mensch ist es spätestens nach positivem Abschluss der Schule gewohnt, mit Dezimalzahlen zu arbeiten, damit zu rechnen. Obwohl die Anwendung der mathematischen Operationen wie Addition, Subtraktion, Multiplikation und Division als natürlich erscheint, liegt den Dezimalzahlen ein so genanntes Zahlensystem zu Grunde. Genau genommen existiert zu jeder ganzen Zahl eine Menge von Zahlensystemen, in denen diese Zahl dargestellt werden kann. Ein Verständnis dieses Prinzips erleichtert wiederum das Verständnis über die Art und Weise, wie sowohl Zahlen, als auch Zeichenketten im Rechner verarbeitet werden.

Satz 4.1 *Sei $p \geq 2$ eine ganze Zahl. Dann besitzt jede ganze Zahl a mit $0 \leq a < p^n$ eine eindeutig bestimmte Darstellung der Form;*

$$\sum_{i=0}^{n-1} a_i \times p^i \text{ mit } 0 \leq a_i < p \text{ für allei}$$

Hierbei ist p die sogenannte Basis des Zahlensystems, a_i heißen Ziffern.

Die Basis des Dezimalsystems lautet $p=10$. Entsprechend besteht etwa die Dezimalzahl 4711 aus den Ziffern $a_3=4$, $a_2=7$, $a_1=1$ und $a_0=1$, und es gilt:

$$\begin{aligned} 4711_{10} &= 1 \times 10^0 + 1 \times 10^1 + 7 \times 10^2 + 4 \times 10^3 \\ &= 1 + 10 + 700 + 4000. \end{aligned}$$

Die tief gestellte Basis (hier 10) gibt an, um welche Zahlendarstellung es sich handelt. Ist im Folgenden keine Basis angegeben, so handelt es sich um eine Dezimalzahl. Dieselbe Zahl 4711 lautet z. B. im Oktalsystem (Basis $p=8$) 11147_8, denn:

$$\begin{aligned} 4711 &= 7 \times 8^0 + 4 \times 8^1 + 1 \times 8^2 + 1 \times 8^3 + 1 \times 8^4 \\ &= 7 + 32 + 64 + 512 + 4096. \end{aligned}$$

Ein elektronischer Rechner funktioniert letztendlich über unterschiedliche Spannungszustände. Dies gilt auch für die Zahlendarstellung und Arithmetik. Betrachtet man vereinfacht lediglich die Spannungszustände „Spannung da" und „Spannung nicht da", so lassen sich diese mit 1 und 0 kodieren (sogenannten *Bits*). Man spricht vom Dualsystem mit der Basis 2. So stellt sich etwa die ganze Zahl 11 im Dualsystem als 1011_2 dar, denn:

$$\begin{aligned} 11 &= 1 \times 2^0 + 1 \times 2^1 + 0 \times 2^2 + 1 \times 2^3 \\ &= 1 + 2 + 0 + 8. \end{aligned}$$

Man spricht auch von einer *Binärdarstellung*. Im Folgenden werden bis zu Abschn. 4.2.3 ausschließlich positive ganze Zahlen betrachtet.

Satz 4.2 *Für die Binärdarstellung einer beliebigen positiven ganzen Zahl Z geht man von einer festen Anzahl von n Bits aus. Hierbei werden mindestens $n = log_2(Z) + 1$ Bits benötigt. Mit weniger Bits ist Z nicht darstellbar.*

Es empfiehlt sich folgendes Vorgehen, um eine beliebige, positive ganze Zahl **Z** auf eine einfache Art und Weise vom Dezimalsystem in das Dualsystem zu wandeln und mit n Bits darzustellen:

Tab. 4.1 Beispiel der Wandlung von Dezimal- in Dualdarstellung

Zahl	Division	Ergebnis	Rest
11	$11/8(8 = 2^3 = 2^{n-1})$	1	3
3	$3/4(4 = 2^2 = 2^{n-2})$	0	3
3	$3/2(2 = 2^1 = 2^{n-3})$	1	1
1	$1/1(8 = 2^0 = 2^{n-4})$	1	0

Tab. 4.2 Beispiel – alternative Wandlung von Dezimal- in Dualdarstellung

Zahl	Division	Ergebnis	Rest	Leserichtung Reste
11	11/2	5	1	⇑
5	5/2	2	1	
2	2/2	1	0	
1	1/2	0	1	

Schritt 1: Überprüfe, ob $Z \geq 2^n$. Falls nein, mache weiter mit Schritt 2 und 3. Falls ja, lässt sich die Zahl nicht mit n Bits darstellen

Schritt 2: Dividiere sukzessive durch 2^{n-1}, 2^{n-2}, ..., 2^{n-n} und notiere die Ergebnisse

Schritt 3: Die Binärzahl ergibt sich aus der Folge der notierten Ergebnisse

Es stehen 4 Bits zur Darstellung der Zahl 11 zur Verfügung. Hierfür muss überprüft werden, ob $11 \geq 2^4 = 16$ ist. Da dies nicht der Fall ist, ist die Zahl darstellbar, und die Binärzahl ermittelt sich respektive wie in Tab. 4.1 dargestellt.

Das Ergebnis lautet also 1011_2. Hierbei ist es offensichtlich, dass die sukzessive Division umgekehrt einer Multiplikation im Dualsystem entspricht, um von der Binärzahl auf die Dezimalzahl zu schließen. Soll die Zahl 11 mit 3 Bits dargestellt werden, ergibt sich in Schritt 1, dass der Vergleich auf $11 \geq 2^3 = 8$ wahr ist, und sich somit der Schluss ziehen lässt, dass 11 nicht darstellbar ist. Alternativ kann zur Wandlung auch wie folgt vorgegangen werden:

Schritt 1: Überprüfe auf $Z \geq 2^n$. Falls nein, mache weiter mit Schritt 2 und 3. Falls ja, lässt sich die Zahl nicht mit n Bits darstellen

Schritt 2: Dividiere die Dezimalzahl sukzessive durch 2 und runde ab, bis das Ergebnis der Division 0 ist. Notiere jeweils den Rest (0 oder 1) der Division

Schritt 3: Bilde die umgekehrte Reihenfolge der Reste

Schritt 4: Falls die Zahl i der notierten Reste kleiner als n ist, so stelle der in Schritt 3 gebildeten Reihenfolge noch $(n - i)$ Nullen voran.

Die Binärdarstellung der Zahl 11 mit 4 Bit ergibt sich nach Abschluss der Überprüfung in Schritt 1 wie in Tab. 4.2 dargestellt.

Nach der fünften Division ist das Ergebnis 0. Schritt 2 ist somit abgeschlossen und die notierten Reste in umgekehrter Reihenfolge lauten 1011. Die Zahl der notierten Reste lautet $i = 4$ und ist nicht kleiner als n (Schritt 4). Somit lautet das Ergebnis 1011_2. Wäre stattdessen eine Darstellung mit z. B. $n = 8$ Bits gewollt, wären laut Schritt 4 den notierten Resten noch $n - i = 8 - 4 = 4$ Nullen voranzustellen. Das Ergebnis wäre somit 00001011_2.

Der nächste Abschnitt befasst sich mit Arithmetik auf Basis der Dualzahlen, bevor im Anschluss auf die Frage eingegangen wird, wie neben positiven ganzen Zahlen auch negative oder reelle Zahlen im Rechner abgebildet werden.

4.2.2 *Zahlenarithmetik*

Die Addition dualer Zahlen verläuft auf der Ebene der Bits. Hierbei gilt für jede bitweise Addition:

- $0 + 0 = 0$
- $0 + 1 = 1$
- $1 + 0 = 1$
- $1 + 1 = 0$ mit 1 als Übertrag

Der Übertrag funktioniert für alle Zahlensysteme nach Satz 4.1 analog. Für ein beliebiges Zahlensystem steht eine Menge von Ziffern zur Verfügung. Wenn bei zifferweise Addition das Ergebnis größer als die größte zur Verfügung stehende Ziffer ist (also $\geq p$), entsteht ein Übertrag. Das Dezimalsystem hat mit $p = 10$ die 9 als größte zur Verfügung stehende Ziffer. Werden z. B. die Ziffern 6 und 4 addiert, ist das Ergebnis 0 mit Übertrag. Da im Dualsystem die 1 die größte zur Verfügung stehende Ziffer ist, gilt $1 + 1 = 0$ mit 1 als Übertrag.

Satz 4.3 *Bei der Arithmetik von positiven ganzen Dualzahlen in Binärdarstellung werden stets zwei Zahlen mit gleicher Anzahl von n Bits für die Berechnung verwendet.*

Im Folgenden wird anhand von zwei Beispielen die Addition von Dualzahlen mit 4 Bits verdeutlicht (s. Abb. 4.3 und Abb. 4.4).

Bei der Addition von zwei Dualzahlen kann es vorkommen, dass das Ergebnis der Berechnung nicht mit der Anzahl der zur Verfügung stehenden Bits darstellbar ist (s. Abb. 4.5). Dann ist ein so genannter *Überlauf* (im Engl. *Overflow*) aufgetreten. So ist z. B. das Ergebnis 16 einer Addition der 4-Bit Zahlen 7 und 9 nicht mehr mit 4 Bits darstellbar. Nach Satz 4.2 werden hierfür mindestens $n = \log_2(16) + 1 = 4 + 1 = 5$ Bits benötigt.

Ähnlich der Addition verläuft die Subtraktion in allen Zahlendarstellungen analog. Gegeben seien zwei Zahlen $a = a_{n-1}a_{n-2}\ldots a_1a_0$ und $b = b_{n-1}b_{n-2}\ldots b_1b_0$ im Zahlensystem mit Basis p. Wenn bei einer stellenweisen Subtraktion ein Ergebnis $c_i = a_i - b_i$ keine positive Zahl ergibt, entsteht ein Übertrag. Das Ergebnis der aktuellen Berechnung lautet dann $c_i = p - |a_i - b_i|$. Somit gilt für die bitweise Subtraktion in der Binärdarstellung:

- $1 - 1 = 0$
- $1 - 0 = 1$
- $0 - 0 = 0$
- $0 - 1 = 1$ mit Übertrag (denn $p = 2$ und somit ist $2 - |0 - 1| = 1$)

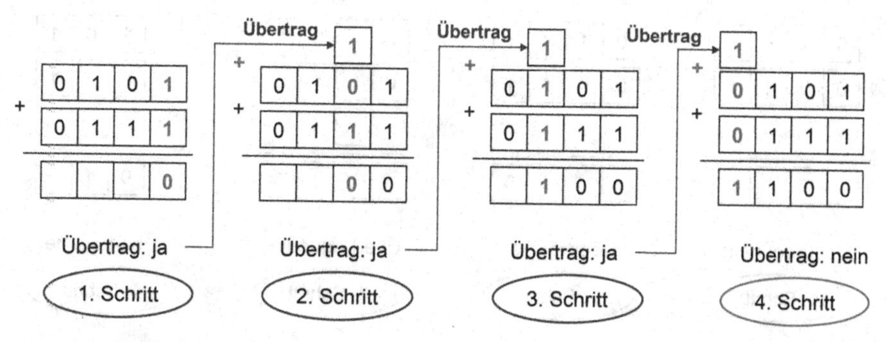

Abb. 4.3 Addition von 5_{10} ($=0101_2$) und 7_{10} ($=0111_2$)

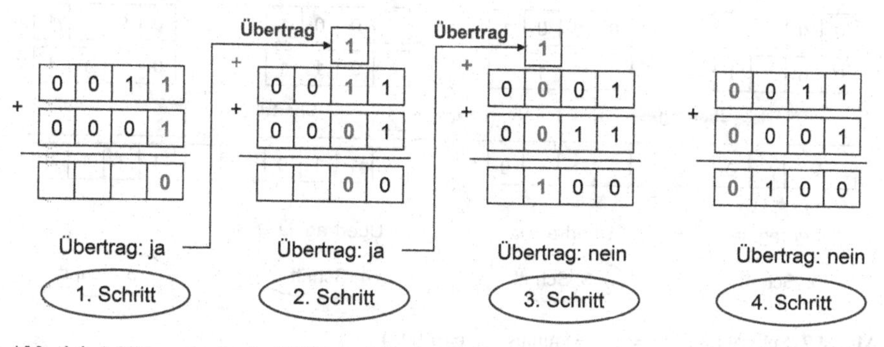

Abb. 4.4 Addition von 3_{10} ($=0011_2$) und 1_{10} ($=0001_2$)

Abb. 4.5 Überlauf bei Addition

Ist der Subtrahend größer als der Minuend, entsteht bei der bitweisen Subtraktion ein fortlaufender Übertrag, der theoretisch nicht endet. Im Folgenden wird anhand von zwei Beispielen die Subtraktion von Dualzahlen mit 4 Bits verdeutlicht. Im zweiten Fall ist der fortlaufende Übertrag erkennbar (Abb. 4.6, 4.7).

Da Multiplikation auf Addition und Division auf Subtraktion zurückzuführen sind, ist der Grundstein für die Dual-Arithmetik gelegt. Dies gilt jedoch nur für positive ganze Zahlen und bietet dem Rechner nur begrenzte Funktionalität. Da auch mit negativen und ferner reellen Zahlen gearbeitet werden soll, kommen darüber hinaus Zahlenkodierungen zur Anwendung.

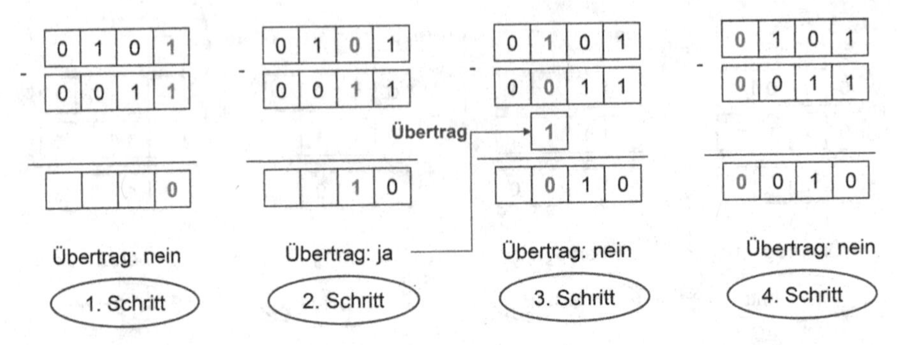

Abb. 4.6 Subtraktion 5_{10} (=0101_2) minus 3_{10} (=0011_2)

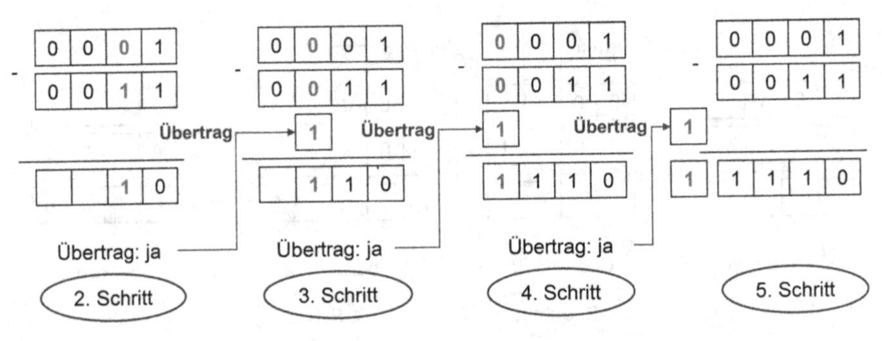

Abb. 4.7 Subtraktion 1_{10} (=0001_2) minus 3_{10} (=0011_2)

4.2.3 Zahlenkodierung

Wird eine feste Anzahl zur Verfügung stehender Bits (*Bitanzahl*) vorgegeben, so kann hierüber nur eine ganz bestimmte Menge Zahlen binär dargestellt werden. Dabei gilt:

Satz 4.4 *Für die Bitanzahl n (d. h. n Bits stehen zur Verfügung) gibt es* 2^n *verschiedene Bitmuster, die zur eindeutigen Kodierung von Zahlen verwendet werden können.*

So stehen für $n=4$ beispielsweise die 16 folgenden Bitmuster (Permutationen von 1en und Nullen) zur Verfügung: 0000, 0001, 0010, 0011, 0100, 0101, 0110, 0111, 1000, 1001, 1010, 1011, 1100, 1101, 1110 und 1111. Diese können, wie im vorherigen Abschnitt beschrieben, verwendet werden, um *positive* ganze Zahlen darzustellen, nämlich die Zahlen von 0 bis 15. Im Folgenden wird zur breiteren Anwendung zwischen 4 verschiedenen Kodierungen von sowohl positiven als auch negativen Zahlen unterschieden. Diese sind: *Vorzeichenzahlen*, *2er Komplement (2K) Zahlen*, *Festkommazahlen* und *Fließkommazahlen*.

Tab. 4.3 Vorzeichenzahl-Kodierung

X_v	X_{n-2}	X_{n-3}	...	X_1	X_0
Vorzeichen	Betrag der ganzen Zahl				

Tab. 4.4 Beispiele für Vorzeichenzahlkodierungen

Zahl	Kodierung
1	00000001
127	01111111
−127	11111111
−19	10010011

Tab. 4.5 2K-Kodierung einer positiven Zahl

X_v	X_{n-2}	X_{n-3}	...	X_1	X_0
Vorzeichen	Zahl				

4.2.3.1 Vorzeichenzahlen

Vorzeichenzahlen beschreiben eine sehr intuitive Abbildungsform *ganzer* Zahlen. Hierbei wird bei einer Bitanzahl n das erste Bit ($X_{n-1} = X_v$) zur Kodierung des Vorzeichens verwendet. $X_v = 1$ bedeutet eine negative Zahl, $X_v = 0$ eine positive Zahl. Die restlichen $n-1$ Bit ($X_{n-2} \ldots X_0$) stehen für die Kodierung des Zahlenbetrags als Dualzahl zur Verfügung, wie in Abschn. 4.2.1 beschrieben (Tab. 4.3).

Hierbei kann die 0 doppelt kodiert werden (positive und negative 0). Bei einer Bitanzahl von $n = 4$ lässt sich die 0 etwa durch 0000 und 1000 kodieren. Der Wertebereich der Vorzeichenzahl-Kodierung liegt symmetrisch bei $[-(2^{n-1}) + 1, (2^{n-1}) - 1]$. So ergibt sich für die Bitanzahl $n = 4$ ein Wertebereich von $[-7, 7]$. Tabelle 4.4 zeigt einige Beispiele für Vorzeichenzahlkodierungen mit 8 Bit auf.

In Abschn. 4.2.2 wurde die Additions- und Subtraktionsarithmetik für (positive) ganze Zahlen dargestellt. Diese Arithmetik gilt auch für die Vorzeichenzahl-Kodierung. Hierbei ist ein Nachteil, dass abhängig der Vorzeichen beider in der Operation vorkommenden Zahlen rechnerintern entweder ein Addierer oder ein Subtrahierer geschaltet werden muss, so dass unterschiedliche Bausteine und Logiken im Rechner integriert sein müssen. Aus diesem Grund greifen heutige Rechner für die Kodierung ganzer Zahlen auf die 2er Komplement (2K) Zahlendarstellung zurück, bei welcher ein Addierer ausreicht.

4.2.3.2 2er-Komplement (2K) Zahlen

Wie in der Vorzeichenzahl-Kodierung, existiert auch in der 2K-Zahlendarstellung ein Bit zur Repräsentation des Vorzeichens. Die Kodierung von positiven Zahlen deckt sich hierbei mit der in Abschn. 4.2.3.1 eingeführten Vorzeichenzahl-Kodierung (Tab. 4.5).

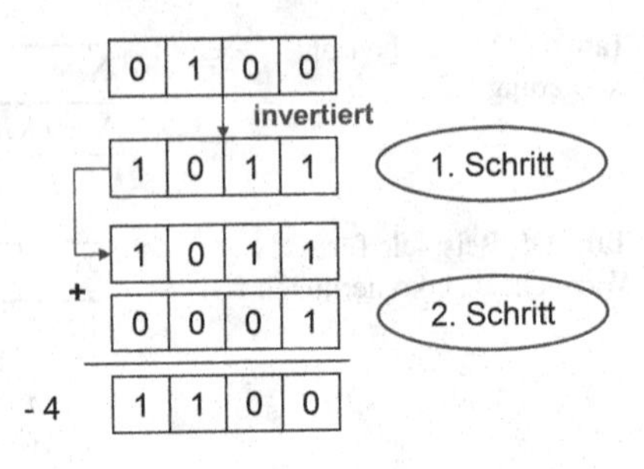

Abb. 4.8 2K-Berechnung

Tab. 4.6 Beispiele für 2K Zahlkodierungen

Zahl	Kodierung
1	00000001
127	01111111
−127	10000001
−19	11101101

Zur Kodierung von negativen Zahlen wird dagegen das so genannte 2er-Komplement gebildet, also das Komplement gegen 2^n. Hierbei repräsentiert n nach wie vor die Bitanzahl. Das geschieht wie folgt:

Schritt 1: Bilde die Binärdarstellung des Betrags der Zahl (mit n Bits) und invertiere alle Bits

Schritt 2: Addiere den Wert 1

Die Bildung des Komplements gegen 2^n lässt sich auch so vorstellen, dass auf negative Dezimalzahlen 2^n aufaddiert wird, und das Ergebnis als Dualzahl *ohne* Vorzeichenkodierung dargestellt wird. Am Beispiel der Zahl -4 mit $n = 4$ Bits heißt das:

- Addiere $2^n = 2^4 = 16$, also $-4 + 16 = 12$
- Stelle die 12 als Dualzahl dar: 1100_2

Zur Überprüfung nach vorherig vorgestelltem Vorgehen (s. Abb. 4.8):

Schritt 1: $|4|_{10} = 0100_2$. Invertierte Bits: 1011_2
Schritt 2: $1011_2 + 0001_2 = 1100_2$

Die 0 ist bei den 2K-Zahlen im Vergleich zu den Vorzeichenzahlen eindeutig kodiert und der Wertebereich liegt bei $[-(2^{n-1}), (2^{n-1}) - 1]$, genau ein Wert mehr als bei den Vorzeichenzahlen. So ergibt sich für eine Bitanzahl $n = 4$ ein Wertebereich von $[-8, 7]$. Tabelle 4.6 zeigt einige Beispiele für 2K-Zahlen mit 8 Bit auf.

Für die Arithmetik lässt sich nun stets ein Addierer verwenden, unabhängig von den Vorzeichen beider in der Berechnung relevanten Zahlen. Das geschieht nach der in Abschn. 4.2.2 erläuterten Vorgehensweise. Auch hier kann es selbstverständlich vorkommen, dass das Ergebnis einer Addition außerhalb des Wertebereichs liegt und somit ungültig ist. Des Weiteren kann es vorkommen, dass bei der bitweisen Addition ein Überlauf auftritt, das Ergebnis jedoch gültig ist. Beide Fälle sind in Tab. 4.7 verbildlicht.

Tab. 4.7 2K Addition – Ergebnis außerhalb Wertebereich (*links*) und Überlauf, aber gültiges Ergebnis (*rechts*)

Addition von $4_{10} = 0100_2$ und $4_{10} = 0100_2$	Addition von $-1_{10} = 1111_2$ und $-1_{10} = 1111_2$
0 1 0 0 (4) + 0 1 0 0 (4) 1 0 0 0 (-1) Das Ergebnis wird falsch interpretiert, da es außerhalb des Wertebereichs liegt.	1 1 1 1 (-1) + 1 1 1 1 (-1) 1 1 1 1 0 (-2) Überlauf, wird ignoriert Es tritt ein Überlauf auf, der ignoriert wird, da das Ergebnis innerhalb des Wertebereichs liegt.

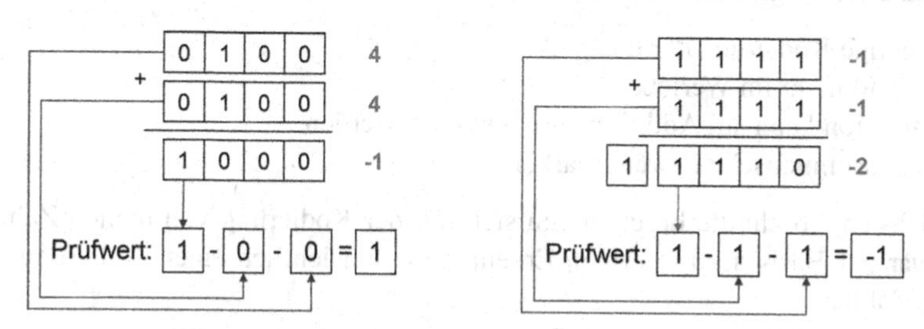

Abb. 4.9 Prüfwertberechnung bei der 2K Addition

Die Korrektheit und somit die Gültigkeit einer 2K-Zahlenaddition kann rechnerintern leicht überprüft werden, und zwar nach Satz 4.5.

Satz 4.5 *Seien* $a = a_{n-1}a_{n-2}\ldots a_1a_0$ *und* $b = b_{n-1}b_{n-2}\ldots b_1b_0$ *zwei zu addierende 2K-Zahlen, mit n Bits kodiert, sowie* $c = c_{n-1}c_{n-2}\ldots c_1c_0$ *das Ergebnis der Addition (ein möglicher Überlauf wird ignoriert). Sei des Weiteren* $v = c_{n-1} - b_{n-1} - a_{n-1}$ *der so genannte Prüfwert der Addition. Das Ergebnis c ist*

- *gültig, wenn* $v = 0$ *oder* -1 *ist*
- *nicht gültig, wenn* $v = 1$ *oder* -2 *ist*

Für die Beispiele aus Tab. 4.7 ergeben sich Prüfwerte wie in Abb. 4.9. Bei Addition von $4+4$ mit 4 Bits ist $c_{n-1} = c_3 = 1$, $b_3 = 0$ und $a_3 = 0$, und somit $v = 1 - 0 - 0 = 1$. Das Ergebnis ist nicht gültig. Bei der Addition von $(-1)+(-1)$ ist $c_3 = 1$, $b_3 = 1$, $a_3 = 1$ und $v = 1 - 1 - 1 = -1$. Trotz des Überlaufs ist das Ergebnis gültig.

Eine weitere wichtige Tatsache der 2K-Zahlendarstellung ist die leichte arithmetische Erweiterbarkeit. Wenn eine 2K-Zahl a mit n Bits alternativ mit $m > n$ Bits dargestellt werden soll, dann gilt für alle weiteren Bits a_i mit $i > n-1$, dass $a_i = a_{n-1}$. In Worten bedeutet das: wenn das linke Bit in der n-Bit Darstellung eine 0 ist, die

Tab. 4.8 Arithmetische Erweiterbarkeit am Beispiel von 8 Bits und 16 Bits

Zahl	Kodierung mit 8 Bits	Kodierung mit 16 Bits
1	00000001	**00000000**00000001
−19	11101101	**11111111**11101101

Tab. 4.9 Festkommazahl-Kodierung

X_{m-1}	X_{m-2}	...	X_0	X_{-1}	...	X_{-p}
Vorkommazahl				Nachkommazahl		

Zahl also positiv ist, dann werden in der m-Bit Darstellung alle weiteren Bits links davon ebenso auf 0 gesetzt. Wenn das linke Bit der n-Bit Darstellung dagegen eine 1 ist, die Zahl also negativ ist, dann werden in der m-Bit Darstellung alle weiteren Bits links davon ebenso auf 1 gesetzt. Als Beispiele sollen die erste und die letzte Zahl aus Tab. 4.6 dienen (Tab. 4.8).

Somit ist die Übertragbarkeit von 2K-Zahlen z. B. von einer 32-Bit Rechnerarchitektur auf eine mit 64 Bits sehr einfach. Die Kodierung des 2er-Komplements ist im Vergleich zu den Vorzeichenzahlen aufwendiger, doch die Vorteile überwiegen. Diese sind im Folgenden noch einmal zusammengefasst:

- eindeutige Kodierung der 0
- eine Zahl mehr im Wertebereich
- Subtraktion kann auf Addition zurückgeführt werden
- leichte arithmetische Erweiterbarkeit

Die nächsten Abschnitte beschäftigen sich mit der Kodierung von reellen Zahlen, und zwar auf Basis der bisherigen Erkenntnisse hinsichtlich einer Kodierung von ganzen Zahlen.

4.2.3.3 Festkommazahlen

Bei der Festkommazahl geht man von einem imaginären Komma an fester Position innerhalb der Kodierung aus. Die Anzahl der Ziffern m für die Vor- und p für die Nachkommazahl ist also fest vorgegeben (mit $p + m = n$) (Tab. 4.9).

Hierbei wird zwischen der Kodierung der Vorkommazahl und der Nachkommazahl unterschieden. Zur Darstellung und Interpretation der Vorkommazahl kann entweder eine Vorzeichenzahl oder 2K-Zahl wie in den vorherigen Abschnitten beschrieben verwendet werden. Der Einfachheit halber wird in den folgenden Beispielen auf die Vorzeichenzahl-Kodierung zurückgegriffen. Die Kodierung der Nachkommazahl lehnt sich an Satz 4.1 an. Eine i-te Nachkommastelle X_{-i} kodiert dabei den Wert $X_{-i} \times 2^{-i}$. Somit bestimmen die Stelle des Kommas und damit die Anzahl p an Ziffern für die Nachkommazahl den minimalen Abstand zweier darstellbarer Zahlen, nämlich 2^{-p}. Ist z. B. $p = 3$, ist die kleinste darstellbare Nachkommazahl $.001_2 = 0 \times 2^{-1} + 0 \times 2^{-2} + 1 \times 2^{-3} = 0.125_{10}$. Die nächstkleinste Nachkommazahl ist $.010_2 = 0 \times 2^{-1} + 1 \times 2^{-2} + 0 \times 2^{-3} = 0.25_{10}$. Beispiele von Festkommazahlen auf Basis von Vorzeichenzahlen sind in Tab. 4.10 dargestellt.

Tab. 4.10 Festkommazahlen – Vorzeichenzahlen für die Vorkommazahl

# Bits Vorkommazahl (m)	# Bits Nachkommazahl (p)	Zahl (Nachkommazahl *unterstrichen*)	Dezimalzahl
5	3	00001**000**	1,0
5	3	10010**110**	−2,75
4	4	0100**1111**	4,9375

Tab. 4.11 Beispiele von Dezimalzahlen, die nicht (exakt) als Festkommazahlen dargestellt werden können

Dezimalzahl	m	p	Begründung
16,0	4	4	Mit 4 Bits lässt sich die 16 nicht als Vorzeichenzahl kodieren.
4,06	4	4	Mit 4 Bits für die Nachkommazahl ist der minimale Abstand zweier darstellbarer Zahlen $2^{-4} = 0{,}0625$. Die Nachkommazahl 0,06 ist nicht durch 0,0625 teilbar.
3,7	3	5	Mit 5 Bits für die Nachkommazahl ist der minimale Abstand zweier darstellbarer Zahlen $2^{-5} = 0{,}03125$. Die Nachkommazahl 0,7 ist nicht durch 0,03125 teilbar.

Tab. 4.12 Fließkommazahl-Kodierung

X_v	X_{e-1}	...	X_{e-e}	X_{m-1}	...	X_{m-m}
Vorzeichen	Exponent E			Mantisse M		

Die in Tab. 4.11 dargestellte, beispielhafte Dezimalzahlen können bei gegebenem p und m nicht dargestellt werden.

Durch die fest vorgegebene Position des Kommas ist der Wertebereich der Festkommazahlen gering, wodurch für gewöhnlich auf die Fließkommazahlen-Kodierung zurückgriffen wird. Diese ist die heute am häufigsten verwendete Kodierung von reellen Zahlen im Rechner.

4.2.3.4 Fließkommazahlen

Bei den Fließkommazahlen ist die Position des Kommas im Vergleich zu den Festkommazahlen nicht fixiert. Der Aufbau von Fließkommazahlen zur Basis 2 (Dualzahlen) ist allgemein wie in Tab. 4.12 dargestellt: (Tab. 4.12)

Eine kodierte Zahl wird wie folgt interpretiert: $-1^{X_v} \times [\text{Mantisse}] \times 2^{[\text{Exponent}]-127}$. Hierbei gilt:

- [Mantisse]: ist der Dezimalwert der Dualzahl $X_{m-1}X_{m-2} \ldots X_{m-m}$
- [Exponent]: ist der Dezimalwert der Dualzahl $X_{e-1}X_{e-2} \ldots X_{e-e}$

Die Anzahl der zur Verfügung stehenden Bits zur Darstellung des Exponenten und der Mantisse ist nach IEEE 754-Standard normiert, abhängig von der zu Grunde liegenden Rechnerarchitektur. Stehen zur Darstellung insgesamt 32 Bits zur Verfügung, dann gilt $e = 8$ und $m = 23$, bei 64 Bits gilt $e = 11$ sowie $m = 52$.

Tab. 4.13 Beispiel Mantisse einer Fließkommazahl

X_{22}	X_{21}	X_{20}	X_{19}	X_{18}	X_{17}	X_{16}	X_{15}	X_{14}	X_{13}	X_{12}	X_{11}	X_{10}	X_9	X_8	X_7	X_6	X_5	X_4	X_3	X_2	X_1	X_0
0	1	0	0	0	0	0	0	0	0	0	0	0	0	0	0	0	0	0	0	0	0	0

Die Mantisse enthält ein imaginäres Komma, das sich prinzipiell an verschiedenen Stellen befinden kann. Ein und dieselbe Zahl könnte auf unterschiedliche Weisen dargestellt werden. So lässt sich die Zahl 8 etwa als 0.5×2^4, als 1.0×2^3, oder als 2.0×2^2 darstellen (es gibt noch viele weitere Möglichkeiten). Auch hierauf geht die Standardisierung ein, indem die Mantisse M auf einen Wert $1 \leq M < 2$ normiert wird. Da somit immer eine 1 vor dem Komma steht, muss diese nicht explizit mit abgebildet werden. Eine mit 23 Bits kodierte Beispiel-Mantisse nach Tab. 4.13 bedeutet z. B. $1.01000\ldots_2 = 1.25_{10}$, obwohl die 1 vor dem Komma nicht mit abgebildet ist.

Um also eine beliebige Dezimalzahl Z als Fließkommazahl zu kodieren, geht man wie folgt vor, später exemplarisch erläutert an der Zahl 66987.7531_{10}.

Schritt 1: Stelle die Vorkommazahl Z_{vor} (in Z) als Vorzeichenzahl dar. Hierbei sollen für den Betrag der Zahl genauso viele Bits verwendet werden, wie nötig. **Notiere das Vorzeichen $\mathbf{X_v}$.**

Schritt 2: Berechne die Binärdarstellung der Nachkommazahl durch m-fache (Anzahl der zur Verfügung stehenden Bits für die Mantisse) Multiplikation der Dezimaldarstellung mit 2 ($Z_{nach} = Z_{nach} \times 2$).

- Ist das Ergebnis ≥ 1, **notiere eine 1** und subtrahiere 1 ($Z_{nach} = Z_{nach} - 1$).
- Ist das Ergebnis stattdessen < 1, **notiere eine 0.**

Schritt 3: Notiere Z_{vor} und Z_{nach} zusammen als Festkommazahl

Schritt 4: Normiere die Festkommazahl aus Schritt 3, indem das Komma solange nach rechts oder links verschoben wird, bis direkt vor dem Komma die letzte 1 steht. **Notiere die Anzahl $\mathbf{v_e}$ der Verschiebungen**. Das Ergebnis dieses Schrittes (ohne die letzte 1!) ergibt die Mantisse M. **Kürze M gegebenenfalls auf die ersten (von links) m Bits**.

Schritt 5: Kodiere den Exponenten E als (ohne Vorzeichen) Dualzahl mit 8 Bits: $(\mathbf{v_e} + 127)$

Schritt 6: Die Gleitkommazahl ergibt sich aus der Konkatenation von X_v, E und M.

Obiges Verfahren soll am Beispiel der zu kodierenden Zahl 66987.7531_{10} verbildlicht werden:

Schritt 1: $Z_{vor} = 010000010110101011_2$. $\mathbf{X_v = 0}$.

Schritt 2:
$$Z_{nach} = 0.7531_{10} \times 2 = 1.5062_{10} \geq 1,$$
$$\rightarrow Z_{nach} = 1.5062_{10} - 1 = 0.5062_{10}, \quad \text{Notiert}: \mathbf{1}$$
$$Z_{nach} = 0.5062_{10} \times 2 = 1.0124_{10} \geq 1,$$
$$\rightarrow Z_{nach} = 1.0124_{10} - 1 = 0.0124_{10}, \quad \text{Notiert}: \mathbf{11}$$

$$Z_{nach} = 0.0124_{10} \times 2 = 0.0248_{10} < 1, \quad \text{Notiert}: 11\mathbf{0}$$

$$Z_{nach} = 0.0248_{10} \times 2 = 0.0496_{10} < 1, \quad \text{Notiert}: 110\mathbf{0}$$

$$Z_{nach} = 0.0496_{10} \times 2 = 0.0992_{10} < 1, \quad \text{Notiert}: 1100\mathbf{0}$$

$$Z_{nach} = 0.0992_{10} \times 2 = 0.1984_{10} < 1, \quad \text{Notiert}: 11000\mathbf{0}$$

$$\ldots$$

Schritt 3: Binäre Festkommazahl $Z_{vor} \times Z_{nach} = 0100000101101010 11.1100000\ldots_2$
Schritt 4: Normierung durch Verschiebung ($\mathbf{v_e = 16}$):
01.00000101101010111100000 ...M = 00000101101010111100000,
nur die ersten 23 Bits werden verwendet
Schritt 5: Exponent $E = v_e + 127_{10} = 16_{10} + 127_{10} = 143_{10} = 10001111_2$
Schritt 6: Konkatenation: 0 10001111 $00000101101010111100000_2$

An Schritt 4 ist erkennbar, dass nicht jede Zahl exakt dargestellt werden kann. Jede Mantisse wird auf 23 Bits geschnitten, so dass gegebenenfalls eine Rundung entsteht.

4.2.4 Zeichenkodierung

Neben Zahlen müssen vom Rechner auch Zeichen verarbeitet werden, z. B. bei der Erstellung eines Microsoft® Office Word Dokuments oder beim Speichern eines Benutzernamens im PDM-System. Zur Kodierung von Zeichen wird auf das Konzept der Dualzahlen zurückgegriffen, indem man jedem Zeichen über eine Abbildungstabelle eine positive Zahl zuordnet.

Die am häufigsten verwendeten Kodierungen sind:

- ASCII Kodierung
- Unicode
- EBCDIC

4.2.4.1 ASCII Kodierung

Der *A*merican *S*tandard *C*ode for *I*nformation *I*nterchange (ASCII) wurde 1967 erstmals als Standard veröffentlicht und umfasst 128 Zeichen, davon 33 nicht druckbare, sowie 95 druckbare. Hierzu gehören das lateinische Alphabet in Groß- und Kleinschreibung, die zehn arabischen Ziffern sowie einige Satz- und Steuerzeichen. Der Zeichenvorrat entspricht somit weitestgehend dem einer Tastatur der englischen Sprache. Ordnet man jedem Zeichen ein Bitmuster zu, dann reichen 7 Bits $X_6X_5X_4X_3X_2X_1X_0$ zur eindeutigen Darstellung aller Zeichen. Die sogenannte ASCII Tabelle stellt die Abbildung von Bitmuster zu Zeichen dar (s. Tab. 4.14).

Dem Zeichen „A“ wird z. B. das Bitmuster 1000001_2 zugeordnet. Auf die Steuerzeichen wird an dieser Stelle nicht näher eingegangen, doch findet sich in Appendix A.1 eine Erläuterung wieder. Obwohl bereits 7 Bits zur eindeutigen Abbildung eines Zeichens ausreichen, stehen in der ursprünglichen ASCII Kodierung tatsächlich 8

Tab. 4.14 ASCII Tabelle

$X_3X_2X_1X_0$	$X_6X_5X_4$							
	000	001	010	011	100	101	110	111
0000	NULL	DLE	SP	0	@	P	`	p
0001	SOH	DC1	!	1	A	Q	a	q
0010	STX	DC2	"	2	B	R	b	r
0011	ETX	DC3	#	3	C	S	c	s
0100	EOT	DC4	$	4	D	T	d	t
0101	ENQ	NAK	%	5	E	U	e	u
0110	ACK	SYN	&	6	F	V	f	v
0111	BEL	ETB	'	7	G	W	g	w
1000	BS	CAN	(	8	H	X	h	x
1001	HT	EM	)	9	I	Y	i	y
1010	LF	SUB	*	:	J	Z	j	z
1011	VT	ESC	+	;	K	[	k	{
1100	FF	FS	,	<	L	\	l	|
1101	CR	GS	–	=	M	]	m	}
1110	SO	RS	.	>	N	^	n	~
1111	SI	US	/	?	O	_	o	DEL

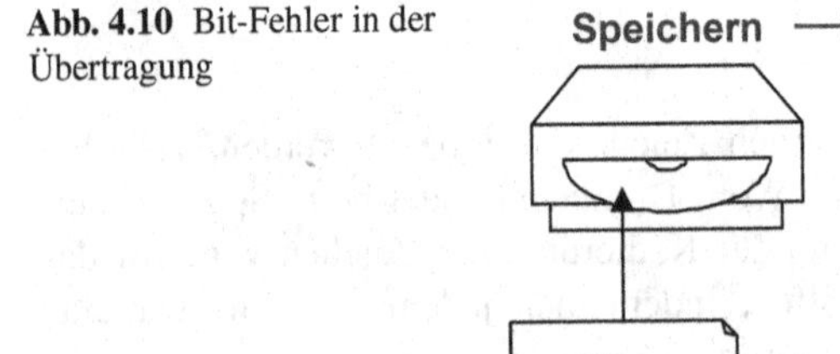
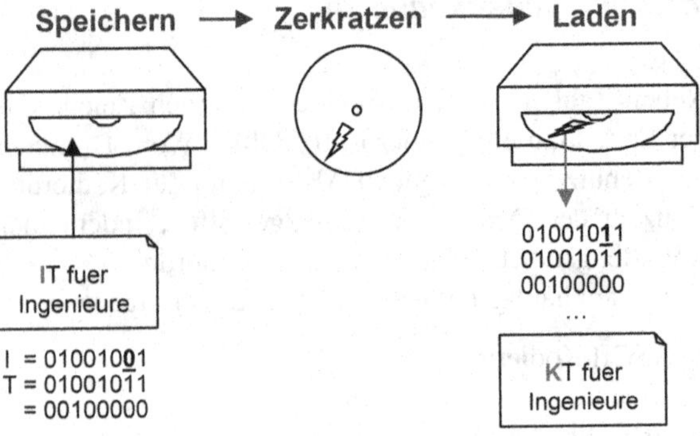

Abb. 4.10 Bit-Fehler in der Übertragung

Bits zur Verfügung. Der Grund hierfür war in erster Linie, dass die kleinste Einheit bei der physikalischen Speicherung von Daten ein Byte (8 Bits) ist. Zur Kodierung wird also ein weiteres Bit X_7 höchstwertig vorangestellt, welches vorerst immer den Wert 0 trägt. Somit wird „A" das Bitmuster 01000001_2 zugeordnet. X_7 kann bei der Übertragung von Daten durch eine Kommunikationsleitung jedoch zur Fehlererkennung verwendet werden, so dass es nicht immer den Wert 0 annimmt.

Bei der Übertragung von Daten kann es vorkommen, dass durch Störungen Bitfehler auftreten. Z. B. kann durch das Zerkratzen einer CD beim Lesevorgang (Laser-Abtastung) eine 0 abgetastet werden, wo eine 1 hätte interpretiert werden sollen. Wird etwa das „I" durch 01001001_2 gespeichert, durch Zerkratzen jedoch 01001011_2 gelesen, kommt „K" als Zeichen für die weitere Datenverarbeitung an (s. Abb. 4.10). Ein anderer Grund für Fehler bei der Datenübertragung kann z. B. ein Rauschen verursacht durch ein elektromagnetisches Feld sein.

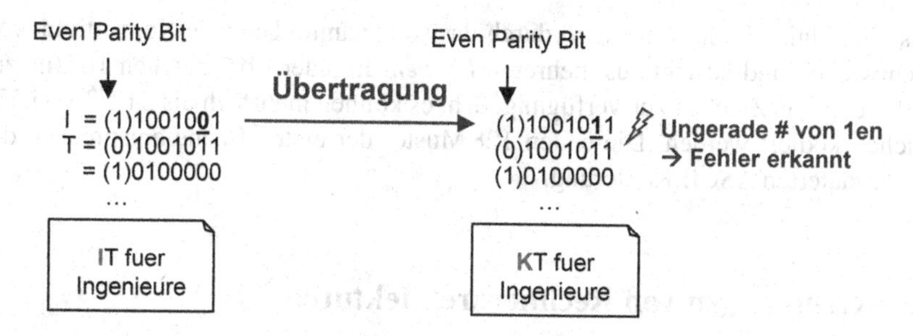

Abb. 4.11 Fehlererkennung durch Paritätsbit

Um Fehlern entgegenzuwirken existieren unterschiedliche Verfahren zur Erkennung und Korrektur solcher. Ein sehr einfaches Fehlererkennungsverfahren für kurze Datenblöcke ist das Ergänzen eines Bitmusters um ein Paritätsbit, damit dadurch die Summe der Einsen im Datenblock immer auf eine gerade oder ungerade Anzahl erweitert wird. Hierbei bedeutet:

- *Even Parity*: Datenblock wird auf eine gerade Anzahl von 1en ergänzt
- *Odd Parity*: Datenblock wird auf eine ungerade Anzahl von 1en ergänzt

Werden alle Datenblöcke z. B. mit Even Parity kodiert, können vereinzelte Fehler in der Übertragung erkannt werden, wenn ein Datenblock eine ungerade Anzahl von 1en besitzt. Wird mit Odd Parity kodiert, können Fehler erkannt werden, wenn ein Datenblock eine gerade Anzahl von 1en besitzt. Wird das achte zur Verfügung stehende Bit eines ASCII Zeichens verwendet, um mit Even Parity zu kodieren, wird das Zeichen „I" beispielsweise als 11001001_2 dargestellt. Liest der Rechner wie oben beschrieben das Muster 11001011_2, ist klar, dass bei der Übertragung ein Fehler aufgetreten ist (s. Abb. 4.11).

Das Ergänzen um ein Paritätsbit ist nur begrenzt von Vorteil. Einige Nachteile dieses Verfahrens sind im Folgenden aufgelistet:

- Es handelt sich um eine Fehlererkennung ohne Möglichkeiten zur Fehlerkorrektur.
- Es werden nur diejenigen Fehler erkannt, bei denen eine ungerade Anzahl von Bits falsch ist. Ist eine gerade Anzahl (≥ 2) von Bits fehlerhaft, hat das auf die „Geradigkeit" der 1en im Muster keinen Einfluss.
- Es wird nicht erkannt, an welcher Stelle im Muster der Fehler aufgetreten ist.
- Wenn lediglich das Paritätsbit falsch übertragen wird, wird dies als Fehler interpretiert.

4.2.4.2 Unicode

Um weitere Zeichen, wie etwa ©, ®, oder ™, sowie unterschiedliche nationale Varianten abbilden zu können, werden mehr als 7 Bits benötigt. So existiert z. B. der Unicode als internationaler Standard zur Abbildung von Zeichen auf mehrere

Bits. Der Unicode Standard wird durch das so genannte Unicode Konsortium weiterentwickelt und besteht aus mehreren *Ebenen*. In jeder Ebene stehen 16 Bits zur Kodierung von Zeichen zur Verfügung, d. h. es können mehrfach bis zu $2^{16} = 65.536$ Zeichen kodiert werden. Die ersten 128 Muster der ersten Ebene entsprechen der obig erläuterten ASCII Kodierung.

4.3 Grundlagen von Rechnerarchitekturen

Nachdem technische sowie mathematische Grundlagen zur Kodierung von Zahlen und Zeichen im Rechner behandelt wurden, werden in diesem Abschnitt die Grundlagen des inneren Aufbaus sowie der Arbeitsweise von Rechnern vermittelt. Hierbei handelt es sich genauer um die Erörterung der Basiskomponenten, die den Hardware-Anteil eines Rechners ausmachen. Vorher soll ein kleiner Blick auf die historische Entwicklung von Rechnern geworfen werden.

4.3.1 Entwicklungshistorie von Rechnern

Der Einsatz von digitalen Rechnern entlastet den Menschen vielfach, vereinfacht diverse Aufgaben. Diesem Einsatz liegt eine über 50 Jahre lange Entwicklungs- und Produktionshistorie zu Grunde, in der angelehnt an [LEV-02] und [KER-09] insbesondere zwischen 4 Rechnergenerationen unterschieden werden kann. Diesen gehen jedoch weitere Jahre der Erforschung theoretischer Konzepte voraus. Hierzu zählt etwa die Lochkartentechnik mit mechanischem Speichermedium von Hermann Hollerith, die ab 1890 zur Volkszählung eingesetzt wurde. Die Auswertung dauerte im Vergleich zur vorherigen Zählung (ca. 7 Jahre) nur noch etwa 4 Wochen.

1. Generation: Röhrenrechner
In der ersten Generation dienten gasgefüllte oder vakuumisierte Elektronenröhren als elektrische Bauelemente, in dem sich Anode, Kathode und mehrere Elektroden befanden. In dieser Konstruktion lässt sich der Elektronenfluss von Kathode zu Anode durch ein Steuergitter, welches durch Spannung ein elektrisches Feld erzeugt, hemmen oder verstärken. Die Konzeptentwicklung des Digitalrechners von John von Neumann, 1945 veröffentlicht, stellt einen Meilenstein in der Entwicklungshistorie dar, denn die vorgestellte Architektur dient für heutige digitale Rechner als Grundlage (Abb. 4.12).

2. Generation: Transistorrechner
Die zweite Generation kann als Übergang in die dritte Generation verstanden werden. Die zu Grunde liegende Transistortechnologie stellt eine Alternative zu den Elektronenröhren für die Manipulation von Stromflüssen dar und hat sich auf Grund des geringeren Energieverbrauchs und der geringeren Größe schnell durchgesetzt.

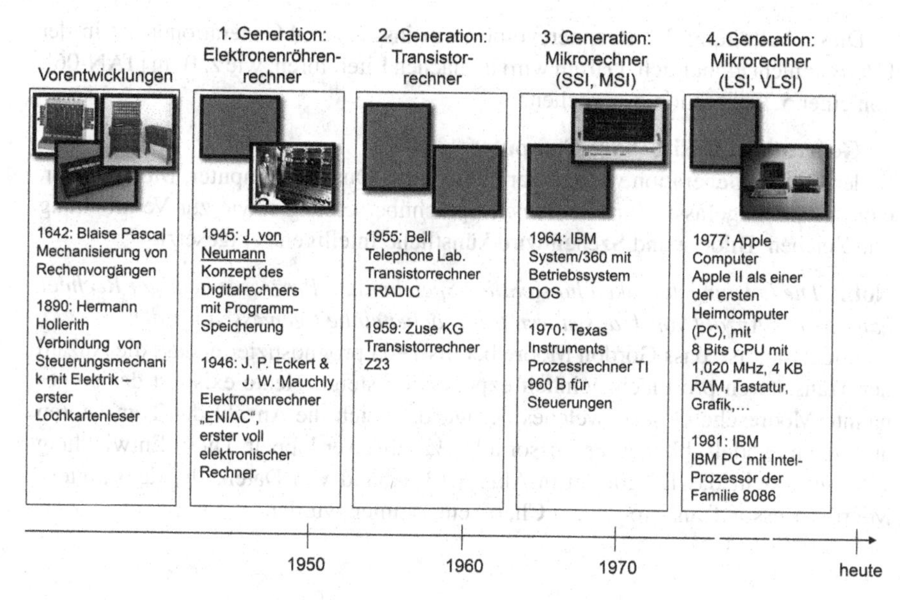

Abb. 4.12 Rechnergenerationen. (vgl. [KER-09])

Ein Transistor basiert auf einem Halbleitermaterial, für gewöhnlich Silizium. Durch einen so genannten Kanal im Siliziumsubstrat fließt nur dann Strom, wenn isoliert vom Kanal eine bestimmte Spannung erzeugt wird.

Definition 4.5 *Ein **Transistor**, kurz für Transfer Resistor, ist ein elektronisches Halbleiter-Element zum Schalten, d. h. Durchlassen oder Sperren und Verstärken von elektrischen Signalen (Strom).*

3. Generation: Integrierte Schaltkreise
Wird eine feste Anzahl Transistoren fest verdrahtet auf einer Halbleiterplatine angebracht, wird von einem integrierten Schaltkreis (engl.: Integrated Circuit, IC) gesprochen, der als wesentliche Technologie die dritte Generation eingeleitet hat. Die entstehenden Mikrorechner lassen sich nach [TAN-06] abhängig der absoluten Anzahl verwendeter Transistoren in einem integrierten Schaltkreis kategorisieren, dem so genannten Integrationsgrad. Die ersten IC enthielten nur weniger als 10 Transistoren; man spricht von einer Small Scale Integration (SSI). Bei bis zu 100 Transistoren spricht man von Medium Scale Integration (MSI). Mikrorechner mit noch mehr Transistoren im Schaltkreis läuteten die vierte Rechnergeneration ein.

4. Generation: Hoch-integrierte Schaltkreise
In der vierten Generation wird ab einer Anzahl von 100 Transistoren von hoch-integrierten Schaltungen gesprochen. Diese Generation hält bis heute an, die zu Grunde liegenden Schaltungen finden sich sowohl in herkömmlichen Heimcomputern (PCs), als auch in eingebetteten Systemen wieder, wobei mittlerweile mehrere Millionen Transistoren auf einen Schaltkreis kommen.

Diese Aufteilung der Rechnerevolution in insgesamt 4 Generationen ist in der Literatur nicht einheitlich. Darum wird in machen Literaturen, wie z. B. in [TAN-06], von einer 5. Generation gesprochen.

5. Generation: Unsichtbare Computer
In der fünften Generation werden Parallelrechner, Quantencomputer, Biocomputer, etc. zusammengefasst. Zur simultanen Sprachübersetzung sowie zur Verarbeitung von Zeichen, Bildern und Szenen wird künstliche Intelligenz eingesetzt.

Notiz *Die Leistungsfähigkeit hinsichtlich Speicher und Prozessor heutiger Rechner kann an der Anzahl von Transistoren pro Flächeneinheit gemessen werden.*

Interessant ist, dass Gordon Moore bereits 1965 prognostizierte, dass die Anzahl der Transistoren pro Flächeneinheit exponentiell steigt. Heute existiert das so genannte Mooresche Gesetz, welches besagt, dass sich die Anzahl der Transistoren auf einem handelsüblichen Prozessor alle 1½ Jahre verdoppelt. Diese Entwicklung veranschaulicht das Diagramm in Abb. 4.13 anhand von Daten, die dem „Intel® Microprocessor Transistor Count Chart“ entnommen wurden.

4.3.2 Klassen von Rechnern

Obwohl hinter allen Rechnern ähnliche Hardwaretechnologien stecken, stellen die unterschiedlichen Einsatzbereiche von Rechnern unterschiedliche Anforderungen an den Entwurf. Die grundlegenden Hardwaretechnologien werden also unterschiedlich eingesetzt [PAT-05]. Im Allgemeinen wird zwischen drei Klassen von Rechnern unterschieden: *Arbeitsplatzrechner, Server* und *Eingebettete Rechner* (Im Engl. *Embedded Computers*).

1. Klasse: Arbeitsplatzrechner
Hierzu gehören Personal Computer (PCs) und Workstations. Der primäre Zweck eines Arbeitsplatzcomputers ist die Interaktion zwischen Benutzer und Anwendungsprogrammen. Entsprechend typische Anforderungen sind:

- geringe Geräuschentwicklung bei Festplatte und Lüftern
- benutzerfreundlicher Bildschirm
- netzwerkfähiges und mehrbenutzerfähiges Betriebssystem

2. Klasse: Server
Unter einem Server (aus Hardware-Perspektive) wird letztendlich ein Rechner verstanden, der anderen Systemen bestimmte Leistungen zur Verfügung stellt. Mailserver, Webserver und Applikationsserver sind Beispiele. Typische Anforderungen sind:

- hohe Zuverlässigkeit
- geringe Grafikleistung
- hoher In- und Output Durchsatz

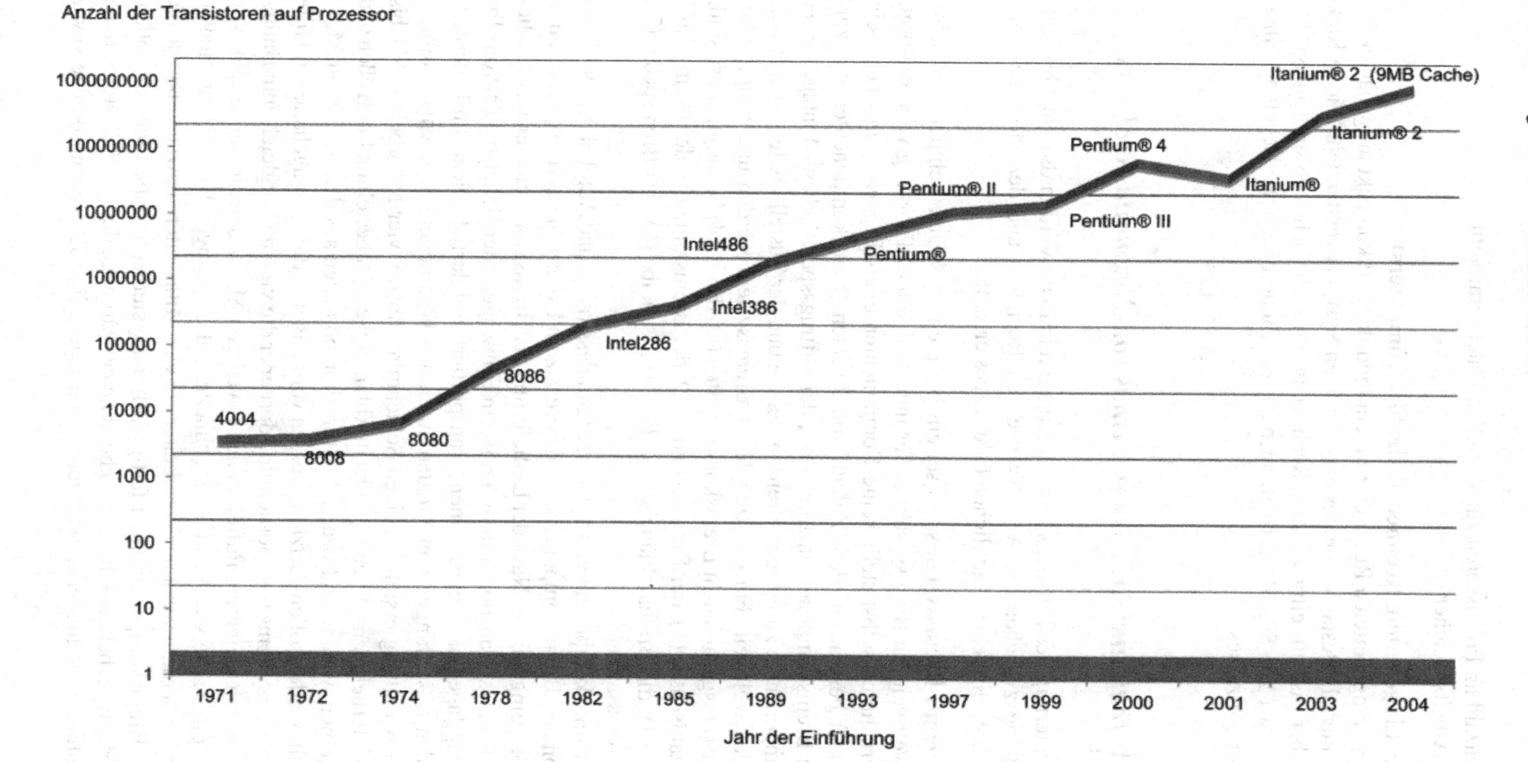

Abb. 4.13 Mooresches Gesetz an Beispiel-Prozessoren. (Zahlen nach Intel® Microprocessor Transistor Count Chart)

- hohe Anzahl an Prozessoren zur schnellen Datenverarbeitung
- großer Arbeitsspeicher

3. Klasse: Eingebettete Rechner (embedded computers)
Unter einem eingebetteten Rechner wird ein modular und kompakt aufgebauter Industrierechner als Bestandteil eines eingebetteten Systems verstanden. Wie in Kap. 3 beschrieben, ist ein eingebetteter Rechner in ein technisches System integriert, und dient etwa zur Signalverarbeitung oder zur Steuerung bzw. Regelung eines technischen Prozesses.

4.3.3 Aufbau und Arbeitsweise eines von-Neumann-Rechners

Zur Erleichterung des Einstiegs in die Rechnerarchitektur wird in diesem Abschnitt eine Analogie zwischen der Arbeitsweise von Rechnern und der Montage eines Bremssystems eines herkömmlichen Fahrzeuges erstellt.

Montage eines Bremssystems Es sei ein beispielhaftes Unternehmen, das seine Kunden weltweit mit Bremssystemen für unterschiedliche Fahrzeugtypen versorgt. Das Unternehmen selbst stellt keine Komponenten eines Bremssystems her. Sein Kerngeschäft besteht aus dem Zukauf von diversen Bremskomponenten von zertifizierten Bremskomponentenzulieferern, der auftragsspezifischen Montage dieser Bremskomponenten zu fertigen Bremssystemen und der Zustellung letzteres zu seinen Kunden weltweit. Für ein komplettes Bremssystem werden unabhängig vom Fahrzeugtyp insgesamt acht Bremskomponenten (s. Abb. 4.14) benötigt. Diese sind: der Drehzahlsensor (1), der Bremszylinder (2), der Bremsklotz (3), der Bremskraftverstärker (4), die Bremsschläuche (5), die Bremsscheibe (6), das Bremspedal (7), und der Bremssattel (8).

Diese Bremskomponenten werden über Bundesstraßen und Autobahnen per Lastwagen von den Bremskomponentenzulieferern zum Unternehmen transportiert, und dort an Tor 2 eingeliefert. Nach der Einlieferung der Bremskomponenten werden diese mit Hilfe eines Transportsystems (z. B. ein Hubwagen oder Gabelstapler) vom Tor in das Hauptlager des Unternehmens transportiert und dort abgelegt. Im Unternehmen werden Bestellungen von Kunden durch den Vorarbeiter entgegengenommen. An jedem Arbeitstag erstellt er einen Schichtplan für die vier Mitarbeiter (M1 bis M4) des Unternehmens. Er entscheidet in Abhängigkeit der bestellten Losgrößen und Fahrzeugtypen, welche und wie viele Bremskomponenten aus dem Lager zur Montage geholt werden sollen. Letztere werden vom Lager in die Montagehalle mit Hilfe eines Transportsystems transportiert und dort über die vier, im Vergleich zum Hauptlager wesentlich kleineren, Puffer an den jeweiligen Montagestationen verteilt. Von Dort aus können die vier Mitarbeiter schneller auf die nötigen Bremskomponenten zugreifen. Außerdem weist der Vorarbeiter die vier Mitarbeiter an, wann und wie die einzelnen Bremskomponenten zu fertigen Bremssystemen montiert werden sollen. Die Mitarbeiter arbeiten dementsprechend an der Montage der Bremssysteme unter Zuhilfenahme verschiedener Werkzeuge und lagern ihre Zwischenprodukte sowie

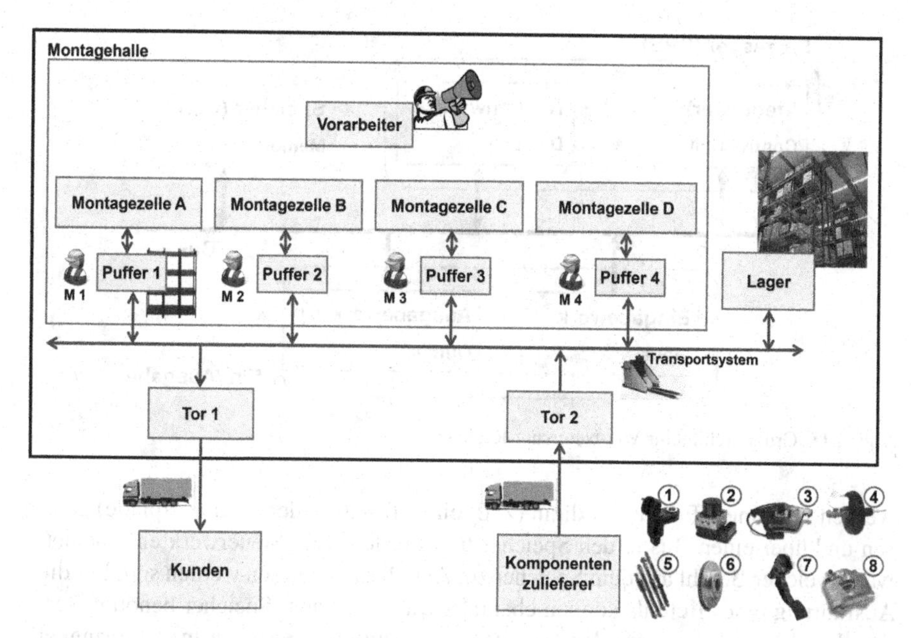

Abb. 4.14 Montage von Bremskomponenten als Analogie zum Rechner

fertiggestellten Bremssysteme in den Puffern an den Montagestationen. Die fertig montierten Bremssysteme werden am Ende des Arbeitstages von den Puffern an den Montagestationen in das Hauptlager transportiert. Von dort aus werden sie über das Tor 1 zu den Kunden wieder per Lastwagen transportiert.

Ausführung eines Befehls im Rechner Zum Verständnis der Ausführung von Befehlen im Rechner bedarf es einer kurzen Einführung in die grundlegende Architektur von Rechnern, welche als Plattform für die Befehlsausführung dient. Die heute noch am häufigsten eingesetzte Architektur für Rechner wurde 1945 von John Von Neumann veröffentlicht, damals gemeinsam mit Eckert, Mauchly und Anderen entwickelt. Die Grundidee der Von-Neumann-Architektur war die gemeinsame Ablage von Befehlen und Daten in binärer Form in einem gemeinsamen Speicher. Diese Architektur führte zu einer Revolution der Datenverarbeitung. Ein Von-Neumann-Rechner besteht aus fünf grundlegenden Komponenten, wie in Abb. 4.15 dargestellt. Diese sind: *Speicherwerk*, *Rechenwerk*, *Steuerwerk*, *Eingabewerk* und *Ausgabewerk*. Diese Komponenten sind über ein gemeinsames Medium (den *Bus*) verbunden [PAT-05, TAN-06]. Steuerwerk (im Engl. *Control Unit*) und Rechenwerk (im Engl. *Arithmetic Logic Unit*, kurz: ALU) bilden gemeinsam das Gehirn eines Rechners: den sogenannten *Prozessor* (im Engl. *Central Processing Unit*, kurz CPU). Abbildung 4.15 verdeutlicht den Zusammenhang zwischen diesen unterschiedlichen Komponenten in einem von-Neumann-Rechner.

Die Befehlsausführung gestaltet sich mit Hilfe der fünf von-Neumann Komponenten wie folgt: Es werden Daten und Befehle zur Verarbeitung benötigt. Diese

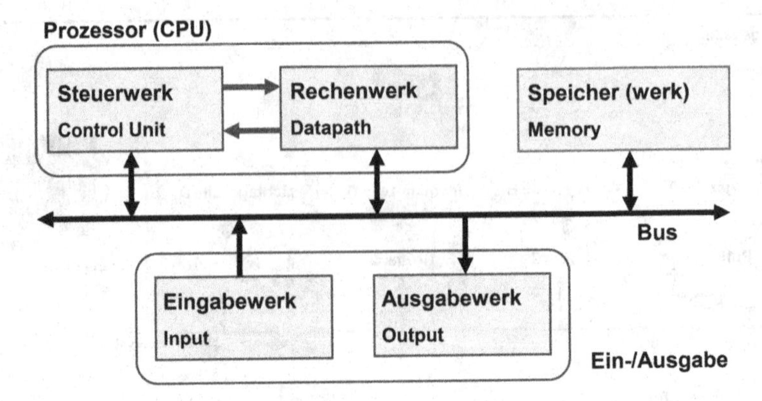

Abb. 4.15 Grundarchitektur Von-Neumann-Rechner

werden von einem Eingabemedium (z. B. einer Tastatur oder einer Festplatte) gelesen und über einen Bus in den Speicher transportiert. Das Steuerwerk entscheidet, wann welcher Befehl aus dem Speicher zur Ausführung gelesen werden soll. Für die Ausführung eines Befehls können ebenfalls Daten aus dem Speicher benötigt werden. Befehle und Daten werden nach dem Lesen aus dem Speicher in so-genannten *Registern* im Prozessor abgelegt. Das Rechenwerk führt gemäß einem auszuführenden Befehl bestimmte Rechenoperationen aus, um die Daten zu manipulieren. Das Rechenwerk wird dabei vom Steuerwerk gesteuert. Das Ergebnis der Befehlsausführung wird gegebenenfalls vorübergehend in einem Register und anschließend im Speicher hinterlegt, um es zu einem späteren Zeitpunkt über ein Ausgabemedium auszugeben (z. B. Bildschirm, Drucker).

Analogie zwischen der Bremssystem-Montage und der Befehlsausführung Im Allgemeinen lassen sich folgende Ähnlichkeiten feststellen:

1. Zur Montage eines Bremssystems werden diverse Bremskomponenten benötigt. **Ähnlichkeit:** Bei der Befehlsausführung werden Daten und Befehle benötigt.
2. Bremskomponenten werden per Lastwagen über Bundesstraßen und Autobahnen von den Bremskomponentenzulieferern zum Unternehmen und dort vom Tor in das Lager transportiert. **Ähnlichkeit:** Im Rechner werden Daten und Befehle von einem Eingabemedium über einen Bus in den Hauptspeicher transportiert.
3. An einem Arbeitstag entscheidet der Vorarbeiter welche für die Montage notwendigen Bremskomponenten vom Lager in die Puffer an den jeweiligen Montagestationen in der Montagehalle transportiert werden sollen. **Ähnlichkeit:** Im Rechner entscheidet das Steuerwerk, welche Befehle und welche Daten vom Speicher in die Register des Prozessors transportiert werden sollen.
4. Die Montage der Bremskomponenten zu fertigen Bremssystemen wird von Mitarbeitern übernommen, und zwar unter Anweisung des Vorarbeiters. **Ähnlichkeit:** Im Rechner ist das Rechenwerk für die Datenmanipulation zuständig und wird dabei vom Steuerwerk gesteuert.

Tab. 4.15 Vergleich Bremsmontageprozess und Befehlsausführung

Bremsmontage	Befehlsausführung
Bremskomponente	Befehle, Daten
Mitarbeiter	Rechenwerk
Vorarbeiter	Steuerwerk
Montagehalle	Prozessor
Puffer in der Montagehalle	Register im Prozessor
(Haupt-)Lager	(Haupt-)Speicher
Kunde, Zulieferer	Ein-/Ausgabe
Transportnetz	Bus

5. Die Mitarbeiter lagern die Zwischenprodukte sowie die fertiggestellten Bremssysteme zwischenzeitlich in Puffern ab. **Ähnlichkeit**: Im Rechner werden die (Zwischen-) Ergebnisse nach der Ausführung eines Befehls in Registern abgelegt.
6. Später werden die fertiggestellten Bremssysteme in die Lager transportiert und von dort aus an die Kunden weltweit geschickt. **Ähnlichkeit**: Im Rechner werden Ergebnisse von den Registern in den Speicher transportiert, und von dort zu einem Ausgabemedium.

Zusammenfassend stellt Tab. 4.15 einen Überblick über die Ähnlichkeiten zwischen den unterschiedlichen Elementen einer Bremsmontage und einer Befehlsausführung im Rechner dar.

Im Folgenden wird näher auf die unterschiedlichen Komponenten einer von-Neumann-Architektur eingegangen.

4.3.3.1 Der Speicher

In der von-Neumann-Architektur nimmt der Speicher eine zentrale Rolle ein. Er übernimmt nach den von-Neumann-Prinzipien die Speicherung, in ununterscheidbarer binärer Form, von Befehlen und Daten im Rechner. Es existieren unterschiedliche Speichereinheiten.

Speicherorganisation Speicher dienen hauptsächlich der Datenspeicherung. Neben dieser Aufgabe müssen zusätzlich Infrastrukturen zur Suche und zum Lesen von im Speicher enthaltenen Daten und Befehlen angeboten werden. Grundlegend besteht ein Speicher aus mehreren Zeilen mit jeweils mehreren Speicherzellen. Jede Speicherzelle kann eine Informationseinheit aufnehmen, also ein Bit. Damit Daten und Befehle strukturiert abgelegt und wiedergefunden werden können, hat jede Zeile im Speicher eine eindeutige Adresse, die sogenannte *Speicheradresse*.

Ein Speicher mit beispielsweise x Zeilen hat dementsprechend einen Adressraum von 0 bis $x-1$. Alle Zeilen im Speicher haben außerdem die gleiche Anzahl an Speicherzellen. Somit lässt sich ein Speicher als eine einfache 2-dimensionale Matrix bildlich darstellen (s. Abb. 4.16). Besteht eine Zeile aus n Bits, so lassen sich in dieser Zeile 2^n unterschiedliche Bitkombinationen speichern. Die Bedeutung der Größe einer Zeile (also n) im Speicher ist, dass sie die kleinste adressierbare Einheit darstellt. Ist z. B. $n = 8$, so ist die kleinste adressierbare Einheit 1 Byte (= 8 Bits).

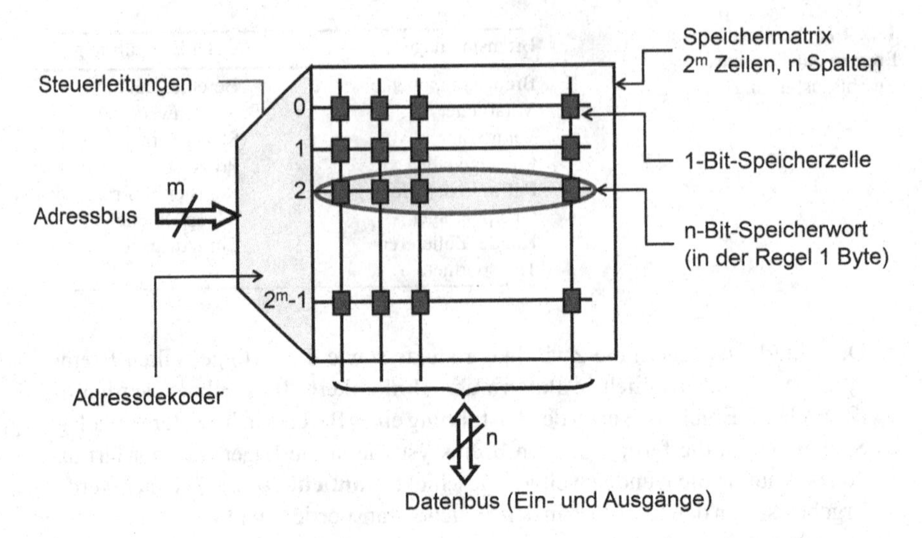

Abb. 4.16 Grundlegender Aufbau eines Speichers

Neben der Infrastruktur zur eigentlichen Datenspeicherung besitzt ein Speicher einen *Adressdekoder* sowie Leitungen für die Ein- und Ausgabe von Daten und für die Steuerung des Speichers. Der Adressdekoder ist mit dem *Adressbus* verbunden und seine Aufgabe besteht darin, beim Anlegen einer bestimmten Speicheradresse auf dem Adressbus die entsprechende Zeile im Speicher zu aktivieren. Danach wird über Steuerleitungen entschieden, ob die aktivierte Zeile gelesen oder beschrieben werden soll. Gelesene, sowie zu schreibende Daten werden über einen *Datenbus* transportiert. Dabei hängt die Breite des Adressbusses von der Gesamtgröße des Speichers ab. Angenommen, es sei ein Speicher mit einer Speicherkapazität von insgesamt 64 Bits zu entwerfen. Da die einzelnen Zeilen eines Speichers stets die gleiche Größe haben müssen, bieten sich nur ganzzahlige Teiler der Zahl 64 als mögliche Kandidaten für die Größe einer Zeile an. Das sind die Zahlen 1, 2, 4, 8, 16, 32, und 64 selbst. Die Entscheidung für die Wahl einer dieser Zahlen hat direkten Einfluss auf die Größe des Adressraumes, und somit auch auf die Breite des Adressbusses.

In Abb. 4.17 werden die Fälle bei der Auswahl der Zahlen 4, 8 und 16 bildlich dargestellt. Leicht zu erkennen ist die Verringerung bzw. Vergrößerung des Adressraumes mit steigender bzw. sinkender Größe einer Zeile.

In den letzten Jahren hat sich bei nahezu allen Rechnerherstellern 8 Bits als Standard-Größe einer Zeile etabliert [TAN-06]. Somit haben heutige Speicher meistens ein *Speicherwort* der Größe von einem Byte. Folglich kann festgehalten werden, dass sich die Breite des Adressbusses aus der maximalen Anzahl der direkt adressierbaren Zeilen im Speicher ermitteln lässt.

Speicherhierarchie In einem Rechner können unterschiedliche Speichereinheiten unterschiedlicher Größe existieren. Oftmals ist ein direkter Zusammenhang zwischen der Kapazität und der Geschwindigkeit eines Speichers zu beobachten. Je

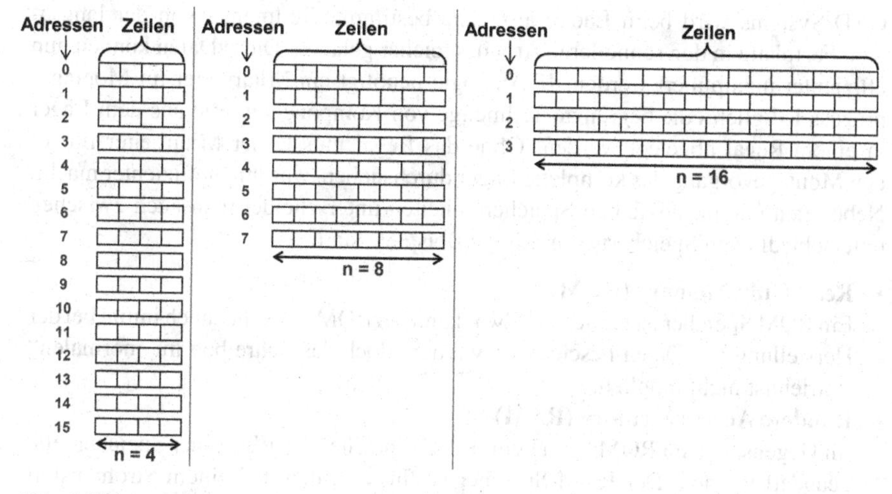

Abb. 4.17 Mögliche Speicherorganisationen bei fester Speichergröße

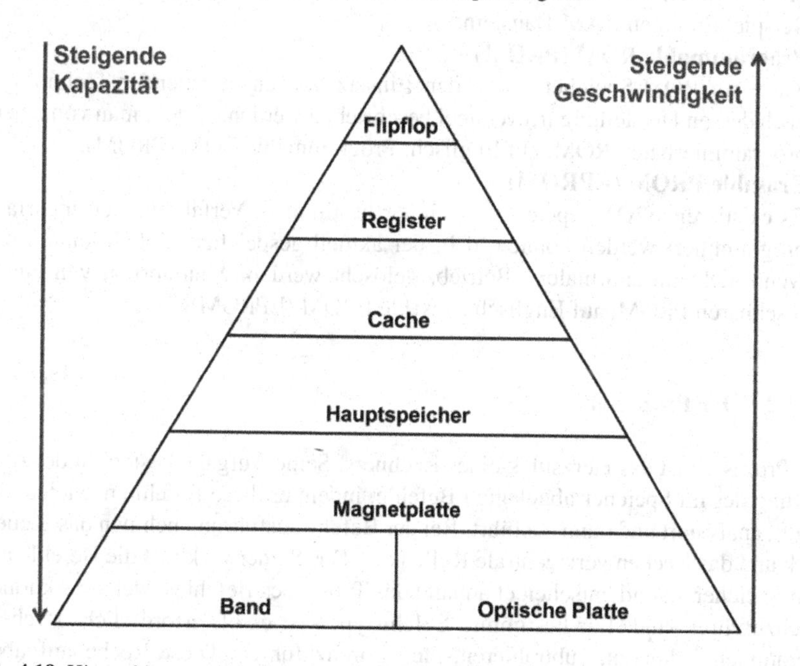

Abb. 4.18 Hierarchie unterschiedlicher Speichereinheiten

kleiner der Speicher, desto schneller der Zugriff. Abbildung 4.18 stellt die Hierarchie unterschiedlicher Speichereinheiten dar.

Der Grund für den Einsatz unterschiedlicher Speicher einheiten liegt in dem stets variierenden Bedarf an zu verarbeitenden Daten. Während für einen Konstrukteur etwa eine Vielzahl von Konstruktionen auf der Festplatte abgelegt ist, benötigt er für einen Änderungsprozess nur einen Auszug davon. Bei der Ausführung eines

CAD-Systems wird beim Laden also eine bestimmte Teilmenge von der langsamen Festplatte in den schnelleren Arbeitsspeicher geladen. Diese Daten können nun effizienter manipuliert werden. In Analogie benötigt ein Mitarbeiter im Montageprozess lediglich eine begrenzte Teilmenge von Komponenten, die aus dem Lager in einem Regal abgelegt werden. Ohne das Regal müsste der Mitarbeiter für jeden Montagevorgang das komplette Lager durchsuchen, was ihn ineffizienter macht. Neben den unterschiedlichen Speichereinheiten unterscheidet man auch zwischen unterschiedlichen Speichertypen. Einige Beispiele sind:

- **Read Only Memory (ROM)**
  Ein ROM Speicher ist nur lesbar. Zwar kann ein ROM-Speicher auch initial bei der Herstellung mit Daten beschrieben werden, doch das Schreiben im „normalen" Betrieb ist nicht möglich.
- **Random Access Memory (RAM)**
  Im Gegensatz zum ROM kann beim RAM-Speicher der Wert einer Speicherzelle geändert werden. Der RAM-Speicher ist flüchtig, d. h. bei einem Stromausfall geht der Inhalt verloren. In einem PC beschreibt der Arbeitsspeicher ein typisches Beispiel für einen RAM-Baustein.
- **Programmable ROM (PROM)**
  Kann ein ROM-Speicher durch den Einsatz von entsprechender Technologie nach dessen Herstellung irreversibel beschrieben werden, spricht man von einem programmierbaren ROM, auf Englisch: Programmable ROM (PROM).
- **Erasable PROM (EPROM)**
  Es existieren PROM-Speicher, die unter bestimmten Verfahren auch mehrfach programmiert werden können, d. h. der aktuell gespeicherte Inhalt kann, auch wenn nicht im „normalen" Betrieb, gelöscht werden. Man spricht von einem löschbaren PROM, auf Englisch Erasable PROM (EPROM).

4.3.3.2 Der Prozessor

Der Prozessor ist das Herzstück eines Rechners. Seine Aufgabe besteht in der Ausführung der im Speicher abgelegten Befehle, indem er diese Befehle nacheinander abruft, analysiert und dann ausführt. Bei der Befehlsausführung nehmen das Steuerwerk und das Rechenwerk zentrale Rollen ein. Das Steuerwerk ruft die Befehle aus dem Speicher ab und entscheidet anhand des Typs eines Befehles, welche Aktionen durchzuführen sind. Für bestimmte Befehlstypen ist es oft erforderlich, Rechenoperationen (addieren, subtrahieren, etc.) durchzuführen. Diese Rechenaufgaben werden vom Rechenwerk durchgeführt. Im Prozessor selbst existieren ebenfalls Speicher in Form von Registern, die dazu dienen Daten und Befehle effizient zwischenzuspeichern. Damit jedoch ein Befehl korrekt vom Steuerwerk interpretiert werden kann, muss dieser in einer vorgegebenen Form vorliegen, was genauer gesagt heißt, er muss einem Wort „in der Sprache des Rechners" entsprechen und die Grammatik dieser Sprache einhalten.

Sprechen Sie die Sprache des Computers? Rechner haben wie Menschen auch eigene Sprachen. Um einem Rechner mitzuteilen, was er zu tun hat, ist dessen Sprache zu benutzen. Jeder Rechner besitzt somit einen wohldefinierten Satz an Wörtern, die zusammen einen Wortschatz bilden.

Definition 4.6 *Unter einem **Befehl** versteht man ein Wort der Sprache eines Rechners. Ein Befehl stellt eine eindeutig definierte Ausführungsanweisung an den Prozessor eines Rechners. Die Menge der zulässigen Befehle eines Rechners wird als **Befehlsvorrat** oder **Befehlssatz** bezeichnet.*

Da die meisten Rechner auf der von-Neumann-Architektur basieren, ähneln sich ihre Befehlsätze sehr. Aus diesem Grund ist es in der Regel sehr einfach einen neuen Befehlssatz zu erlernen, wenn bereits ein anderer bekannt ist. Diesem Sachverhalt entspricht in der menschlichen Sprache etwa das Erlernen eines neuen Dialektes anstatt einer ganz neuen Sprache. Die Verwendung von Wörtern aus einem Wortschatz reicht zur korrekten Satzbildung nicht aus, um die Korrektheit eines Satzes sicherzustellen. Ebenfalls muss bei der Formulierung von Befehlen an einen Rechner eine bestimmte Grammatik berücksichtigt werden. Eine solche Grammatik drückt in etwa aus, welche Informationen an welcher Stelle in einem Befehl wiedergefunden werden sollten. In dieser Hinsicht haben Befehle ein bestimmtes Format: das sogenannte *Befehlsformat*. Jedoch können in Abhängigkeit von der Rechnerarchitektur Befehle eines Rechners unterschiedliche Länge haben. Gleichlange Befehle mit unterschiedlicher Struktur sind für den Hardware-Entwurf wesentlich einfacher als unterschiedlich lange Befehle.

Definition 4.7 *Unter der **Wortbreite** eines Rechners versteht man die Länge (Anzahl der Bits) der bearbeitbaren Befehle.*

Der Einfachheit halber wird in diesem Buch angenommen, dass alle Befehle eines Rechners immer die gleiche Länge haben. Das Format der Befehle eines Rechners hängt stark von der Rechnerarchitektur ab. Wichtig ist, dass jeder Befehl korrekt formatiert vorliegen muss, damit er vom Steuerwerk richtig interpretiert werden kann. Abschnitt 4.3.3.3 widmet sich dieser Thematik am Beispiel einer Rechnersimulation. Im folgenden wird im Allgemeinen die Befehlsverarbeitung im Rechner erörtert.

Datenpfad für die Ausführung arithmetischer Befehle Da ein Rechner mindestens arithmetische Befehle ausführen kann, wird eine solche Befehlsbearbeitung im Prozessor einer von-Neumann-Architektur am Beispiel eines einfachen Additions-Befehls dargestellt. Die Bearbeitung folgt einem sogenannten *Datenpfad*. Dieser besteht aus Registern, dem Rechenwerk und mehreren Bussen, die die einzelnen Elemente des Datenpfades miteinander verbinden (s. Abb. 4.19) [TAN-06].

Die Register aus dem *Registersatz* münden in zwei Eingaberegister der ALU. In Abhängigkeit der im Befehl enthaltenen Informationen werden die zwei für eine Addition notwendigen Werte aus entsprechenden Registern in die zwei Eingaberegister der ALU (in Abb. 4.19 sind das die Register mit den Beschriftungen **E1** und **E2**) durchgelassen. Die ALU führt arithmetische Befehle mit den Werten in den Eingaberegistern aus und stellt das Ergebnis in ein Ausgaberegister. In Abb. 4.19 werden

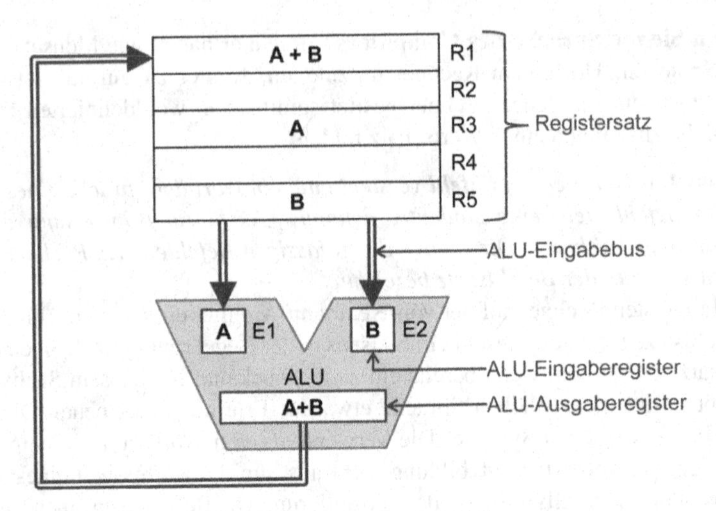

Abb. 4.19 Datenpfad eines Von-Neumann-Rechners. [TAN-06]

die zuvor eingelesenen Eingabewerte aus Registern **A** und **B** addiert und das Ergebnis steht am Ende in einem Ausgaberegister. Der Inhalt des Ausgaberegisters kann für weitere Berechnungen verwendet werden und bei Bedarf in den Speicher kopiert werden. Arithmetische Befehle gehören zu der Klasse der *Register-Register-Befehle*, da sie Eingabewerte aus zwei Registern verwenden. Jedoch verfügt nicht jede Rechnerarchitektur über mehrere Register im Prozessor zur Zwischenspeicherung von Daten, die später als Eingabewerte für die ALU verwendet werden können. In manchen Architekturen besitzt der Prozessor zur Datenablagerung ausschließlich ein Register, den *Akkumulator*. Der Akkumulator ist direkt mit einem Eingabewert der ALU sowie mit ihrer Ausgabe verdrahtet. In diesem Fall muss der zweite Eingabewert für eine arithmetische Operation direkt aus dem Speicher geladen werden.

Austausch der Daten zwischen Prozessor und Speicher Eine zweite wichtige Klasse von Befehlen stellen die *Register-Speicher-Befehle* dar. Ein Teil der Befehle aus dieser Klasse übernehmen Speicherworte in Register (*LOAD*-Befehle). Andere Befehle dieser Klasse gehen den umgekehrten Weg und schreiben den Inhalt aus einem Register zurück in den Speicher (*STORE*-Befehle). Beim Laden und Schreiben von Daten vom und in den Speicher muss auf die Wortbreite des Rechners und die Länge eines Speicherwortes geachtet werden.

Beispielhaft sei ein Rechner mit einer Wortbreite von 32 Bits angenommen (s. Abb. 4.20). Die Wortlänge des Speichers beträgt 8 Bits. In diesem Fall werden zur Speicherung von Daten und Befehlen jeweils 4 aufeinanderfolgende Speicherworte im Speicher benötigt. Beim Schreiben und Lesen muss entsprechend auf die richtige Zusammenstellung bzw. Reihenfolge der 4 Bytes geachtet werden.

Maschinen- und Assemblersprache In den zwei vorangehenden Abschnitten wurde beispielhaft dargestellt, wie zwei unterschiedliche Befehlsklassen in einem von-Neumann-Rechner ausgeführt werden. Darauf aufbauend lassen sich nach

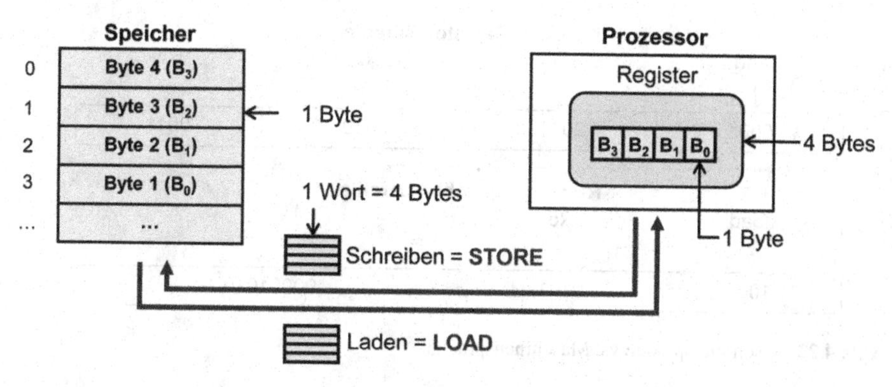

Abb. 4.20 Datentransfer zwischen Prozessor und Speicher

Register-Register-Befehle

Befehlscode	Quellregister 1	Quellregister 2	Zielregister

Register-Speicher-Befehle

Befehlscode	Register 1	Speicheradresse

Abb. 4.21 Befehlsformate für die zwei Klassen von Befehlen

Abb. 4.21 zwei passende Befehlsformate ableiten. Beide Formate besitzen einen *Befehlscode* (im Englischen *Operationcode*, kurz Opcode). Dieser enthält Informationen über die Art des Befehls. Er wird vom Steuerwerk nach Abruf des Befehls aus dem Speicher interpretiert, um entsprechende Maßnahmen zur korrekten Befehlsausführung zu ergreifen. Die sinnvolle Länge des Opcodes wird aus der gesamten Anzahl der Befehle im Befehlssatz ermittelt. Hat ein Rechner zum Beispiel einen Befehlssatz mit 32 Befehlen, werden insgesamt 5 Bits benötigt (da $2^5 = 32$). Dabei stellt jede einzelne Bitkombination einen eindeutigen Opcode für einen Befehl dar. Hat ein Rechner einen Befehlssatz mit 50 Befehlen, werden insgesamt 6 Bits benötigt. Dabei werden von den $2^6 = 64$ möglichen Bitkombinationen nur 50 als gültige Opcodes für Befehle verwendet. Neben dem Opcode enthalten Register-Register-Befehle Informationen über die zwei Register, die als Eingabewerte für die ALU verwendet werden sollen (**Quellregister 1** und **2**), sowie Information über ein Zielregister für die Ablage des Ergebnisses. Dagegen brauchen Register-Speicher-Befehle ausschließlich Informationen darüber, welche Speicheradresse gelesen bzw. beschrieben werden soll, und welches Register als Ziel bzw. als Quelle dienen soll. Die Länge der Felder mit Informationen über die Register hängt von der Anzahl der verfügbaren Register ab (d. h. die Größe des Registersatzes).

Früher wurden Befehle an einen Rechner in binärer Form (*Maschinensprache*) erteilt. Das Programmieren in Maschinensprache stellt für den Menschen eine große Herausforderung dar. Es entstehen schnell Fehler, wenn ein Befehl ausschließlich durch 0en und 1en zu kodieren ist. Zur Verbesserung der Lesbarkeit und Programmierung existiert für jede Rechnerarchitektur eine *Assemblersprache*. Mit Hilfe der

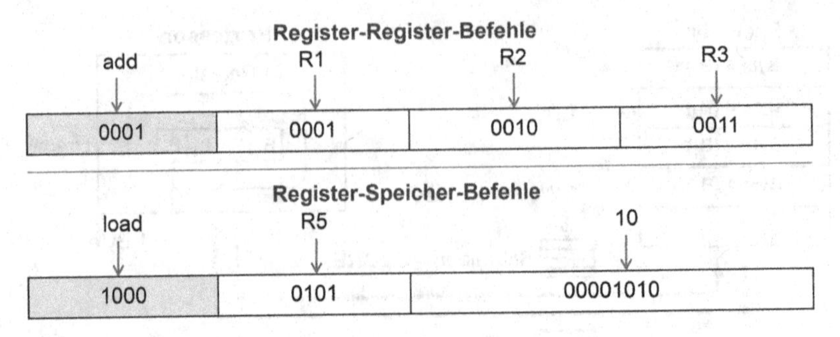

Abb. 4.22 Assemblersprache vs. Maschinensprache

Assemblersprache lassen sich Rechneranweisungen für den Menschen in einer besser lesbaren Form repräsentieren. Die Struktur der Befehle in Assemblersprache ist der Maschinensprache sehr ähnlich. In Assemblersprachen werden anstelle von binären Zahlen merkbare Kürzel, *mnemonische Symbole* verwendet. Alle Befehle in Assemblersprache werden vor der Ausführung durch den Prozessor zuerst in Maschinensprache von einem speziellen Tool namens *Assembler* übersetzt. Abbildung 4.22 stellt eine solche Übersetzung exemplarisch anhand eines Additions- und eines LOAD-Befehls dar. Dabei wurde vorausgesetzt, dass jeder Befehl 16 Bits lang ist, dass der Befehlssatz aus insgesamt 16 Befehlen und dass der Registersatz aus insgesamt 16 Registern besteht.

Folgender Abschnitt vertieft das bisher behandelte Material exemplarisch durch die Simulation eines von-Neumann-Rechners.

4.3.3.3 Befehlsausführung im Rechner am Beispiel Neumi

Zur Verdeutlichung der Befehlsausführung wird auf eine von-Neumann-Simulation namens *Neumi* zurückgegriffen [HOF-11]. Diese wurde von Andreas Hofmeister und Patrick Stiegeler an der Universität Freiburg im Rahmen eines Softwarepraktikums entwickelt und kann kostenfrei heruntergeladen werden[1]. An dieser Stelle sei angemerkt, dass im Internet verschiedene Simulatoren für von-Neumann-Rechner zu finden sind. Neumi wurde aufgrund seiner Einfachheit hinsichtlich Architektur und seinem begrenzten Befehlssatz als Grundlage für dieses Buch ausgewählt.

Abbildung 4.23 zeigt einen Abschnitt des Hauptfensters von Neumi bei der Ausführung eines Programms, mitsamt den fünf im Simulator vorhandenen Komponenten: Register, Speicher, Prozessor, ALU und Bus. Zur Nachvollziehbarkeit der Inhalte nächster Abschnitte empfiehlt es sich, eine Kopie von Neumi herunterzuladen und die Anleitung zur Installation im Anhang dieses Buches zu befolgen.

[1] Um Neumi zu erhalten kann z. B. auf die Seite http://vpe.mv.uni-kl.de navigiert werden. Unter der Rubrik Lehre – IT Lehrbuch liegen die benötigten Downloads bereit.

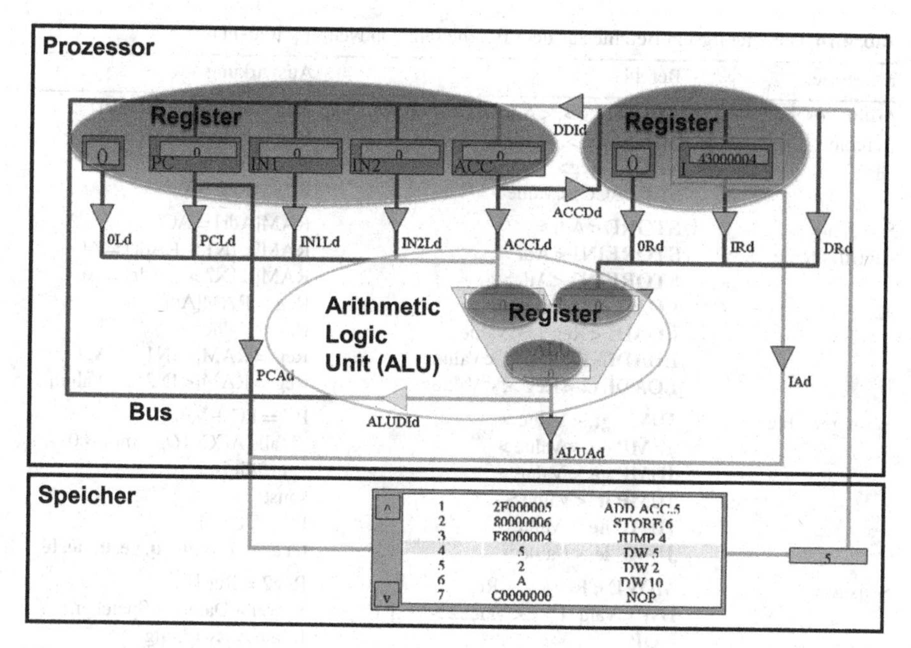

Abb. 4.23 Screenshot und Komponenten des Neumi-Simulators. [HOF-11]

Innerhalb des Neumi-Prozessors sind mehrere Register vorhanden. Diese münden in die Eingaberegister der ALU und ihre Werte kommen entweder von dem Ausgaberegister der ALU oder direkt vom Speicher. Der in einem Register gespeicherte Wert wird im Feld oberhalb des Registernamens angezeigt. Zwei dieser Register haben eine zentrale Rolle. Das **PC** Register (Englisch Program Counter, kurz: PC) repräsentiert den Befehlszähler. Dieser enthält stets die Adresse des nächsten auszuführenden Befehls. Vor der Befehlsausführung wird der Speicher mit dem Wert des Befehlszählers adressiert und der nächste Befehl wird ausgelesen. Jeder neu geladene Befehl wird zur Dekodierung durch das Steuerwerk in Register **I** (Englisch Instruction Register, kurz: I) zwischengespeichert. Register **I** wird *Befehlsregister* genannt. Bevor auf Einzelheiten der Befehlsverarbeitung in Neumi eingegangen wird, wird ein erstes Programm in Neumi geschrieben.

Mein erstes Programm in Neumi Um ein Neumi-Programm schreiben zu können, muss dessen Befehlssatz bekannt sein. Dieser besteht aus über 20 Befehlen, die sich zum größten Teil in die Kategorien *Arithmetische Befehle*, *Speicherzugriffbefehle* und *Sprungbefehle* einteilen lassen. Arithmetische Befehle sind für die eigentliche Datenmanipulation zuständig (hauptsächlich Addition und Subtraktion). Speicherzugriffbefehle ermöglichen den Datenaustausch zwischen Speicher und Prozessor. Sprungbefehle werden im Allgemeinen für die Durchführung von Verzweigungen/Entscheidungen benötigt. Sie beeinflussen die Ausführung eines Programmes indem sie die Adresse des nächsten auszuführenden Befehls in den Befehlszähler setzen. Tabelle 4.16 stellt die wichtigsten Befehle in Neumi sowie ihre Auswirkungen dar.

Tab. 4.16 Die wichtigsten Befehle aus dem Befehlssatz von Neumi [HOF-11]

Kategorie	Befehl	Auswirkung
Arithmetische Befehle	**ADD** <Reg>, <Adr>	Reg = Reg + RAM[Adr]
	SUB <Reg>, <Adr>	Reg = Reg − RAM[Adr]
	ADDI <Reg>, <Value>	Reg = Reg + Value
	SUBI ACC, <value>	Reg = Reg − Value
Specher-zugriffbefehle	**STORE** <Adr>	RAM[Adr] = ACC
	STOREIN1 <Adr>	RAM[<IN1> + Adr] = ACC
	STOREIN2 <Adr>	RAM[<IN2> + Adr] = ACC
	LOAD <Reg>, <Adr>	Reg = RAM[Adr]
	LOADI <Reg>, <Value>	Reg = Value
	LOADIN1 <Reg>, <Value>	Reg = RAM[<IN1> + Value]
	LOADIN2 <Reg>, <Value>	Reg = RAM[<IN2> + Value]
Sprungbefehle	**JUMP gt**, <Value>	PC = PC + Value,
	JUMP eq, <Value>	falls ACC <*Operator*> 0
	JUMP ge, <Value>	erfüllt ist.
	JUMP lt, <Value>	sonst
	JUMP ne, <Value>	PC = PC + 1
	JUMP le, <Value>	*Operator* = **gt, eq, ge, lt, ne, le.**
Sonstige	**MOVE** <Reg1>, <Reg2>	Reg2 = Reg1
	DW <Value1> [,<Value2>,. . .]	Schreibt Daten in Speicher.
	NOP	Keine Auswirkung

Schon mittels einer Untermenge obiger Befehle kann ein Neumi-Programm entwickelt werden, das zwei im Speicher abgelegte ganzzahlige Werte addiert und das Ergebnis wieder in den Speicher schreibt.

```
START:
        LOAD  ACC, 4   ; Lade den ersten Wert an der Adresse 4 in ACC.
        ADD   ACC, B   ; Addiere den zweiten Wert an der Adresse B zu
                       ; dem aktuellen Wert von ACC und schreibe das
                       ; Ergebnis in ACC.
        STORE 6        ; Schreibe den Wert von ACC an der Adresse 6
        Jump  ENDE     ; Springe zur Marke ENDE
INIT:
        A:      DW 5 ; Schreibe den Wert 5 im Speicher (Erster Wert)
        B:      DW 2 ; Schreibe den Wert 2 im Speicher (Zweiter Wert)
        C:      DW 0 ; Schreibe den Wert 0 im Speicher (Ergebnis)
ENDE:   NOP          ; No Operation also tue nichts
```

Zur Eingabe des Programms in den Simulator ist wie folgt vorzugehen:

- Doppelklick auf den Speicher von Neumi mit der linken Maustaste
- daraufhin erscheint der RAM Editor
- Eingabe des Programmcodes in Assemblersprache

Abbildung 4.24 stellt das Ergebnis der Programmeingabe dar. Es folgt der Aufruf des Assemblers, um das Programm von Assemblersprache in Maschinensprache zu übersetzen. Dazu ist im Menü „Assembler" des RAM-Editors der erste Eintrag „assemblieren (ins RAM)" auszuwählen.

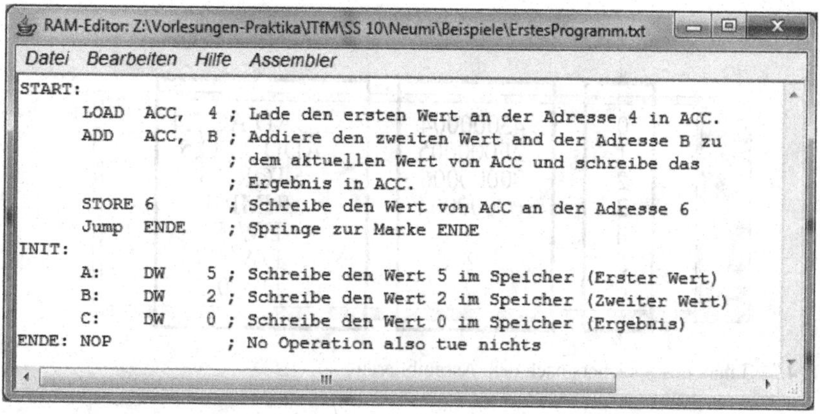

RAM-Editor: Z:\Vorlesungen-Praktika\ITfM\SS 10\Neumi\Beispiele\ErstesProgramm.txt

Datei Bearbeiten Hilfe Assembler

```
START:
      LOAD  ACC,  4 ; Lade den ersten Wert an der Adresse 4 in ACC.
      ADD   ACC,  B ; Addiere den zweiten Wert and der Adresse B zu
                    ; dem aktuellen Wert von ACC und schreibe das
                    ; Ergebnis in ACC.
      STORE 6       ; Schreibe den Wert von ACC an der Adresse 6
      Jump  ENDE    ; Springe zur Marke ENDE
INIT:
      A:    DW    5 ; Schreibe den Wert 5 im Speicher (Erster Wert)
      B:    DW    2 ; Schreibe den Wert 2 im Speicher (Zweiter Wert)
      C:    DW    0 ; Schreibe den Wert 0 im Speicher (Ergebnis)
ENDE: NOP           ; No Operation also tue nichts
```

Abb. 4.24 Editor um den Inhalt des Speichers in Neumi zu beschreiben

Nach Übersetzung des Programms durch den Assembler wird das Ergebnis automatisch in den Speicher von Neumi geladen. Der erste Befehl steht an Adresse **0**. Neben den eigentlichen Befehlen in Maschinensprache (im Simulator hexadezimal dargestellt) werden zur Veranschaulichung die dazugehörigen Assemblersprachenbefehle angezeigt (s. Abb. 4.25).

Das hier eingegebene, exemplarische Programm besteht hauptsächlich aus den vier ersten Befehlen an den Prozessor, sowie den drei darauffolgenden Anweisungen an den Assembler (Anweisungen an den Assembler werden *Assemblerdirektiven* genannt). Die hiesigen drei Assemblerdirektiven bewirken das sequentielle Schreiben der ganzzahligen Werte **5, 2** und **0** in den Speicher. Diese Werte dienen als Eingabedaten für die korrekte Ausführung der vier Befehle an den Prozessor. Außerdem können Programme in Assemblersprache so genannte *Marken* (im Englischen *Label*) beinhalten, um Speicheradressen zu kennzeichnen. Diese werden in der Regel als Ziel für Sprungbefehle oder als Variablen in Befehlen eingesetzt. Beispiele solcher Marken im obigen Programm sind **START, INIT, A, B, C** und **ENDE**. Eine Marke wird durch einen Symbolbezeichner, gefolgt von einem Doppelpunkt definiert. Sie erhält bei Programmübersetzung als Wert die Adresse, an der der folgende Befehl beginnt. Somit erhalten die oben aufgelisteten Marken die Werte **0, 4, 4, 5, 6** und **7**. Durch Marken kann vermieden werden, dass konkrete Adressen in einem Befehl verwendet werden. So wird z. B. anstelle der Verwendung der Adresse **4** im Befehl **Load ACC, 4** die Marke **B** im Befehl: **ADD ACC, B** verwendet. Diese Marke wird bei Programmübersetzung durch ihren zugewiesenen Wert **5** ersetzt (s. Abb. 4.25).

Die Simulation der Programmausführung in Neumi wird durch den Knopf „Start" im Hauptfenster rechts gestartet. Während der Ausführung werden sowohl Befehle als auch Daten als Datenpakete entlang den Pfaden transportiert. Somit wird veranschaulicht, welcher Datenaustausch zwischen Speicher und Prozessor während der Programmausführung stattfindet. Nach Ausführung des letzten Prozessorbefehls an Adresse **3**, kann die Simulation mit dem Knopf „Stop" angehalten werden. Danach steht im Speicher an Adresse **6** als Ergebnis der Wert **7**.

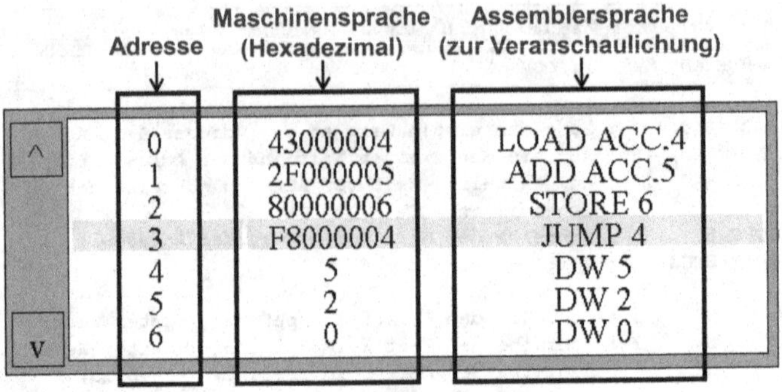

Adresse
Maschinensprache (Hexadezimal)
Assemblersprache (zur Veranschaulichung)
0 43000004 LOAD ACC.4
1 2F000005 ADD ACC.5
2 80000006 STORE 6
3 F8000004 JUMP 4
4 5 DW 5
5 2 DW 2
6 0 DW 0

Abb. 4.25 Inhalt des Speichers nach dem Assemblieren

ORd
ACC
ACCLd
ACCDd
MUX 3
MUX 4
MUX 5
MUX 6
MUX 7
MUX 1
MUX 2
DEMUX 1
IRd
I
IN2
IN2Ld
IN1
IN1Ld
ALU
PC
PCLd
PCAd
OLd
IAd
ADDI
ACC
RAM
Decoder
Data/Befehl
Data
DDId
DRd
ALUAd

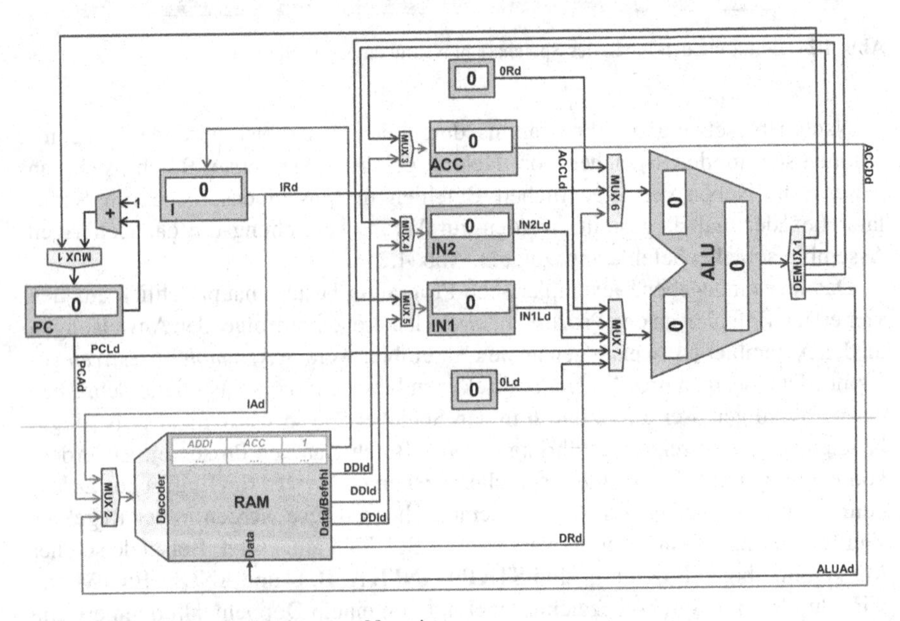

Abb. 4.26 Verfeinerte Architektur von Neumi

Verfeinerung der Architektur von Neumi Im vorherigen Abschnitt wurde erklärt, wie ein Programm in Neumi geschrieben und simuliert werden kann. Um darauf aufbauend eine Verallgemeinerung der notwendigen Schritte bei der Befehlsausführung ableiten zu können, wird auf eine detailliertere Darstellung der Architektur von Neumi zurückgegriffen. Diese soll für jeden Schritt der Befehlsausführung eine eindeutige Identifizierung der involvierten Einheiten, sowie der durch Befehle und Daten zurückgelegten Pfade ermöglichen. Um auf eine solche detaillierte Architektur zu kommen werden die verdichteten Datenpfade in Neumi voneinander getrennt und spezielle Einheiten hinzugefügt. Das Ergebnis der Verfeinerung ist in Abb. 4.26 dargestellt.

In Neumi gelangen Daten von verschiedenen Quellen zu bestimmten Einheiten. So kann z. B. der Wert, der in das Akkumulator-Register (**ACC**) geschrieben wird, entweder vom Speicher oder von der **ALU** stammen. Hier wird eine Einheit bereitgestellt, die unter den verschiedenen Quellen eine auswählt und sie an ihr Ziel führt. Eine solche Auswahl wird in der Rechnerarchitektur üblicherweise von einem so genannten *Multiplexer* (*MUX*) getroffen. Analog kann das Ergebnis nach Ausführung einer **ALU**-Operation zu verschiedenen Einheiten gelangen. Hierfür wird eine Einheit bereitgestellt, die unter verschiedenen Zielen eines auswählt und das Ergebnis dorthin führt. Diese Auswahl wird in der Rechnerarchitektur üblicherweise von einem so genannten *Demultiplexer* (*DEMUX*) getroffen. Abgesehen von Sprungbefehlen, über die die Adresse des nächsten auszuführenden Befehles beeinflusst werden kann, wird der nächste Wert des Befehlszählers (Register **PC**) automatisch aus dem vorherigen Wert berechnet. Dieser Sachverhalt wird in der verfeinerten Architektur durch eine spezielle Einheit (*Addierer*) wiedergegeben.

Auf Basis dieser verfeinerten Architektur gehen folgende Abschnitte näher auf die Befehlsausführung ein. Dabei wird im Allgemeinen zwischen maximal vier Schritten unterschieden. Diese sind:

1. Befehl holen
2. Operand laden/Ladeabschluss
3. ALU verwenden
4. Befehl abschließen

Befehl holen (im Englischen Instruction Fetch) Der erste Schritt einer Befehlsausführung besteht darin, den aktuell auszuführenden Befehl aus dem Speicher zu lesen und ihn dem Prozessor zur Dekodierung durch das Steuerwerk bereitzustellen. Dazu wird der Wert des Befehlszählers als Adresse zum Laden des nächsten Befehls verwendet. Zu Beginn hat der Befehlszähler den Wert **0**. Seine weiteren Werte werden im Laufe der Zeit entweder von Sprungbefehlen oder automatisch bestimmt. Nach Lesen des Befehls wird dieser im Befehlsregister **I** des Prozessors zwischengespeichert. Abb. 4.27 veranschaulicht diesen ersten Schritt und hebt dabei involvierte Einheiten und Pfade hervor.

Im dargestellten Beispiel hat der Befehlszähler den Anfangswert **0**. Über Multiplexer **MUX 2** wird der Speicher mit der Adresse **0** adressiert. An dieser steht ein Befehl (**ADDI, ACC, 1**), der in das Befehlsregister **I** geladen wird. Da es sich nicht um einen Sprungbefehl handelt, wird die Adresse des nächsten Befehls vor dem Laden durch den Addierer berechnet und über den Multiplexer **MUX 1** in den Befehlszähler geschrieben.

Operand lesen/Ladeabschluss Nach Beendigung des ersten Schritts wird der zweite automatisch eingeleitet. Dieser besteht darin, den zuvor geladenen Befehl durch das Steuerwerk zu dekodieren und etwaige Operanden zu lesen. Operanden können, je nach Befehlstyp, z. B. aus dem Speicher oder direkt aus dem Befehl gelesen werden. Abbildung 4.28 zeigt diesen Teilschritt. Im vorliegenden Fall verweist der Befehl auf zwei Operanden: den Wert, der aktuell im **ACC**-Register steht, und den

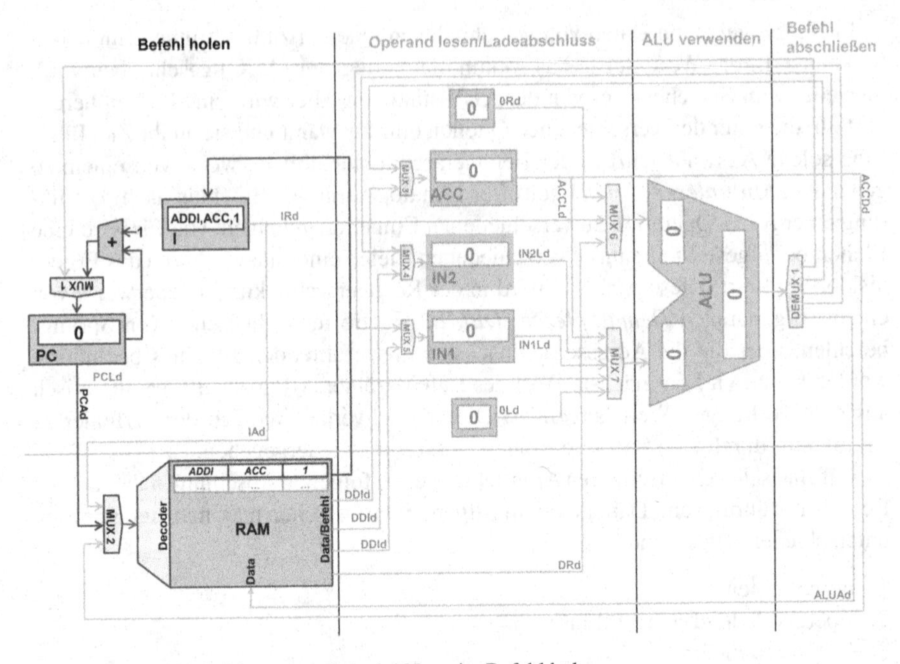

Abb. 4.27 Befehlsausführung am Beispiel Neumi – Befehl holen

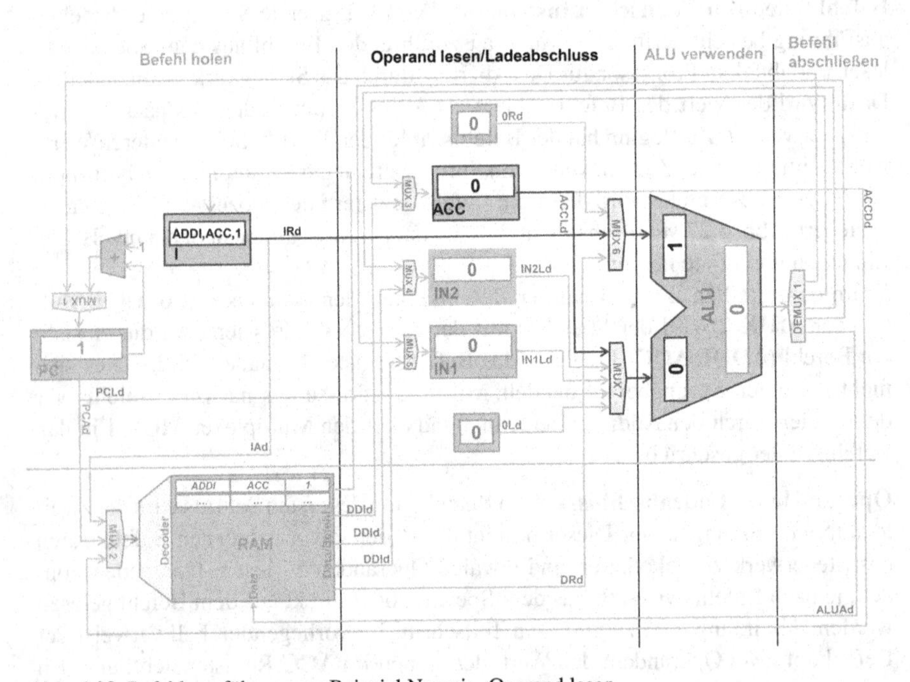

Abb. 4.28 Befehlsausführung am Beispiel Neumi – Operand lesen

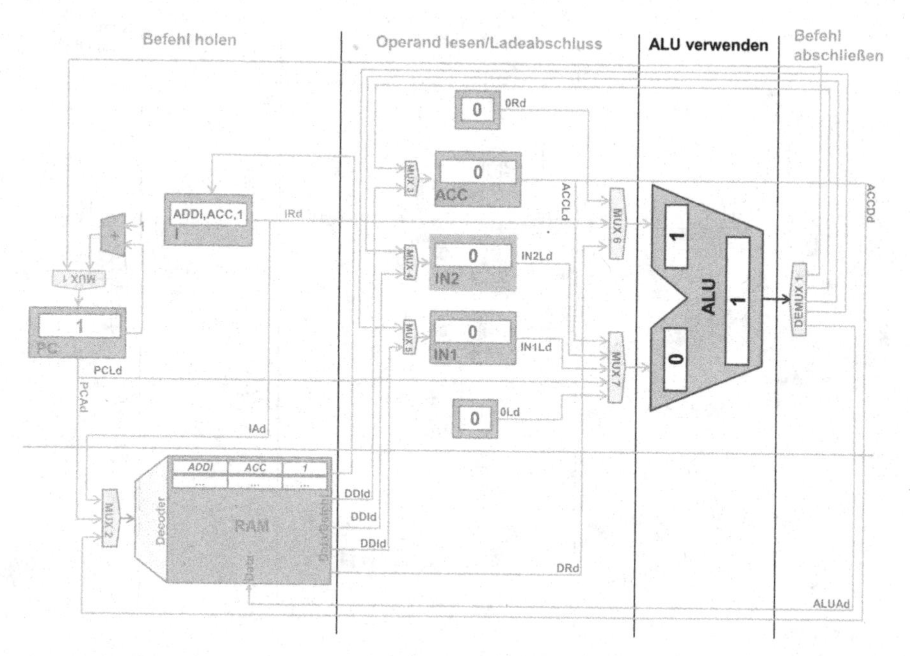

Abb. 4.29 Befehlsausführung am Beispiel Neumi – ALU verwenden

Wert **1** aus dem Befehl selbst. Beide Operanden werden in die Eingaberegister der **ALU** weitergeleitet.

Da es sich um einen arithmetischen Befehl handelt, wird im Folgeschritt die **ALU** verwendet. Im Falle eines Ladebefehls ohne zusätzliche Adressberechnung, wie z. B. **LOAD, ACC, 4**, wird nach Abschluss des zweiten Schritts auf den Speicher zugegriffen und anschließend der Befehl abgeschlossen (d. h., der dritte Schritt wird übersprungen).

ALU verwenden Der dritte Schritt wird nur dann ausgeführt, wenn der Befehl eine arithmetische Operation impliziert: die **ALU** wird angesprochen und verwendet. Im vorliegenden Beispiel ist dies der Fall. Bei Verwendung der **ALU** wird über die Werte der Eingaberegister durch die entsprechende arithmetische Operation (hier: Addition) ein Ergebnis berechnet und im Ausgangsregister der **ALU** abgelegt. Abb. 4.29 zeigt die Addition der Werte **0** (aus dem **ACC**-Register) und **1** (aus dem Befehl). Das Ergebnis (= **1**) steht im Ausgangsregister.

Ein weiteres Beispiel zur Verwendung der **ALU** ist die Adressberechnung bei einem LOAD-Befehl, etwa **LOADIN1 ACC, 4**. Hier würden die Werte in Register **IN1** und **4** addiert.

Befehl abschließen Der letzte Schritt schließt einen Befehl ab. Die dabei erforderlichen Aktionen hängen vom Befehlstyp ab, z. B.:

- Speicherzugriff, um ein Datum aus dem Speicher zu lesen oder in den Speicher zu schreiben
- ALU-Berechnungsergebnis in das Ergebnisregister speichern

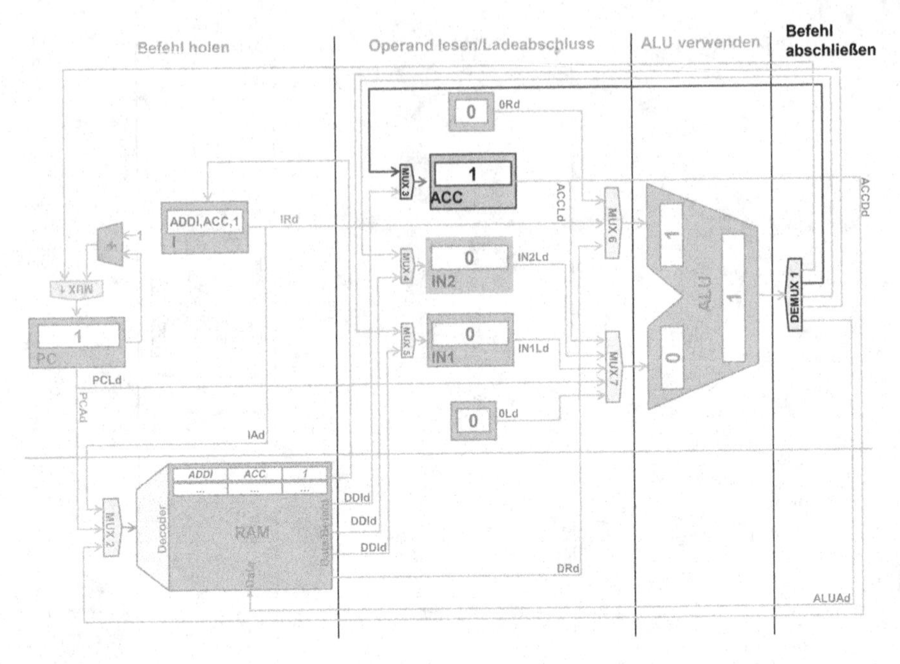

Abb. 4.30 Befehlsausführung am Beispiel Neumi – Befehl abschließen

Ob ein Register oder der Speicher angesprochen wird, und an welcher Stelle, wird abhängig vom Befehlstyp über den Demultiplexer **DEMUX 1** gesteuert. Am Beispiel des ADDI-Befehls wird der berechnete Wert **1** in das **ACC**-Register geschrieben (s. Abb. 4.30).

Nach Abschluss eines Befehles wird automatisch mit der Ausführung des nächsten Befehls begonnen.

4.3.3.4 Ein- und Ausgabewerke

In diesem Abschnitt werden die zwei weiteren Komponenten Ein- und Ausgabewerk erörtert. Diese sind für die Eingabe und Ausgabe von Daten und Befehlen in bzw. aus dem Rechner zuständig. Eine Eingabeoperation gibt Daten von einem Eingabegerät zum Speicher weiter, von wo sie der Prozessor lesen kann. Eine Ausgabeoperation gibt Daten vom Speicher an ein Ausgabegerät weiter [PAT-05]. Beispiele für Ein- und Ausgabegeräte sind Maus, Tastatur, Bildschirm, Drucker, Festplatte und CD/DVD-Laufwerk.

Im Allgemeinen besteht jedes Ein-/Ausgabegerät aus zwei wesentlichen Teilen: einem *Controller* und dem eigentlichen *Ein-/Ausgabegerät* [TAN-06]. Diese Tatsache wird mit Hilfe einer logischen Erweiterung der Grundarchitektur eines von-Neumann-Rechners in Abb. 4.31 veranschaulicht. Der Controller enthält den

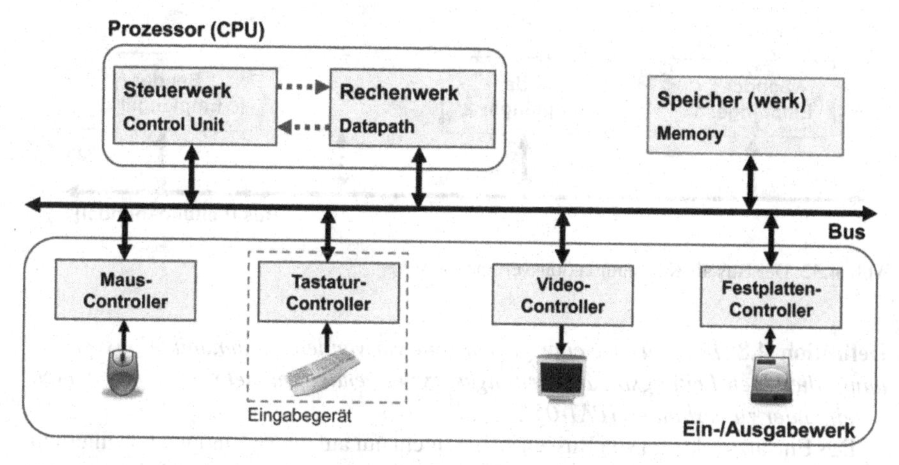

Abb. 4.31 Erweiterte von-Neumann-Architektur um Ein/Ausgabegeräte

größten Teil der Elektronik und befindet sich in realen Rechnern entweder auf einer Steckkarte oder direkt auf der *Hauptplatine* (engl. *Mainboard* oder *Motherboard*). Das eigentliche Ein-/Ausgabegerät wird über einen Steckverbinder an den Controller angeschlossen, dessen Aufgabe in der Verwaltung seines zugehörigen Ein-/Ausgabegerätes und der Realisierung des Buszugriffes besteht.

Werden während der Ausführung eines Programmes von einem Eingabegerät Daten benötigt, z. B. von der Festplatte, wird vom Prozessor ein Befehl an den Festplattencontroller weitergeleitet. Dies kann z. B. ein Ladebefehl sein, der in einen speziellen Bereich des Speichers schreibt, der für das Eingabegerät reserviert ist. Dieses Verfahren wird *speicherabgebildete Ein-/Ausgabe*, im Engl. *Memory Mapped I/O* genannt. Nach Erhalt des Befehls schickt der Festplattencontroller notwendige Befehle an das Festplattenlaufwerk, um die Daten zu suchen. Werden die gesuchten Daten gefunden, werden diese über den Festplattencontroller in den Speicher geschrieben. Dabei kann der Festplattencontroller direkt auf den Speicher zugreifen (engl. *Direct Memory Access* kurz *DMA*) oder durch Unterstützung vom Prozessor. Am Ende der Datenübertragung in den Speicher wird der Prozessor in der Regel vom Festplattencontroller über den Abschluss der Operation informiert. Dieser kann anschließend weitere Maßnahmen ergreifen, etwa die Fortsetzung des Programmes, das die Daten benötigt. Die Kommunikation von einem Controller zum Prozessor erfolgt über spezielle Steuerleitungen im Rechner: die so *genannten Interrupt*-Leitungen. Die Ausgabe von Daten zu einem Ausgabegerät erfolgt in ähnlicher Form mit der Beteiligung des zuständigen Controllers.

4.3.3.5 Der Bus

Die letzte wichtige Komponente eines von-Neumann-Rechners ist der Bus.

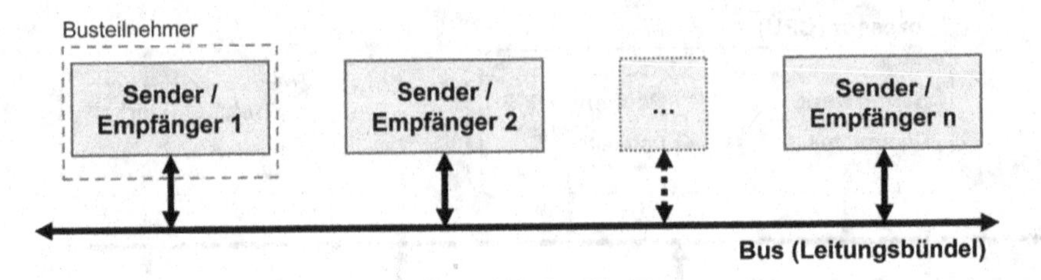

Abb. 4.32 Der Bus als Kommunikationsverbindung

Definition 4.8 *Der* ***Bus*** *ist eine gemeinsam verwendete Kommunikationsverbindung, die einen Leitungsbündel/Leitungssatz verwendet um mehrere Komponenten miteinander zu verbinden [PAT-05].*

Das Einsatzspektrum von Bussen ist i. A. nicht nur auf die Verbindung von internen Rechnerkomponenten beschränkt. Vielmehr finden Busse einen breiten Einsatz in der Datenverarbeitung. Beispiele von Anwendungsbereichen sind [PAT-05]:

- Verbindung der Komponenten eines Rechners (z. B. *CPU-*, *Speicher-* und *E/A-Bus*)
- Verbindung von autonomen Komponenten/Rechnern in Anlagen, Fahrzeugen, Flugzeugen, etc. (Feldbusse, wie z. B. *CAN-Bus* und *Profibus*)
- Verbindung von Rechnern in Fabriken, Universitäten, etc. (LAN-Bus, wie z. B. *Ethernet*)

Unabhängig vom Einsatzgebiet arbeiten Busse stets nach ähnlichen Prinzipien. Abbildung 4.32 stellt dar, dass unterschiedliche Komponenten (die so genannten *Busteilnehmer*), die gemeinsam kommunizieren möchten, an einen Bus angeschlossen werden. In der Regel kann jeder Busteilnehmer mit jedem anderen kommunizieren, jedoch nicht zum selben Zeitpunkt. Damit es beim Schreibzugriff auf den gemeinsamen Bus nicht zu Kollisionen kommt, was unter Umständen zu Datenverlust sowie Hardwaredefekten führen kann, ist der Buszugriff streng zu regeln. Diese Aufgabe kann von einem zentralen *Buscontroller* oder von einem oder mehreren Busteilnehmern übernommen werden. Im letzteren Fall werden die Busteilnehmer, die für die Koordination des Buszugriffes zuständig sind, *Busmaster* genannt. Die genauen Verfahren zur Steuerung des Buszugriffes werden in diesem Buch nicht behandelt.

Daten werden physikalisch durch elektrische Signale zwischen den Busteilnehmern übertragen. Es wird zwischen drei Arten von Daten unterschieden, die über einen Bus ausgetauscht werden können: *Adressdaten*, *Nutzdaten* und *Steuerdaten*. Adressdaten dienen der eindeutigen Identifikation von Busteilnehmern als Adressaten. Die Nutzdaten repräsentieren die zu übertragende Information. Steuerdaten sind Kontrollinformationen, die zur Steuerung der korrekten Datenübertragung dienen. Diese drei Arten von Daten können in einem Bus entweder über dieselbe oder über getrennte Leitungen übertragen werden. Im ersten Fall spricht man von einem *seriellen* und im zweiten Fall von einem *parallelen* Bus.

Obwohl parallele Busse den Vorteil der schnelleren Datenübertragung bieten (weil Adress-, Steuer- und Nutzdaten parallel übertragen werden), sind sie aufgrund ihrer vielen Leitungen teuer. Zudem weisen sie unterschiedliche Probleme aufgrund der physikalisch unterschiedlichen Signallaufzeiten der verschiedenen Leitungen auf, die Schwierigkeiten bei der Synchronisation der Busteilnehmer bereiten. Somit sind parallele Busse nur für die Kommunikation über kurze Strecken technologisch und wirtschaftlich sinnvoll. In Rechnern sind vorwiegend parallele Busse vorzufinden.

Serielle Busse können für kurze und vorwiegend für größere Strecken (z. B. zwischen entfernten Rechnern) eingesetzt werden. Vorteile von seriellen Bussen sind ihr günstigerer Preis (weil ausschließlich eine Leitung verwendet wird), sowie die einfachere Synchronisation der angeschlossenen Teilnehmer. Jedoch gehen diese Vorteile auf Kosten einer langsameren Datenübertragung.

Bisher wurde hauptsächlich von einem zentralen Bus als Kommunikationsmedium zwischen Komponenten in einem von-Neumann-Rechner ausgegangen. Wesentliche Vorteile dieses Ansatzes liegen im vereinfachten Anschluss weiterer Komponenten mit der gleichen Busschnittstelle, sowie dem einfacheren Austausch von Komponenten zwischen verschiedenen Rechnern [PAT-05]. Der Nachteil ist, dass dies den zentralen Bus zu einem Engpass macht, der die gesamte Leistung (bezogen auf Geschwindigkeit und Durchsatz) eines Rechners begrenzt.

Werden in einem Rechner z. B. Videodaten von einem DVD-Laufwerk über den gemeinsamen Speicher zu einem hochauflösenden Bildschirm übertragen, muss der zentrale Bus hohe Anforderungen bezüglich Geschwindigkeit und Durchsatz erfüllen, damit die Videodaten auf dem Bildschirm kontinuierlich korrekt angezeigt werden. Dies geschieht mit gleichzeitiger Berücksichtigung der Kommunikationen der anderen angeschlossenen Komponenten. Erschwerend kommen die unterschiedlichen Anforderungen von Ein- und Ausgabegeräten an Übertragungsgeschwindigkeit hinzu. So beträgt die Datenübertragungsrate einer Tastatur z. B. etwa 0,01 KB/s und die eines Bildschirms mit einer Auflösung von 1024×768 und einer Farbtiefe von 3 Byte/Pixel etwa 67,5 MB/s. Dies macht den Entwurf von Bussen zu einer großen Herausforderung.

Um dieser Herausforderung gerecht zu werden, werden in heutigen Rechnern in der Regel verschiedene Arten von Bussen zu einer *Bushierarchie* verbunden, die sich in der Art der Adressierung und Geschwindigkeit unterscheiden und über Brücken miteinander gekoppelt sind. Als Analogie kann ein Straßennetz herangezogen werden, das aus Autobahnen, Bundesstraßen, Landestraßen sowie Kreisstraßen besteht, welche über Brücken, Kreuzungen und Kreisverkehre verbunden sind.

In Rechnern finden sich heutzutage drei Bustypen vor: der *CPU-Bus*, der *Speicher-Bus* und der *E/A-Bus* (auch *Peripheriebus* genannt) [TAN-06]. Eine logische Erweiterung eines klassischen von-Neumann-Rechners um diese drei Typen wird in Abb. 4.33 dargestellt. Ferner wird zwischen *internem* und *externem* CPU-Bus unterschieden. Der interne CPU-Bus verbindet die verschiedenen Einheiten innerhalb des Prozessors, während der externe CPU-Bus mit Hilfe einer Brücke den Prozessor mit externen Komponenten wie z. B. Speicher und Peripheriegeräten verbindet. Speicherbusse sind typischerweise kurz, von hoher Geschwindigkeit und an das Speichersystem angepasst, um somit die Bandbreite zwischen Prozessor und

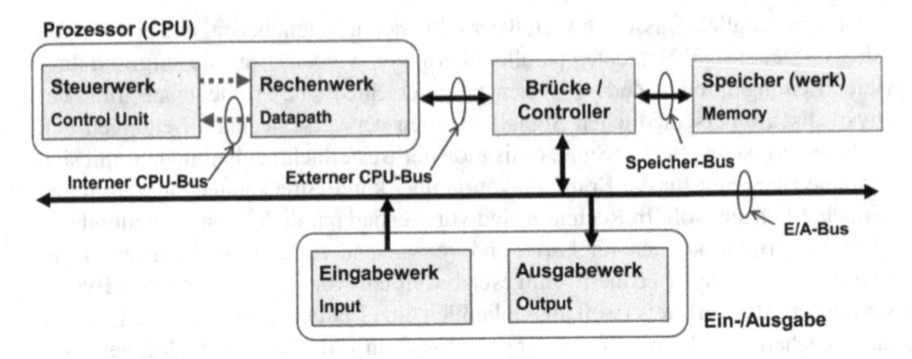

Abb. 4.33 Ein von-Neumann-Rechner mit mehreren Bustypen

Speicher zu maximieren. E/A-Busse können hingegen lang sein und verschiedene Ein-/Ausgabegerätetypen verbinden [PAT-05].

4.3.3.6 Fortgeschrittenes Konzept: Pipelining

In diesem Abschnitt wird ein wichtiges Konzept der Befehlsverarbeitung im Rechner eingeführt, das sogenannte *Pipelining* (auf Deutsch *Fließbandverarbeitung*). Hierfür wird erneut auf das Beispiel der Montage eines Bremssystems zurückgegriffen. In Beispiel aus Abschn. 4.3.3 werden auftragsspezifisch Bremskomponenten von einem Hauptlager geholt und in einer Montagehalle von insgesamt vier Mitarbeitern unter Anweisung eines Vorarbeiters zu fertigen Bremssystemen montiert. Dabei wird vorausgesetzt, dass jeder Mitarbeiter zu einer gewissen Zeit stets an einem Bremssystem arbeitet.

Angenommen, zur Montage eines Bremssystems werden verschiedene Ressourcen benötigt. Unter Ressourcen sind in diesem Zusammenhang die Werkzeuge zu verstehen, mit denen ein Mitarbeiter die Bremskomponenten zusammenmontiert. Das sind etwa eine Zange, ein Schraubenzieher, ein Schlüssel und ein Hammer. Zur Steigerung der Produktion wird parallel an verschiedenen Aufträgen gearbeitet, zu Lasten von Ausgaben für teure Ressourcen, da an jeder Montagestation die gleichen Ressourcen verfügbar gemacht werden müssen (s. Abb. 4.34).

Weiterhin sei angenommen, dass zur vollständigen Montage eines Bremssystems eine Stunde benötigt wird. Diese setzt sich zusammen aus insgesamt 4 gleichlangen Arbeitsschritten zu je 15 min, während derer immer nur eine bestimmte Ressource zur Montage eines Zwischenproduktes aus dem vorherigen Arbeitsschritt mit einer weiteren Komponente beansprucht wird.

Im Falle einer Parallelverarbeitung von Aufträgen werden somit pro Stunde immer 4 Bremssysteme fertig montiert. Zieht man in Erwägung, dass in jedem Arbeitsschritt an jeder Station stets 3 Ressourcen nicht benötigt werden, lässt sich der gleiche Durchsatz durch eine Fließbandverarbeitung mit niedrigerem Ressourceneinsatz erreichen, wie Abb. 4.35 verdeutlicht.

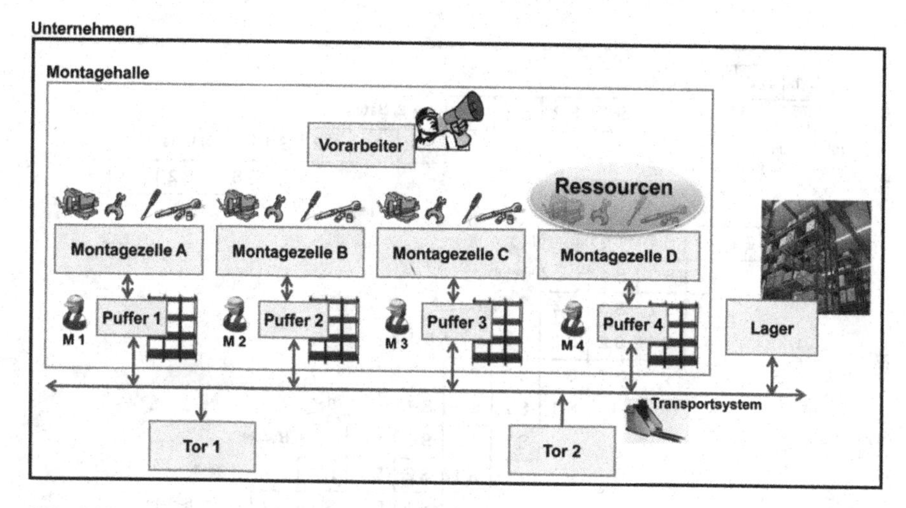

Abb. 4.34 Parallele Montage der Bremskomponenten

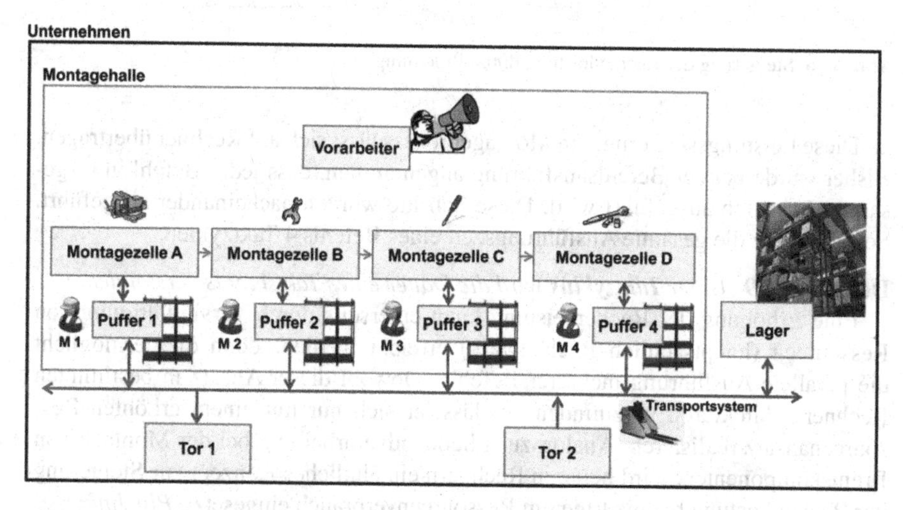

Abb. 4.35 Montage der Bremskomponenten mit Fließbandverarbeitung

In diesem Falle verfügt jede Montagestation stets über eine bestimmte Ressource, welche für einen bestimmten Arbeitsschritt im Montageprozess benötigt wird. Die Arbeit gestaltet sich von links nach rechts. Jeder Mitarbeiter bekommt am Anfang des Tages die notwendigen Bremskomponenten aus dem Hauptspeicher in den Puffer an seiner Montagestation geliefert. Er ist für die Ausführung des ersten Arbeitsschrittes, sowie für die Weitergabe des Zwischenproduktes an den nächste Mitarbeiter an Montagestation M2 zuständig.

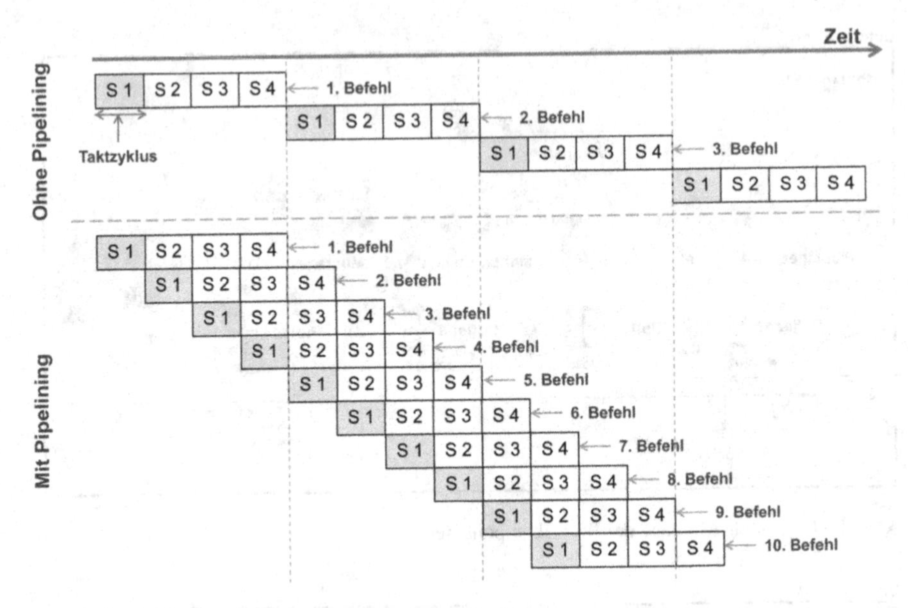

Abb. 4.36 Steigerung der Rechenleistung durch Pipelining

Diese Leistungssteigerung im Montageprozess lässt sich auf Rechner übertragen. Bisher wurde bei der Befehlsausführung angenommen, dass jeder Befehl in insgesamt 4 Schritten ausgeführt wird. Diese Schritte wurden nacheinander ausgeführt. Somit beträgt die gesamte Ausführungszeit eines Befehls 4 Taktzyklen.

Definition 4.9 *Unter **Taktzyklus** wird die Dauer eines Taktsignals verstanden.*

Eine Erhöhung der Rechenleistung kann einerseits durch Vervielfältigung von Ressourcen (hauptsächlich Rechenwerk) erreicht werden, denn dies ermöglicht die parallele Ausführung mehrerer Befehle. Obwohl dieser Ansatz in bestimmten Rechnerarchitekturen vorzufinden ist, lässt er sich nur mit einem erhöhten Ressourcenansatz realisieren. Analog zur Fließbandverarbeitung bei der Montage von Bremskomponenten, wird heute in Rechnern ein ähnliches Konzept zur Steigerung der Rechenleistung bei niedrigerem Ressourcenverbrauch eingesetzt: *Pipelining*.

Definition 4.10 *Unter **Pipelining** versteht man eine Organisationsform eines Rechners, die auf die Steigerung der Rechenleistung durch die zeitlich überlappende Abarbeitung von Befehlen abzielt.*

Die zugrundeliegende Idee ist die überlappende Abarbeitung der verschiedenen Schritte eines Befehls und somit eine maximale Ausschöpfung der vorhanden Ressourcen. In Abb. 4.36 wird zwischen zwei Fällen der Befehlsausführung mit jeweils vier Schritten unterschieden. Im oberen Bereich wird die traditionelle Befehlsausführung ohne Pipelining und im unteren Teil die Ausführung mit Pipelining dargestellt.

Ohne Pipelining bleiben die Rechnerkomponenten, welche für die Ausführung eines Schrittes notwendig sind, sowohl vor als auch nach dem Schritt unbenutzt. Mit

Pipelining wird durch eine überlappende Ausführung von Befehlen zu jeder Zeit eine maximale Auslastung der verfügbaren Komponenten erzielt. In einem ersten Taktzyklus wird der erste Schritt (S1: Befehl holen) des ersten Befehls ausgeführt. Während im zweiten Taktzyklus der zweite Schritt (S2: Operand lesen) des ersten Befehls ausgeführt werden kann, findet der erste Schritt für den zweiten Befehl überlappend statt. Wird also während der Programmausführung mit Pipelining nach jedem Taktzyklus (zumindest ab dem vierten Taktzyklus) ein Befehl vollständig ausführt, wird ein Befehl bei der Ausführung ohne Pipelining immer erst nach jedem vierten Taktzyklus abgeschlossen. Somit lässt sich mit Pipelining ein besserer Durchsatz erzielen.

Bei Pipelining spricht man von *Pipelinestufen*, anstelle von Stationen. Im Fall einer idealen Pipeline ist die Erhöhung der Rechenleistung proportional zur Anzahl der Pipelinestufen. In der Praxis kann der maximale Durchsatz jedoch nicht immer erreicht werden. Das liegt daran, dass die einzelnen Pipelinestufen in der Regel unterschiedlich lange benötigen, die Pipelinestufen zu Beginn erst gefüllt werden müssen und/oder dass diverse Abhängigkeiten zwischen den Pipelinestufen existieren (z. B. zwei aufeinanderfolgende Befehle manipulieren die gleichen Daten und der zweite Befehl muss auf die vollständige Ausführung des vorherigen warten). In diesem Buch wird nicht auf die unterschiedlichen Maßnahmen zur Behandlung, insbesondere der Problematik der Abhängigkeiten zwischen Pipelinestufen, eingegangen. Als Lösung für das erste Problem richtet sich die Dauer jeder Pipelinestufe und somit die Taktfrequenz nach der Dauer der langsamsten Pipelinestufe.

Im Allgemein wird durch Pipelining eine Erhöhung der notwendigen Rechnerkomponenten verursacht (z. B. werden zusätzliche Speicherelemente für die Zwischenspeicherung von Daten zwischen den Pipelinestufen benötigt).

4.3.4 Beispiel einer anderen Rechnerarchitektur

In diesem Kapitel wurde die von-Neumann-Architektur zur Einführung der grundlegenden Konzepte der Rechnerverarbeitung gewählt. Obwohl diese die wohl verbreitetste Architekturform heutiger Rechner darstellt, gewinnt in den letzten Jahren eine leicht abgeänderte Form immer mehr Beliebtheit bei der Entwicklung besonders schneller Prozessoren, wie z. B. Signalprozessoren: die so genannte *Harvard-Architektur* (s. Abb. 4.37).

In einer von-Neumann-Architektur wird die gesamte Leistung eines Rechners stark von der Geschwindigkeit des Speicherbusses, zuständig für das Lesen und Schreiben von Daten und Befehlen, beeinflusst. Er stellt somit einen Engpass dar, den sogenannten *von-Neumann-Flaschenhals*. Im Gegensatz dazu werden in der Harvard-Architektur getrennte Busse für die Adressierung getrennter Daten- und Befehlsspeicher eingesetzt. Dadurch lassen sich Daten und Befehle gleichzeitig adressieren, wohingegen in einer von-Neumann-Architektur sequentiell adressiert wird. Außerdem trägt die Trennung der Daten- und Befehlsspeicher zur Steigerung der Betriebssicherheit bei. So kann vermieden werden, dass Befehle im Speicher

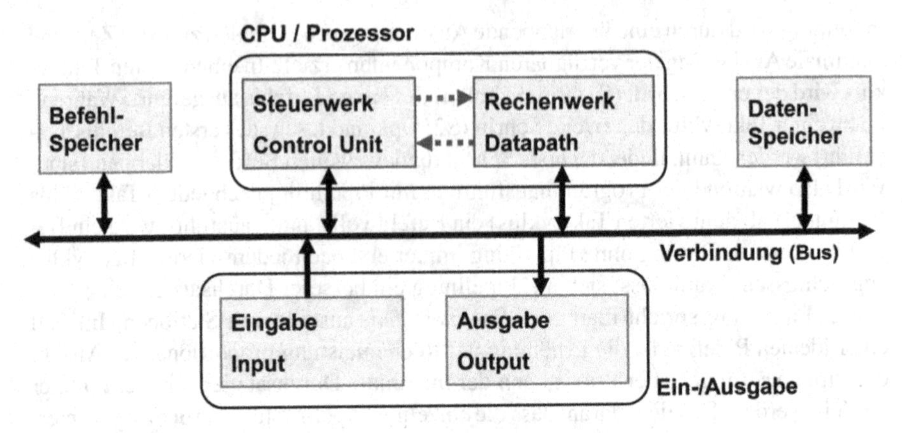

Abb. 4.37 Logische Struktur einer Harvard-Architektur

versehentlich oder absichtlich überschrieben werden. Ein weiterer Vorteil dieser Architektur ist die separate Behandlung der Daten- und Befehlswortbreite und somit auch der Daten- und Befehlsbusbreite. Nachteilig ist jedoch, dass nicht benötigter Speicherplatz im Datenspeicher bzw. Befehlsspeicher blockiert wird.

4.4 Rechnernetze und Verteilte Anwendungen

In vorherigen Abschnitten wurden grundlegende Konzepte der elektronischen Datenverarbeitung mit Hilfe von Rechnern erklärt. Weitere Grundlagen schließen Methoden der Datenkommunikation ein. Dieser Bestandteil der Informationstechnologie hat in den letzten Jahrzehnten zu einer Revolution und zu einem Umdenken in der Datenverarbeitung geführt, indem eine Verlagerung von früher stark ortsabhängigen zu heute immer mehr dezentral und verteilt verfügbaren Diensten ermöglicht wurde. Diese Verlagerung wird technologisch sowohl von dem sich rasch und positiv entwickelnden Preis-Leistungs-Verhältnis heutiger Rechner, als auch von der Bereitstellung von immer leistungsfähigeren und preiswertigeren Kommunikationsnetzen für den Datenaustausch zwischen entfernten Rechnern, unterstützt. Dank dieser Entwicklungen lassen sich heute nicht nur einfach, sondern auch preiswert Rechnerverbünde zusammenstellen, die aus beliebig vielen autonomen Rechnern bestehen. Ein weltweit verbreitetes Beispiel eines solchen Rechnerverbundes stellt das Internet dar. Durch das Internet wird heute eine stets wachsende Anzahl von verteilten Diensten bereitgestellt, die vor einigen Jahren nicht denkbar waren.

Die restlichen Abschnitte dieses Kapitels widmen sich der Erörterung wesentlicher Grundlagen der Datenkommunikation. Davor werden die zwei Begriffe *Rechnernetze/Verteilte Systeme* und *Verteilte Anwendung* eingeführt. Die Begriffe sind eng miteinander verbunden und in einschlägiger Literatur oft nicht einheitlich definiert.

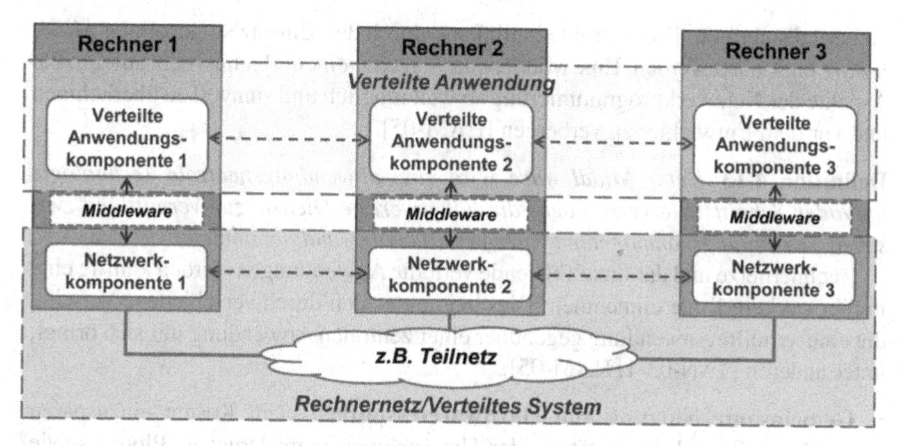

Abb. 4.38 Verteiltes System/Rechnernetz und verteilte Anwendung

Definition 4.11 *Unter einem **Rechnernetz*** oder auch ***verteiltem System*** *versteht man eine Menge voneinander physikalisch unabhängiger Rechner, die zum Zwecke der Kommunikation bzw. des Datenaustausches miteinander verbunden sind.*

Basiert die Kommunikation zwischen den Rechnern eines Rechnernetzes auf Funktechnologien, spricht man von einem *mobilen Rechnernetz*.

Definition 4.12 *Unter einer **verteilten Anwendung** wird eine Anwendung verstanden, die ein Rechnernetz nutzt, um Benutzern eine in sich geschlossene Funktionalität zur Verfügung zu stellen [HAM-05].*

Ein wesentliches Merkmal einer verteilten Anwendung ist die Verteilung der Anwendungslogik auf mehrere, voneinander unabhängige Anwendungskomponenten, die sich auf autonomen Rechnern eines Rechnernetzes befinden [HAM-05]. Abbildung 4.38 macht die Trennung zwischen Anwendungen und den reinen Infrastrukturen zur physikalischen Datenübertragung deutlich. Lokale Anwendungskomponenten einer verteilten Anwendung bieten lokalen Benutzern Dienste an, unter Zuhilfenahme von Funktionalitäten lokaler Netzwerkkomponenten auf den einzelnen Rechnern im Rechnernetz. Beispiele verteilter Anwendungen in der heutigen Zeit des Internet-Booms sind: das WWW (World Wide Web) für den Austausch von Dokumenten, Email-Anwendungen für den Austausch elektronischer Post, FTP (File Transfer Protocol)-Anwendungen für den Austausch von Dateien, IM (Instant Messaging)-Anwendungen für den sofortigen Austausch von Textnachrichten und Dateien, sowie Kollaborationsanwendungen. All diese Anwendungen finden Einzug in heutige, global verteilt agierende Unternehmen zur Unterstützung der Produktentwicklung.

Netzwerkkomponenten der Rechner eines Rechnernetzes bieten nur rudimentäre Funktionalitäten an, z. B. für den Verbindungsaufbau und –abbau, für die Übermittlung von Daten als Gruppen von Bytes, sowie für die Behandlung von Fehlern bei der Datenübertragung. Dies stellt eine Herausforderung in der Bereitstellung von verteilten Anwendungen dar, denn neben der eigentlichen Anwendungsfunktionalität sind vom Anwendungsentwickler darüber hinaus die Aufgaben der Netzwerkverwaltung zu berücksichtigen. Diese Problematik kann durch den Einsatz so genannter *Middleware* entschärft werden. Eine Middleware setzt auf einem Rechnernetz auf, um die Aspekte der Netzwerkprogrammierung so weit möglich und sinnvoll zu übernehmen und vor dem Entwickler zu verbergen [HAM-05].

Definition 4.13 *Unter* ***Middleware*** *wird eine anwendungsneutrale Technologie und/oder Schnittstelle verstanden, die höherwertige Dienste zur Vermittlung zwischen Anwendungskomponenten einer verteilten Anwendung anbietet.*

Rechnernetze und darauf aufbauende verteilte Anwendungen werden künftig eine immer stärkere Rolle einnehmen. Dies begründet sich durch verschiedene Vorteile, die eine verteilte Anwendung gegenüber einer zentralen Anwendung mit sich bringt, unter anderen [TAN-03-1, HAM-05]:

- **Gemeinsame Nutzung von Hardwareressourcen**: Um Kosten einzusparen werden z. B. in Universitäten oder Unternehmen teure Drucker, Plotter sowie Speichermedien zentral eingerichtet und gemeinsam genutzt. Aufträge werden über ein verteiltes System an die Geräte gesendet und von diesen sequentiell bearbeitet.
- **Gemeinsame Nutzung von Daten und Informationen:** Neben der gemeinsamen Nutzung von Geräten ist es meistens viel wichtiger Informationen und Daten gemeinsam zu nutzen. Über verteilte Anwendungen können wichtige Informationen von unterschiedlichen Anwendern erstellt und veröffentlicht werden.
- **Möglichkeit zur Kommunikation:** Durch die Möglichkeit des Datenaustauschs zwischen entfernten und heute auch mobilen Rechnern bietet sich eine Fülle neuer Anwendungen auch im privaten Bereich an.
- **Leistungsverbund (engl. Load Sharing):** Mit Hilfe verteilter Systeme können umfangreiche Aufgaben schneller gelöst werden. Dabei werden diese Aufgaben in mehrere Teilaufgaben zerlegt, die parallel auf verschiedenen Rechnern ausgeführt werden, um dadurch eine bessere Antwortzeit zu erzielen.
- **Sicherheitsverbund (engl. Security Sharing):** Durch verteilte Systeme bietet sich die Möglichkeit an, durch die Replikation von Daten und Funktionalitäten auf verschiedenen verteilten Rechnern eine bessere Verfügbarkeit und Ausfallsicherheit zu erzielen.

Die Vorteile gehen jedoch oftmals auf Kosten erhöhter Sicherheitsrisiken. Weltweit werden jährlich durch mangelhafte Konfigurationen von Rechnern, unverschlüsselte Daten sowie böswillige Mitarbeiter und Hacker enorme Schäden angerichtet.

4.4.1 Architekturmodelle verteilter Anwendungen

Die Organisation und Rollen der Anwendungskomponenten im Kontext einer verteilten Anwendung werden durch ein so genanntes *Architekturmodell* beschrieben. Heute wird zwischen zwei wichtigen Architekturmodellen für verteilte Anwendungen unterschieden [HAM-05]:

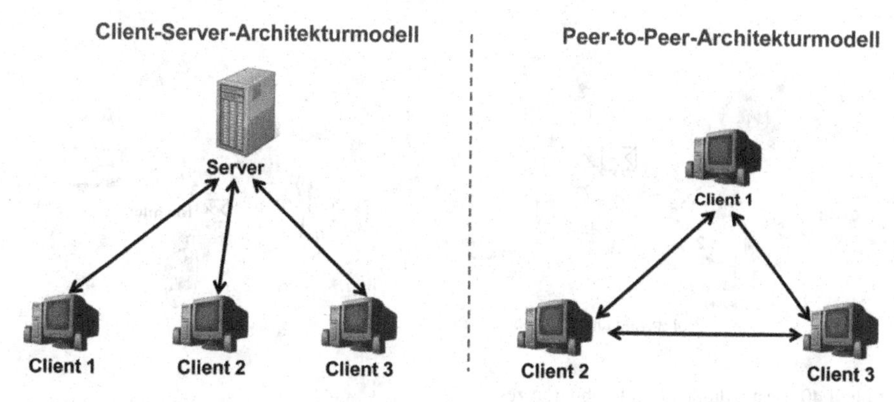

Abb. 4.39 Architekturmodelle für verteilte Anwendungen

- *Client-Server-Architekturmodell*
- *Peer-to-Peer-Architekturmodell*

Beide sind in Abb. 4.39 dargestellt.

Ein Client-Server-Architekturmodell spiegelt das Konzept von Dienstnutzern (hier die *Clients*) wider, die bestimmte Dienste von einem Diensterbringer (hier der *Server*) in Anspruch nehmen. Der Server ist eine zentrale Anwendungskomponente, die in der Regel auf einem separaten, leistungsfähigen Rechner läuft. Die Clients, die typischerweise auf einfachen Rechnern laufen, können unabhängig voneinander Dienste vom Server anfordern. Gängige Beispiele für Client-Server-Architekturmodelle sind das WWW und Email-Anwendungen. Bei Aufforderung durch einen Browser bzw. E-Mail-Client, werden Webseiten bzw. Emails von einem Webserver bzw. E-Mail-Server auf den lokalen Rechner heruntergeladen und dem Benutzer angezeigt.

Im Gegensatz dazu stellt das Peer-to-Peer-Architekturmodell eine Organisationsform dar, bei der die unterschiedlichen Anwendungskomponenten (*Peers* genannt) gleichberechtigt sind. Dieses Modell zeichnet sich dadurch aus, dass jede Anwendungskomponente sowohl als Server als auch als Client agieren kann.

4.4.2 Grundlegendes über Rechnernetze

4.4.2.1 Bestandteile von Rechnernetzen

Die Entwicklungsgeschichte von Rechnernetzen wurde durch die Einführung des ARPANET (s. Abschn. 4.4.4.1) stark beeinflusst, woraus das heutige Internet hervorging. Davor erfolgte die Datenverarbeitung meist zentral in einem Rechenzentrum mit Hilfe von Großrechnern, an denen Peripheriegeräte angeschlossen waren. Diese Großrechner wurden von verschiedenen Benutzern zur Erledigung ihrer Aufgaben

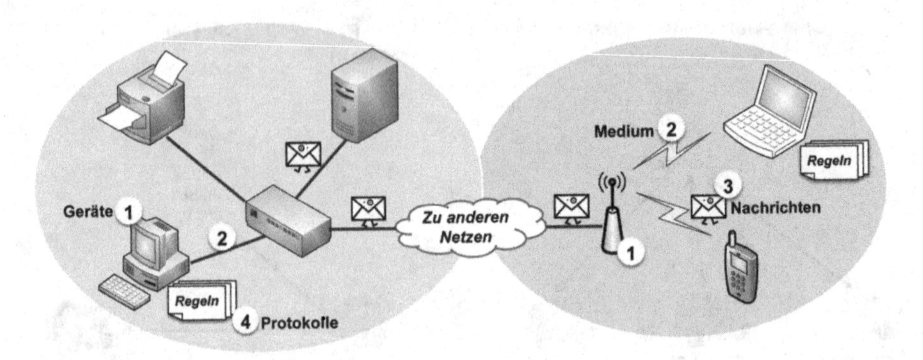

Abb. 4.40 Bestandteile eines Rechnernetzes

benutzt. Datenaustausch geschah hauptsächlich postalisch via Lochkarten oder Magnetbändern. Durch Rechnernetze werden heutzutage Daten elektronisch über lange Strecken ausgetauscht. Dies ist jedoch nur möglich, wenn spezialisierte Infrastrukturen zur physikalischen Datenübertragung, sowie klare Regeln zur Steuerung des Datenaustausches bereitgestellt werden. Aus diesem Grund besteht ein Rechnernetz aus folgenden vier wichtigen Elementen (s. Abb. 4.40):

- Geräte
- Medium
- Nachrichten
- Protokolle

Die Geräte Die Geräte in einem Rechnernetz sind sowohl Endgeräte (z. B. PC, Laptop, Smartphones, etc.), die Quellen und Ziele für die zu übertragenden Daten darstellen, als auch Netzwerkinfrastrukturgeräte (z. B. Modems, Router und Switch), die eine Datenübertragung über lange Distanzen hinweg ermöglichen. Die Teilnahme dieser Geräte an einem Rechnernetz geschieht über die darin enthaltenen Netzwerkkomponenten (s. Abb. 4.38).

Das Medium Das Medium in einem Rechnernetz repräsentiert das verwendete Mittel für die eigentliche Datenübertragung. Es wird zwischen *kabelgebundenen* und *drahtlosen/mobilen* Rechnernetzen unterschieden. Kabelgebundene Rechnernetzwerke nutzen zur Datenübertragung Kabel (z. B. Kupfer- und Glasfaserkabel), an denen die Geräte angeschlossen sind. Bei drahtlosen Rechnernetzen wird die Luft als Übertragungsmedium für z. B. elektromagnetische Wellen oder Infrarot eingesetzt. Ein drahtloses Rechnernetz ist in der Regel mit einem kabelgebundenen Rechnernetz als Rückgrat verbunden.

Die Nachrichten Die Nachrichten in einem Rechnernetz repräsentieren die eigentlichen Daten, die über das Medium übertragen werden. Am Anfang der Rechnernetzgeschichte wurden hauptsächlich Textdaten zwischen entfernten Rechnern ausgetauscht. Durch die technologischen Entwicklungen in den letzten Jahren werden heute einfache Textdaten, Audiodaten bis hin zu hochauflösenden Videodaten über Rechnernetze übermittelt. Diese Vielfältigkeit der Daten stellt besondere Herausforderungen bei der Realisierung von Rechnernetzen dar. Dies liegt daran, dass jede Klasse von Daten unterschiedliche Anforderungen z. B. bezüglich Übertragungsgeschwindigkeit und Sicherheit birgt.

Die Protokolle Das letzte wichtige Element eines Rechnernetzes sind die Protokolle. Protokolle repräsentieren die Regeln, die die Kommunikation zwischen den Geräten in einem Rechnernetz regeln.

Definition 4.14 *Ein **Protokoll** definiert das Format und die Reihenfolge des Nachrichtenaustausches zwischen zwei oder mehreren kommunizierenden Entitäten, sowie die Handlungsmaßnahmen zur Behebung von auftretenden Ereignissen [KUR-08].*

Im Allgemeinen sind Protokolle nicht nur in Rechnernetzen vorzufinden. Als Analogie kann das Beispiel eines Telefonates betrachtet werden. Die korrekte Durchführung eines Telefongesprächs erfordert nicht nur das Vorhandensein von Infrastrukturgeräten, wie z. B. Telefongeräten und Vermittlungsstationen zwischen den Gesprächsteilnehmern, sondern auch das Einhalten von bestimmten Regeln bzw. Manieren. Nach dem Wählen einer gültigen Telefonnummer für den gewünschten Gesprächspartner, sowie die erfolgreiche Entgegennahme des Anrufs durch diesen, beginnt ein Gespräch für gewöhnlich mit einer höflichen Begrüßung. Anschließend erfolgt der eigentliche Austausch zwischen den Gesprächsteilnehmern. Auch hier werden bestimmte Regeln eingehalten, z. B. es sollte nicht gleichzeitig gesprochen werden. Während eines Gesprächs können unerwartete Ereignisse auftreten, auf die unmittelbar reagiert werden muss. Beispiele solcher Ereignisse sind: ein Gesprächspartner antwortet nicht mehr oder das Telefonat wird plötzlich unterbrochen. Am Ende des Gespräches ist es üblich, dass die Gesprächspartner voneinander Abschied nehmen, bevor der Vorgang abgeschlossen wird.

Neben den Regeln gehören zu einem Protokoll auch bestimmte Vereinbarungen. Im Fall eines Telefonats wird z. B. vor oder während des Telefonates über eine Sprache für die Kommunikation entschieden. Es wird grundsätzlich zwischen *verbindungsorientierten* und *verbindungslosen* Protokollen unterschieden. Bei der ersten Kategorie wird vor dem Datenaustausch zuerst eine Verbindung zwischen Sender und Empfänger auf- und am Ende abgebaut. Das obige Beispiel eines Telefonates stellt einen guten Fall eines verbindungsorientierten Protokolls dar. Im Gegensatz dazu werden bei verbindungslosen Protokollen Daten ohne Vorankündigung versendet. Beispiele für verbindungslose Protokolle sind das Senden von Briefen, Emails oder Fax.

4.4.2.2 Schichtenmodelle für Rechnernetze

Die Kommunikation zwischen Rechnern in einem Rechnernetz gestaltet sich nach der vorherigen Betrachtung durch das Senden und Empfangen von Nachrichten in einem vereinbarten Format über ein Medium. Dies wird ermöglicht durch die

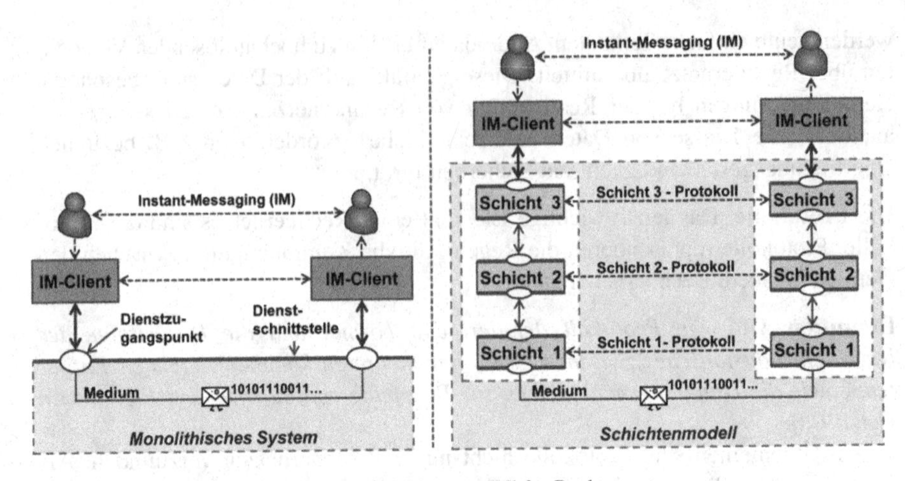

Abb. 4.41 Monolithisches System vs. Schichtenmodell für Rechnernetze

koordinierte Interaktion einer Reihe abgestimmter Protokolle auf unterschiedlichen Abstraktionsebenen. Für die einfache Beschreibung dieser Interaktionen werden daher Rechnernetze, sowie darauf aufbauende verteilte Anwendungen, als eine Menge von übergeordneten Schichten konzipiert. Dies wird in Abb. 4.41 verbildlicht.

Angenommen zwei entfernte Benutzer wollen über Sofortnachrichtenversand (engl. Instant Messaging, kurz IM) kommunizieren. Diese virtuelle Kommunikation auf Menschenebene abstrahiert von der eigentlichen Kommunikation auf Ebene der verwendeten Anwendung en (in diesem Fall ein IM-Client, wie z. B. Skype oder MSN Messenger). Diese Anwendungen agieren abwechselnd als Sender und Empfänger und nutzen das Rechnernetz zum Nachrichtenaustausch. Diese Kommunikation erfordert eine Menge von Vereinbarungen und Regeln zwischen den beteiligten Einheiten. Beispiele solcher Vereinbarungen sind:

- die Festlegung eines Formates für die Kodierung der Zeichen, welche die ursprünglichen Nachrichten der Benutzer (im Folgenden *Nutzdaten* genannt) repräsentieren (z. B. ASCII-Kodierung),
- die Festlegung eines Formates für die Umwandlung der Nutzdaten in geeignete Bytepakete für die Übertragung über das Medium,
- die Festlegung der physikalischen Eigenschaften von Signalen, welche die einzelnen Bits der Bytepakete auf dem Medium repräsentieren, sowie
- die Festlegung von Regeln um Übertragungsfehler zu behandeln.

Eine Möglichkeit, diese komplexen Funktionalitäten und Vereinbarungen für die korrekte Datenkommunikation in einem Rechnernetz zu realisieren, besteht darin, diese in einem einzigen monolithischen System zu implementieren. Dieses System würde als Ganzes über eine wohldefinierte *Dienstschnittstelle* verfügen, welche Zugang zu wohldefinierten *Diensten* des Rechnernetzes anbietet (z. B. Dienste für die Nachrichtenkodierung, für den Kommunikationsaufbau und -abbau, für die physikalische Datenübertragung über das Medium, für die Fehlerbehandlung, etc.). Ein solcher Ansatz hat neben der damit verbundenen hohen Komplexität bei der Realisierung auch die Nachteile, dass das resultierende System sehr schlecht wartbar und schwer an neue Herausforderungen anpassbar ist. Daher wird stattdessen ein Schichtenmodell verwendet.

Ein Schichtenmodell besteht aus einer Menge übergeordneter Schichten. Die Anzahl dieser Schichten, sowie die von Ihnen bereitgestellten Funktionalitäten variieren je nach Art des Rechnernetzes. Jede Schicht bietet Dienste für die darüber liegende Schicht an. Zur Erbringung dieser Dienste nutzt sie die Dienste der unmittelbar darunterliegenden Schicht, ohne Details ihrer Realisierung zu kennen. Logisch gesehen gestaltet sich somit die gesamte Kommunikation zwischen zwei Geräten in einem Rechnernetz als die koordinierte, horizontale Kommunikation zwischen ihren gleichgestellten Schichten. Genauer ausgedrückt, Schicht n eines Geräts kommuniziert mit Schicht n des anderen Geräts. Diese Kommunikation wird von einem Protokoll der Schicht n geregelt. Die Gesamtheit der Protokolle der verschiedenen Schichten eines Rechnernetzes wird *Protokollstapel* (im Engl. *Protocol stack*) genannt. Das Schichtenmodell hat den Vorteil, dass es weniger komplex zu realisieren ist. Zudem lassen sich die einzelnen Schichten besser warten und sind modular austauschbar.

Im Nachfolgenden werden zwei wichtige Beispiele von Schichtenmodellen erörtert. Das Erste stellt ein Referenzmodell (*ISO/OSI-Referenzmodell*) dar, während das Zweite (*TCP/IP-Modell*) die Grundlage des heutigen Internets bildet.

4.4.3 Das ISO/OSI-Referenzmodell

Damit die unterschiedlichen Hersteller von Kommunikationsgeräten über eine einheitliche Grundlage verfügen, wurde 1983 ein Referenzmodell von der Internationalen Organisation für Normung (ISO) standardisiert. Dieses trägt den Namen *Open Systems Interconnection Reference Model*, (kurz *OSI-Referenzmodell* oder *ISO/OSI-Referenzmodell*). Das ISO/OSI-Referenzmodell ist ein Schichtenmodell, welches insgesamt sieben aufeinander aufbauende Schichten definiert. Jede Schicht verfügt über genormte Schnittstellen. Das ISO/OSI-Referenzmodell gilt als Grundlage für die Beschreibung von Rechnernetzen und ihren Protokollen. Es stellt ein abstraktes Modell für die Bildung weiterer Standards dar. Um die Bedeutung und Aufgaben der einzelnen Schichten des ISO/OSI-Referenzmodells leichter zu vermitteln, wird auf das vorherige Beispiel der virtuellen Kommunikation zwischen entfernten Benutzern über Sofortnachrichtenversand zurückgegriffen (Abb. 4.42).

Die Anwendungsschicht Die oberste Schicht des ISO/OSI-Referenzmodells, auch siebte Schicht genannt, ist die *Anwendungsschicht* (im Engl. *Application Layer*). Sie bietet verteilten Anwendungen Dienste zum Zugriff auf das Rechnernetz an, um so ihre Nachrichten auszutauschen. Im vorliegenden Beispiel des Sofortnachrichtenversands stellt die verwendete Anwendung (der IM-Client) den Benutzern eine Schnittstelle zur Eingabe ihrer Nachrichten zur Verfügung. Diese Nachtrichten bilden die zu übertragenen Nutzdaten und werden von der Anwendung direkt an die

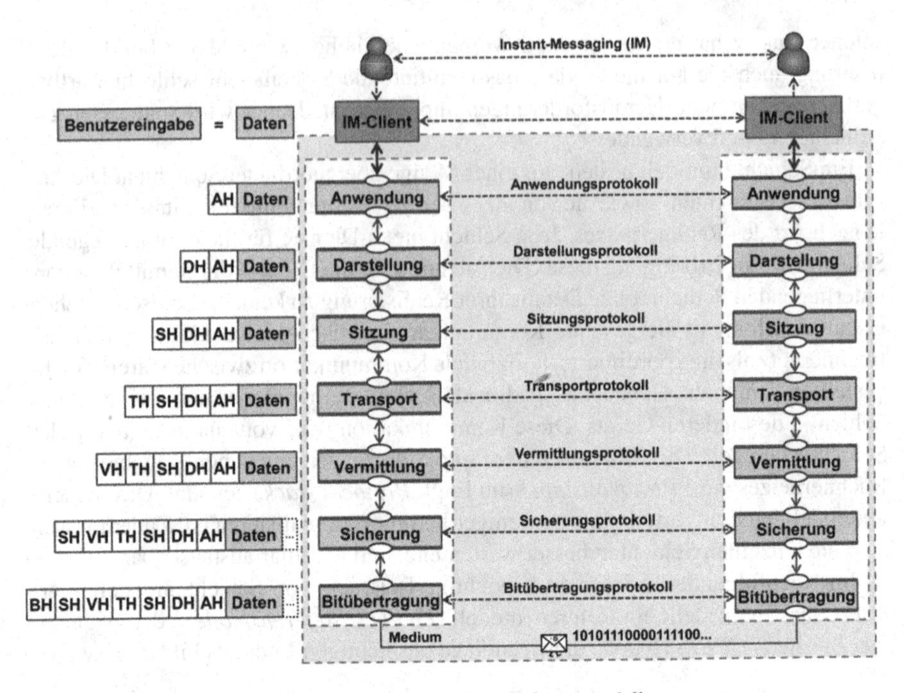

Abb. 4.42 Die Schichten und Protokolle des ISO/OSI-Referenzmodells

Anwendungsschicht übergeben. Die Anwendungsschicht nimmt diese Daten entgegen und ergänzt sie um schichtenspezifische Informationen/Steuerdaten, bevor sie an die darunterliegende Schicht weitergereicht werden.

Im Allgemeinen werden vor der Weitergabe von Daten von einer Schicht zu den unmittelbar angrenzenden Schichten zusätzlich schichtspezifische Steuerdaten ergänzt (von Schicht n zu Schicht $n-1$) bzw. entfernt (von Schicht $n-1$ zu Schicht n). Diese Steuerdaten bilden den *Protokollkopf* (im Engl. *Protocol Header*, oder kurz *Header*) und/oder den *Protokollnachspann* (im Engl. *Protocol Trailer* oder kurz *Trailer*). Im Falle der Anwendungsschicht werden die Nutzdaten um einen Header (in Abb. 4.42 als *AH* gekennzeichnet) ergänzt.

Die Darstellungsschicht Die sechste Schicht des ISO/OSI-Referenzmodells ist die *Darstellungsschicht* (im Engl. *Presentation Layer*). Sie sorgt dafür, dass die zu übertragenden Daten aus der Anwendungsschicht in ein unabhängiges Format überführt werden, um somit den Datenaustausch zwischen unterschiedlichen Geräten zu ermöglichen. Zu ihren wichtigsten Aufgaben gehören die Datenkodierung, Datenkompression und Datenverschlüsselung. Angenommen die zwei Benutzer im Beispiel des Sofortnachrichtenversands würden zwei unterschiedliche Sprachen verwenden, z. B. Englisch und Deutsch. Beide können sich nur verständigen, indem ein Dolmetscher dazwischen geschaltet wird. Eine Übersetzungsaufgabe würde im ISO/OSI-Referenzmodell von der Darstellungsschicht übernommen. Sie würde die englischen Nachrichten ins Deutsche übersetzen und umgekehrt.

Die Sitzungsschicht Die fünfte Schicht des ISO/OSI-Referenzmodells ist die *Sitzungsschicht* (im Engl. *Session Layer*). Sie bietet Dienste zur Realisierung einer prozessorientierten Kommunikation zwischen Anwendungen an. Hier werden Sitzungen zwischen verteilten Anwendungen auf- und abgebaut, sowie bei Fehlern oder Unterbrechungen restauriert. Diese Schicht unterstützt die Dialogsteuerung, um zu verfolgen welche Partei gerade spricht und stellt Funktionen für das Pausieren und die Synchronisierung der Kommunikation zur Verfügung [TAN-03-1]. Im Beispiel des Sofortnachrichtenversands muss vor dem Nachrichtenaustausch eine Sitzung zwischen den verwendeten Anwendungen (IM-Client) aufgebaut werden. Diese Sitzung sorgt z. B. dafür, dass sich die Nachrichten der Benutzer nicht überschneiden und, dass bei Unterbrechung die Sitzung restauriert wird.

Die Transportschicht Die vierte Schicht des ISO/OSI-Referenzmodells ist die *Transportschicht* (im Engl. *Transport Layer*). Sie ist das Bindeglied zwischen den darüber liegenden, anwendungsorientierten und den darunterliegenden, transportorientierten Schichten. Sie bietet Dienste zum Auf- und Abbau von Verbindungen zwischen Anwendungen an, welche auf Rechnern in Rechnernetzen laufen. Die Übertragungseinheit der Transportschicht wird *Paket/Segment* genannt. Die von der Anwendungsschicht kommenden Daten werden in durchnummerierte Pakete zerlegt, welche für die Übertragung besser geeignet sind. Diese Pakete werden beim Empfänger anhand ihrer Nummern wieder zusammengestellt. Zusätzlich werden Maßnahmen zur Vermeidung von Stau im Netz und Nachrichtenüberflutung des Empfängers ergriffen, sowie Mechanismen zur Behandlung von Datenpaketverlusten implementiert.

Die Vermittlungsschicht Die dritte Schicht des ISO/OSI-Referenzmodells ist die *Vermittlungsschicht* (im Engl. *Network Layer*). Die Übertragungseinheit der Vermittlungsschicht wird *Datagramm* genannt. Eine wesentliche Aufgabe dieser Schicht besteht darin, Geräte im Rechnernetz mit Adressen zu versehen, welche für ihre Adressierung benutzt werden. Basierend auf diesen Adressen werden so genannte *Routingtabellen* gebaut, welche von Geräten im Rechnernetz verwendet werden, um Datagramme optimal durch das Rechnernetz zu vermitteln. So wird in einem komplexen Rechnernetz gewährleistet, dass Daten von einem Sender über verschiedene zwischengeschaltete Stationen weitergereicht werden, bis sie beim Empfänger ankommen.

Die Sicherungsschicht Die zweite Schicht des ISO/OSI-Referenzmodells ist die *Sicherungsschicht* (im Engl. *Data Link Layer*). Die Übertragungseinheit der Sicherungsschicht wird *Rahmen* (im Engl. *Frames*) genannt. Die wichtigsten Aufgaben dieser Schicht sind den Zugriff der Geräte über das gemeinsame Medium des Rechnernetzes zu regeln, die Datagramme aus der darüber liegenden Schicht in Rahmen zu fragmentieren, sowie die Übertragung dieser Rahmen über das Medium zu veranlassen.

Die Bitübertragungsschicht Die erste Schicht des ISO/OSI-Referenzmodells ist die *Bitübertragungsschicht* (im Engl. *Physical Layer*). Diese Schicht hat die Aufgabe, die einzelnen Bits der Rahmen aus der Sicherungsschicht über das Medium

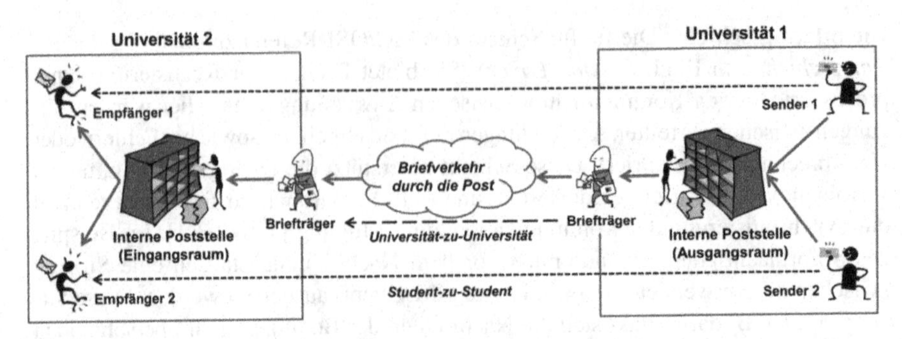

Abb. 4.43 Unterschied zwischen Student-zu-Student und Universität-zu-Universität Kommunikation

zu übertragen. Hier werden die physikalischen Eigenschaften der Signale festgelegt, welche für die Übertragung der Bits verwendet werden. Bei leitungsgebundenen Rechnernetzen werden z. B. elektrische und optische und bei drahtlosen Rechnernetzen z. B. elektromagnetische Signale eingesetzt. Außerdem wird auf dieser Schicht festgelegt, welche Form die Netzwerkstecker haben müssen und wie ihre einzelnen Pins belegt sein müssen [TAN-03-1].

Unterschied zwischen Transport- und Vermittlungsprotokollen Transport- und Vermittlungsprotokolle arbeiten sehr eng miteinander zusammen und bieten beide Transportdienste an. Es ist daher für die Erschließung der Grundlagen von Rechnernetzen unabdingbar ihre Zusammenarbeit, sowie ihre Unterschiede gut zu verstehen. Um dies zu unterstützen, wird in diesem Abschnitt eine Analogie zu einem Beispiel aus dem Alltag hergestellt (s. Abb. 4.43).

Angenommen zur Unterstützung des allgemeinen Austauschs zwischen Studenten aus Universitäten in Deutschland soll, neben der üblichen Kommunikation über Emails, den Studenten auch die Möglichkeit über den postalischen Weg zu kommunizieren angeboten werden. Für diese besondere Angelegenheit dürfen Studenten an Universitäten die dort existierenden Postdienste nutzen, um mit ihren entfernten Kommilitonen Briefe auszutauschen. An jeder Universität werden deshalb in der Poststelle zwei Räume für den Briefverkehr eingerichtet: ein Eingangs- und ein Ausgangsraum. Im Ausgangsraum werden an jeder Universität die zuzustellenden Briefe der Studenten von einem Mitarbeiter der Poststelle gesammelt und täglich einem vorbeifahrenden Briefträger übergeben. Letzterer fährt die Briefe an die nächste Sortierstation der zentralen Post und von dort aus werden sie (eventuell über weitere Zwischenstationen) an die anderen Universitäten transportiert. Die an einer Universität ankommenden Briefe werden von einem Mitarbeiter der Poststelle angenommen und in den Eingangsraum gebracht. Dort verteilt er die Briefe auf die entsprechend beschrifteten Postfächer der Studenten. Danach können die Studenten über ihre Briefe verfügen.

In diesem Szenario können zwei Arten der Kommunikation unterschieden werden. Die erste geschieht zwischen den Studenten aus verschiedenen Universitäten, unter der Nutzung der von den Mitarbeitern der Poststellen bereitgestellten Dienste. Die Mitarbeiter bilden die einzigen Schnittstellen zu den Studenten und ermöglichen so zu sagen eine logische *Student-zu-Student* Kommunikation. Die zweite Art der Kommunikation geschieht zwischen den Mitarbeitern der Poststellen über die Nutzung der von den Briefträgern der zentralen Post bereitgestellten Dienste. Die Briefträger stellen die einzigen Schnittstellen zwischen den Mitarbeitern der Poststellen an den verschiedenen Universitäten dar. Sie ermöglichen so zu sagen eine logische *Universität-zu-Universität* Kommunikation.

Jetzt soll erörtert werden, was dieses Beispiel mit der Kommunikation in Rechnernetzen gemeinsam hat. Auf einem Rechner in einem Rechnernetz (im Sprachjargon ein sogenannter *Host*) können mehrere Anwendungsprogramme gleichzeitig laufen. Jedes dieser Programme wird vom Betriebssystem des Hosts als eigenständiger *Anwendungsprozess* repräsentiert und verwaltet. Zudem können mehrere dieser Anwendungsprozesse mit anderen, auf entfernten Hosts laufenden Anwendungsprozessen im Kontext einer verteilten Anwendung kommunizieren. Dies macht die Herstellung folgender Analogie zu obigem Alltagsbeispiel möglich:

- Universitäten können mit den Hosts in Rechnernetzen gleichgestellt werden.
- Studenten in den Universitäten können mit den Anwendungsprozessen auf den Hosts gleichgestellt werden.
- Die beschrifteten Postfächer der Studenten entsprechen den so genannten Anwendungsportnummern. Portnummern werden von Transportprotokollen verwendet, um Anwendungsprozesse voneinander zu unterscheiden und so ankommende Nachrichten an die richtigen Anwendungen weiterleiten zu können.

Mit dieser Analogie lassen sich ebenfalls zwei Arten der Kommunikation unterscheiden, welche die Transportdienste der Transport- und Vermittlungsschicht kennzeichnen:

- die *Prozess-zu-Prozess* Kommunikation zwischen den Anwendungsprozessen auf den Hosts
- die *Host-zu-Host* Kommunikation zwischen den Hosts

Die Prozess-zu-Prozess Kommunikation ist mit der Student-zu-Student Kommunikation gleichzusetzen. Ähnlich der Mitarbeiter der Poststellen, bilden Transportprotokolle die einzigen Schnittstellen zwischen kommunikationswilligen Anwendungsprozessen auf den Hosts. Sie nehmen ihre Nachrichten entgegen und stellen sicher, dass die ankommenden Nachrichten an die richtigen Anwendungsprozesse zugestellt werden.

Auf der anderen Seite ist die Host-zu-Host Kommunikation mit der Universität-zu-Universität Kommunikation gleichzustellen. Ähnlich der Briefträger, bilden die Vermittlungsprotokolle die einzigen Schnittstellen zwischen den Hosts. Sie nehmen die Nachrichten von Transportprotokollen und sorgen für den Transport dieser Nachrichten zu den adressierten Hosts. Hier können während des Transportes verschiedene Stationen zwischengeschaltet werden.

Abschließende Bemerkung Anhand des ISO/OSI-Referenzmodells wird der Vorteil der Austauschbarkeit von Schichten in einem Schichtenmodell verständlicher. Sollte z. B. ein Wechsel von einem kabelgebundenen zu einem drahtlosen Rechnernetz notwendig sein, muss ausschließlich die unterste Bitübertragungsschicht ausgetauscht werden. Die darüber liegende Sicherungsschicht, welche auf die Bitübertragungsschicht über definierte Schnittstellen zugreift, bleibt davon unbetroffen. Das ISO/OSI-Referenzmodell gilt heute zwar als Grundlage für die Beschreibung von Rechnernetzen, oder genauer gesagt von offenen Systemen, welche für die Kommunikation mit anderen Systemen konzipiert sind. Doch das ISO/OSI-Referenzmodell und die darauf aufbauenden Protokolle führten nicht zu dem erwarteten Durchbruch in der Praxis. Zu den Hauptgründen dieses Misserfolgs gehören seine Komplexität, sowie seine schwere Implementierbarkeit insbesondere in den Zeiten nach seiner Veröffentlichung. Hinzu kommt seine Ineffizienz, die sich zum Teil dadurch begründet, dass die Entscheidung für 7 Schichten mehr von politischer als technischer Natur war. Ferner erhielt es mit dem TCP/IP-Modell eine harte Konkurrenz, welches bei Forschungseinrichtungen und Universitäten bereits sehr verbreitet war, als die ISO/OSI-Protokolle erschienen [TAN-03].

4.4.4 Das Internet und das TCP/IP-Modell

Das sehr verbreitete TCP/IP-Modell, benannt nach den zwei Protokollen TCP und IP, bildet die Grundlage des heutigen Internets.

4.4.4.1 Kurze Entstehungsgeschichte des Internets

Die historische Entwicklung des Internets zeigt, dass es nicht von Beginn an für seinen heutigen Erfolg konzipiert wurde. Ende der 50er Jahre suchte das US-Verteidigungsministerium nach einem neuen Kommunikationsnetz, das im Gegensatz zum damals eingesetzten Telefonnetz einen eventuellen Atomkrieg überdauern würde [TAN-03]. Hier war die Forderung, ein verteiltes, verlässliches System zu entwickeln, das im Fall der Zerstörung oder des Ausfalles von Vermittlungsstellen weiter betrieben werden konnte. Das berüchtigte Problem des Telefonnetzes, was es besonders verletzlich gegen böswillige Angriffe macht, wird in Abb. 4.44 links veranschaulicht. Mit Hilfe dieser schematischen Abbildung eines Telefonnetzes wird ersichtlich, dass im Falle des Ausfalls einer Vermittlungsstelle Gefahr des kompletten Netzzusammenbruchs droht. Dies liegt daran, dass in einem Telefonnetz nur sehr wenig Redundanz vorhanden ist.

Als Ergebnis der Bestrebungen des US-Verteidigungsministers wurde im Jahr 1969 das ARPANET (Advanced Research Projects Agency Network) von einem Forschungsnetz entwickelt. Das ARPANET baut auf dem Konzept der *Paketvermittlung* (im Engl. *Packet switching*) auf, um eine höhere Ausfallsicherheit zu ermöglichen (s. Abb. 4.44 rechts). Die Besonderheit der Paketvermittlung, im Gegensatz zur

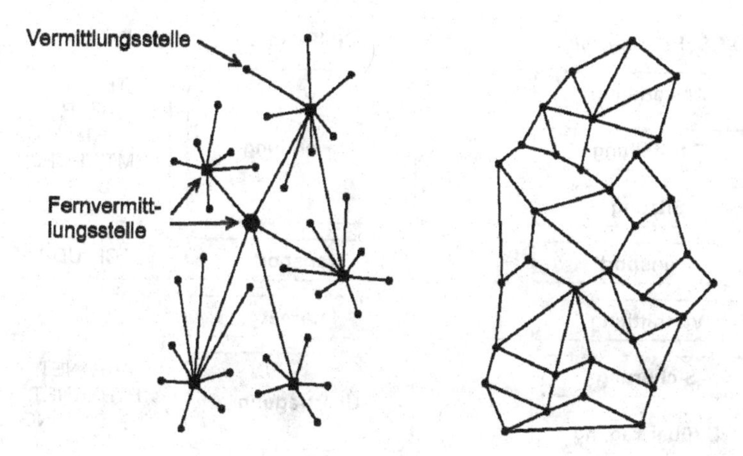

Abb. 4.44 Unterschiede zwischen der Vermittlung im Telefonnetz (*links*) und im ARPANET (*rechts*). [TAN-03]

herkömmlichen *Leitungsvermittlung* im Telefonnetz, ist die Zerlegung der zu übertragenen Daten in kleinere, durchnummerierte Pakete, die unabhängig voneinander durch die Geräte im Rechnernetz befördert werden. Dies lässt sich dadurch erreichen, dass zwischen den einzelnen Geräten im Rechnernetz redundante Leitungen existieren. Diese Redundanz wird beim Ausfall eines Gerätes verwendet, um einen anderen Weg für Pakete zu ermitteln. Hier werden keine festen Leitungen für die gesamte Dauer einer Kommunikation zwischen Sender und Empfänger blockiert, wie es in der Leitungsvermittlung der Fall ist. Pakete werden einzeln behandelt und können abhängig von der Auslastung des Rechnernetzes unterschiedliche Routen zum Empfänger nehmen. Dies führt dazu, dass Pakete möglicherweise unsortiert beim Empfänger ankommen können. Jedoch kann aufgrund der relativ kleinen Größe der Pakete erreicht werden, dass auf Übertragungsfehler schnell reagiert werden kann. In diesem Fall muss ausschließlich das fehlerbehaftete Paket erneut gesendet werden.

Das ARPANET wurde für militärische Zwecke konzipiert und geriet erst im Jahr 1972 an die Öffentlichkeit. Es wurde in der anfänglichen Zeit zur Verbindung von Universitäten und Forschungseinrichtungen genutzt. Mit der Zeit entwickelte sich das ARPANET rasant zu einem komplexen Netz mit vielen Teilnetzen. Danach wurde klar, dass die am Anfang gewählten Protokolle des ARPANET nicht mehr für den Betrieb geeignet waren, was zu der Initiierung verschiedener Forschungsarbeiten führte, die im Jahr 1974 in der Entwicklung der TCP/IP-Protokolle bzw. des TCP/IP-Modells mündeten [LAR-04]. Nachdem die TCP/IP-Protokolle Anfang des Jahres 1983 als offizielle Protokolle des ARPANET erklärt wurden, nahm die Anzahl der Teilnehmer im ARPANET exponentiell zu und der Name *Internet* begann sich zu etablieren, als Bezeichnung für ein komplexes Netz aus vielen Netzen. Das Internet erlebte mit der Einführung des WWW (World Wide Web) Anfang der neunziger Jahre einen regelrechten Boom. Durch *Internetdienstanbieter* (im Engl. *Internet Service Provider*) gelangte das Internet immer stärker in den privaten Haushalt. Die konkrete

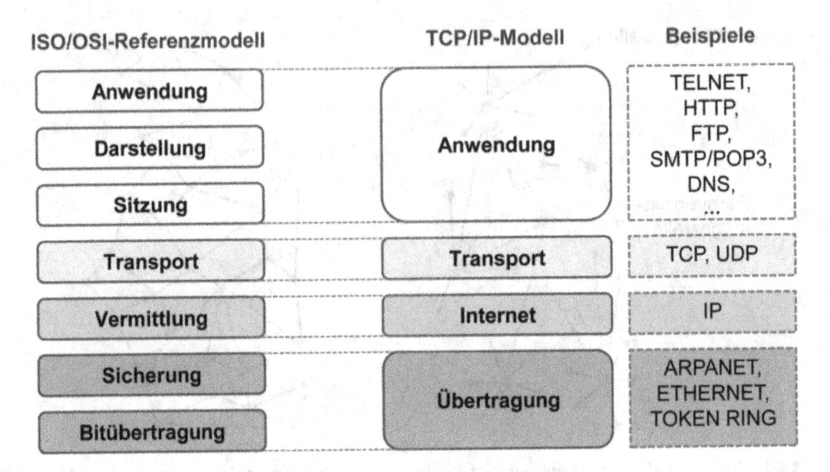

Abb. 4.45 Gegenüberstellung des ISO/OSI- und dem TCP/IP-Modell

Anzahl der Internetnutzer ist heute nicht bekannt. Jedoch, beläuft sie sich weltweit auf Milliarden.

4.4.4.2 Das TCP/IP-Modell

Um den starken Einfluss des TCP/IP-Protokollstapels auf das Internet zu verdeutlichen, wird z. B. nach [TAN-03] ein Rechner als „an das Internet angeschlossen" bezeichnet, wenn er den TCP/IP-Protokollstapel beherrscht, eine IP-Adresse besitzt und IP-Pakete an alle anderen Rechner im Internet versenden kann. Bevor näher auf die Bedeutung dieser zwei wichtigen Protokolle TCP und IP eingegangen wird, wird das TCP/IP-Modell dem ISO/OSI-Referenzmodell gegenüber gestellt (s. Abb. 4.45).

Das TCP/IP- und das ISO/OSI-Referenzmodell wurden getrennt voneinander entwickelt. Nichtsdestotrotz haben beide Modelle gewisse Ähnlichkeiten. Zuerst basieren beide auf einem Schichtenmodell. Außerdem bieten beide Modelle eine Schicht für den Prozess-zu-Prozess Transport von Daten zwischen Anwendungen auf verteilten Hosts (die Transportschicht), sowie eine Schicht für die Adressierung und Vermittlung von Daten durch das Netz (die Vermittlung- bzw. Internetschicht) an. Trotz dieser Ähnlichkeiten existieren Unterschiede zwischen beiden Modellen. Der offensichtlichste betrifft die Anzahl der Schichten. Im TCP/IP-Modell werden die drei obersten, sowie die zwei untersten Schichten des ISO/OSI-Referenzmodells zu je einer Schicht zusammengefasst. Somit kommt das TCP/IP-Modell auf nur 4 Schichten. Ein weiterer Unterschied zwischen beiden Modellen betrifft die Art der von ihnen bereitgestellten Protokolle. Das ISO/OSI-Referenzmodell unterstützt auf Ebene der Vermittlungsschicht sowohl die verbindungsorientierte als auch die verbindungslose Kommunikation und auf Ebene der Transportschicht nur die verbindungsorientierte Kommunikation. Das TCP/IP-Modell hingegen unterstützt auf Ebene der Vermittlungsschicht nur die verbindungslose Kommunikation, aber auf Ebene der

Transportschicht sowohl die verbindungsorientierte als auch die verbindungslose Kommunikation [TAN-03].

Trotz seines Erfolgs im Internet ist das TCP/IP-Modell auch nicht frei von Kritiken. Eine dieser Kritiken betrifft die fehlende Unterscheidung zwischen den Konzepten Schnittstellen und Diensten, wie es z. B. im ISO/OSI-Referenzmodell der Fall ist. Ein Dienst beschreibt eine Funktionalität, welche eine Schicht an die darüber liegende Schicht anbietet, ohne die Details seiner Implementierung festzulegen. Schnittstellen beschreiben wie auf Dienste zugegriffen wird. Sie definieren die Parameter für den Aufruf der Dienste, sowie die zu erwartenden Ergebnisse nach der Ausführung. Folglich lässt sich das TCP/IP-Modell nicht als Grundlage für die Entwicklung neuer Netze mit neuen Technologien verwenden [TAN-03]. Eine weitere Kritik ist die fehlende Trennung zwischen der Bitübertragungs- und der Sicherungsschicht. Das TCP/IP-Modell macht sehr wenige Aussagen über die Übertragungsschicht und macht vielmehr Gebrauch von bereits existierenden Standards.

4.4.5 Beispiele von Protokollen im Internet

In diesem Abschnitt werden Beispiele von Protokollen auf den unterschiedlichen Schichten des Internet-Modells vorgestellt.

4.4.5.1 Beispiel eines Protokolls der Anwendungsschicht

Ein Anwendungsschichtprotokoll definiert im Wesentlichen die Regeln und das Format für den Austausch von Nachrichten zwischen Anwendungskomponenten auf entfernten Hosts. Zu den Anwendungsprotokollen im Internet zählen TELNET (*Telecommunication Network*) für die Fernsteuerung von Rechnern in Form von textbasierter Eingabe von Befehlen und Ausgabe der Ergebnisse, HTTP (*Hypertext Transfer Protocol*) hauptsächlich für den Ausstauch von Webseiten im World Wide Web, SMTP (*Simple Mail Transfer Protocol*) zum Versenden von Emails, POP3 (*Post Office Protocol, Version 3*) und IMAP (*Internet Message Access Protocol*) zum Abrufen von Emails, DNS (Domain Name System, auch Verzeichnisdienst des Internets genannt) für die Übersetzung von sprechenden Netznamen in zugeordnete Netzadressen (genauer IP-Adressen), sowie FTP (*File Transfer Protocol*) für den entfernten Zugriff auf Dateien. Im Nachfolgenden, wird exemplarisch das im Web vorherrschende HTTP-Protokoll behandelt.

HTTP wird im World Wide Web für den Austausch von Webseiten zwischen Webclients (auch Browser genannt) und Webservern eingesetzt. Ein Webserver stellt Webseiten sowie damit verbundene Inhalte (Text, Bilder, Audios, Videos, etc.) bereit. Diese werden im Allgemeinen Ressourcen genannt und können von Webclients aufgerufen werden. Die Webseiten werden in der Sprache HTML (*HyperText Markup Language*) erstellt. HTML ist eine spezielle Auszeichnungssprache, die den

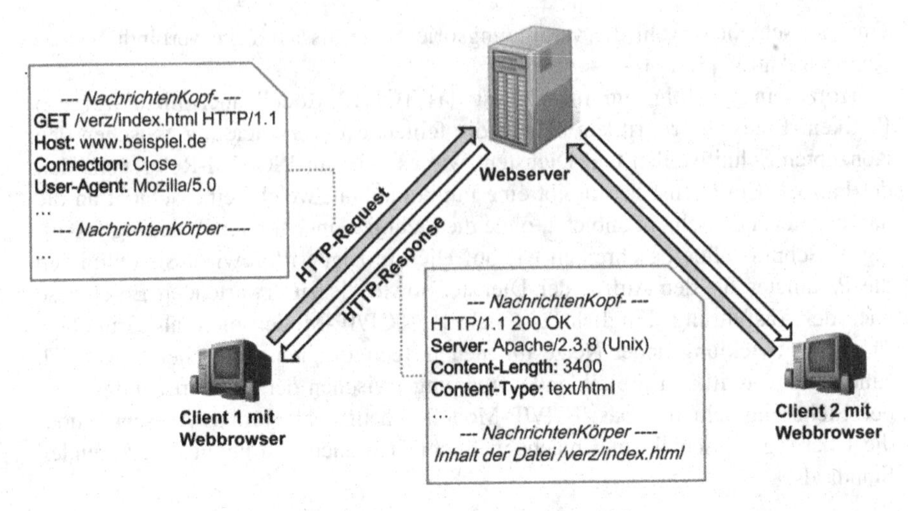

Abb. 4.46 Austausch von HTTP-Nachrichten zwischen Client und Server

Webbrowsern Anweisungen zur korrekten Darstellung von Webseiten erteilt. Die Kommunikation zwischen Webbrowsern und Webservern erfolgt durch den Austausch von HTTP-Nachrichten. Diese liegen in menschlesbarer Form als ASCII-Text vor. Es wird zwischen zwei Arten von Nachrichten unterschieden: *HTTP-Request* (auf Deutsch *HTTP-Anfrage*) und *HTTP-Response* (auf Deutsch *HTTP-Antwort*). Eine HTTP-Nachricht besteht grundsätzlich aus einem *Nachrichtenkopf* (im Engl. *Message Header*, kurz *HTTP-Header*) und einen *Nachrichtenkörper* (im Engl. *Message Body*, kurz *HTTP-Body*). Der Nachrichtenkopf enthält Informationen über den Inhalt der Nachricht und der Nachrichtenkörper repräsentiert die eigentlichen Anwendungsnutzdaten. In Abb. 4.46 sind Beispiele einer HTTP-Request und HTTP-Response zu sehen.

Eine HTTP-Request wird von einem Webbrowser generiert, wenn z. B. ein Benutzer eine Adresse/URL (Uniform Resource Locator) in der Adresszeile eines Webbrowsers eingibt oder auf einen Link in einer bereits geladenen Seite klickt. Im Beispiel in Abb. 4.46 wird angenommen, dass ein Benutzer die URL *www.beispiel.com/verz/index.html* im Webbrowser eingegeben hat. Durch diese Eingabe wird zu dem entfernten Server *www.beispiel.com* eine Verbindung geöffnet und vom ihm angefordert, dass er die Ressource (hier eine Webseite) im lokalen Pfad */verz/index.html* des Webservers zurücksendet. Aus dieser Eingabe wird ein entsprechender HTTP-Request generiert.

Die erste Zeile im Header eines HTTP-Requests wird *Request-Zeile* (im Engl. *Request Line*) genannt. Diese erhält drei wichtige Informationen: die verwendete Zugriffsmethode (z. B. GET, POST, PUT, DELETE, etc.), den lokalen Pfad einer Ressource auf dem Webserver, sowie die verwendete Protokollversion (im Beispiel HTTP 1.1). Die meisten HTTP-Requests verwenden die GET-Methode, welche eine Ressource von einem Webserver anfordert.

Zusätzlich zur Request-Zeile kann der Header eines HTTP-Requests weitere Zeilen mit zusätzlichen Informationen enthalten. Die Header-Zeile *Host* legt den Webserver fest, auf den zugegriffen wird. Die Header-Zeile *Connection* teilt dem Webserver mit, ob eine persistente Verbindung gewünscht ist oder nicht. HTTP ist historisch als *zustandsloses* Protokoll bekannt, also nicht persistent. Dies bedeutet, dass der Webserver keine Informationen über die von ihm bereits bedienten Webclients speichert. Die unmittelbare Konsequenz daraus ist, wenn ein bestimmter Webclient hintereinander mehrmals auf dieselbe Ressource zugreift, wird bei jedem Zugriff immer eine neue Verbindung zum Webserver geöffnet. Soll z. B. eine Webseite, die auf 4 Bilder verweist, geladen werden, müssen bei HTTP 1.0 hintereinander insgesamt 5 unterschiedliche Anfragen vom Webclient zum Webserver gestartet werden. Dies führt zu einer höheren Belastung von Webservern und vor allem zur Überlastung von Rechnernetzen. Dieses Problem wurde ab der Version HTTP 1.1 adressiert, HTTP-Requests sind defaultmäßig persistent. D. h., wenn nicht anders angegeben, wird vom Webclient angenommen, dass der Webserver stets eine persistente Verbindung zu ihm offen hält. Somit können über eine einzige Verbindung zum Webserver unterschiedliche Anfragen vom Webclient gestartet und vom Webserver bearbeitet werden. Im obigen Beispiel wird durch *Connection:close* explizit angegeben, dass keine persistente Verbindung erwünscht ist, also nach der Anfrage die Verbindung zum Server geschlossen wird. Ein weiteres Beispiel einer Header-Zeile ist *User-Agent*. Sie erhält Informationen über den Webbrowser, der die Anfrage an den Server schickt. In diesem Beispiel wird der Webbrowser Mozilla Firefox in der Version 5.0 verwendet. Diese Information über den verwendeten Webbrowser ist oft sehr hilfreich, da Webserver Browser-abhängige Versionen einer Ressource bereitstellen können. Neben diesen Header-Zeilen sind weitere, optionale Zeilen verfügbar.

Nachdem ein HTTP-Request an einen Webserver geschickt wurde, antwortet dieser mit einer HTTP-Response. Die erste Zeile im Header einer HTTP-Response wird *Status-Zeile* (im Engl. *Status Line*) genannt. Diese enthält Informationen über die verwendete HTTP-Protokollversion, sowie einen Statuscode und die damit assoziierte textuelle Beschreibung des Status. Im obigen Beispiel signalisiert diese Zeile, dass der Webserver die HTTP-Version 1.1 verwendet und dass die Anfrage erfolgreich bearbeitet wurde. Die nächste Header-Zeile *Server*: *Apache/2.3.8* gibt an, dass die Anfrage serverseitig von einem Apache-Webserver in der Version 2.3.8 bearbeitet wurde. Hier soll, um Missverständnisse zu vermeiden, klar zwischen dem Hardware- und Softwareteil eines Webservers unterschieden werden. Der Apache-Webserver entspricht in diesem Fall dem Softwareteil eines Webservers, welcher auf dem Betriebssystem Unix aufsetzt. Diese Header-Zeile in einer HTTP-Response ist vergleichbar mit dem Eintrag *User-Agent:Mozilla/5.0* im Header eines HTTP-Requests. Die Header-Zeile *Content-Length: 3400* gibt an, aus wie vielen Bytes die gesendete Ressource besteht. Die Header-Zeile *Content-Type: text/html* gibt an, dass die Ressource, auf die zugegriffen wurde, ein HTML-Text ist. Neben diesen Header-Zeilen sind weitere optionale Zeilen verfügbar.

Für den Webnutzer laufen die Kommunikationen zwischen Webbrowser und Webserver im Hintergrund. Sollte jedoch Interesse daran bestehen, echte HTTP-Requests und -Responses live zu sehen, gibt es zahlreiche Möglichkeiten hierzu.

Eine einfache Möglichkeit bietet das Add-On Tool *LiveHTTPHeaders* des Webbrowsers Firefox Mozilla. Damit kann nachverfolgt werden, welche Anfragen und Antworten zwischen Client und Server ausgetauscht werden. Eine weitere Möglichkeit besteht darin, eine Telnet-Verbindung zu einem Webserver zu öffnen und manuell eine HTTP-Request einzutippen und an den Server zu übermitteln. Weitere Informationen dazu finden sich Online oder in [KUR-08]. Zusätzliche Informationen zum HTTP-Protokoll als solche können auf der Seite des W3-Konsortiums (www.w3.org) eingesehen werden. Heute wird HTTP auch für den Transport von beliebigen Anwendungsdaten, welche meistens in strukturierter Form vorliegen, eingesetzt. Ein Beispiel stellt die Webservices-Technologie in Kombination mit dem SOAP (Simple Object Access Protocol)-Protokoll dar.

4.4.5.2 Beispiel eines Protokolls der Transportschicht

Im Internet-Modell werden Entwicklern von verteilten Anwendungen zwei Protokolle auf der Transportschicht angeboten: das sind *TCP* (*Transmission Control Protocol*) und *UDP* (*User Datagram Protocol*). In diesem Abschnitt soll das meist verwendete TCP-Protokoll behandelt werden. Davor wird der Vollständigkeit halber auf die wesentlichen Unterschiede zwischen TCP und UDP eingegangen.

Verbindungsorientierter versus Verbindungsloser Transportdienst Ein erstes Unterscheidungsmerkmal zwischen TCP und UDP ist die Verbindungsorientierung von TCP. Dies lässt sich an Beispielen einer telefonischen und postalischen Kommunikation, wie in den vorherigen Abschnitten beschrieben, erklären. Bei einem Telefonat muss vor und nach dem Gespräch eine Verbindung auf- und abgebaut werden. Somit kann sichergestellt werden, dass beide Gesprächsteilnehmer für eine Kommunikation bereit sind, bevor überhaupt ein Austausch stattfindet. Das Gegenteil gilt bei einer postalischen Kommunikation. Ein Brief wird ohne vorab Überprüfung, ob der Empfänger verfügbar ist, verschickt. TCP baut vor dem Senden von Daten eine Verbindung zwischen den Anwendungsprozessen auf, während UDP Daten einfach sendet. Das oben beschriebene HTTP-Protokoll verwendet z. B. TCP als Transportdienst.

Zuverlässiger versus Unzuverlässiger Transportdienst Unter zuverlässigem Transportdienst versteht man die Sicherstellung, dass die von einem Anwendungsprozess gesendeten Datenpakete beim Empfänger fehlerfrei ankommen. Die Schwierigkeiten bei der Bereitstellung eines solchen Dienstes kommen daher, dass die Transportschicht auf der Vermittlungsschicht aufbaut, welche unzuverlässig sein kann. Dies kann am vorherigen Beispiel der postalischen Kommunikation zwischen Studenten in verschiedenen Universitäten erklärt werden (s. Abschn. 4.4.3).

In diesem Beispiel boten die Mitarbeiter der Poststellen den Studenten postalische Transportdienste für ihre Briefe an. Angenommen es soll sichergestellt werden, dass dieser postalische Dienst zuverlässig ist. Das heißt, die zwischen den Studenten versendeten Briefe sollen immer unbeschädigt, in der richtigen zeitlichen Reihenfolge und ohne Verluste beim Empfänger ankommen. Diese Auflage obliegt nicht allein

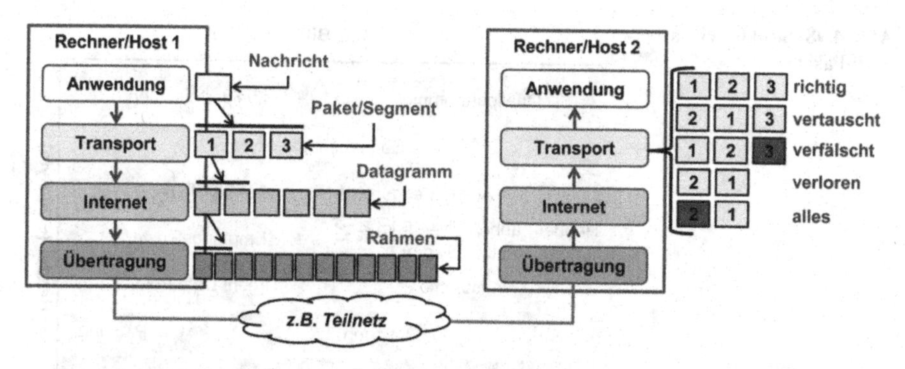

Abb. 4.47 Mögliche Fehlerquellen bei der Realisierung zuverlässiger Transportdienste

der Verantwortung der Mitarbeiter der Poststellen. Denn um die Zuverlässigkeit zu erreichen müssen Annahmen über die darunter liegenden Dienste der zentralen Post gemacht werden, sowie Mechanismen implementiert werden, um auf ihre Defizite zu reagieren. Zum Beispiel muss davon ausgegangen werden, dass unter Umständen Briefe während der Zustellung durch die zentrale Post beschädigt, verloren oder ihre Reihenfolge vertauscht werden. Als Maßnahme können z. B. durch die Verwendung versiegelter Umschläge Beschädigungen erkannt werden. Ferner können durch fortlaufende Nummerierung der zwischen zwei Studenten gesendeten Briefe Vertauschungen sowie Verluste erkannt werden.

In Abb. 4.47 werden die drei zuvor genannten Probleme der Vertauschung, Beschädigung und Verlust von Briefen auf den Transport von Paketen in Rechnernetzen übertragen. Die von einem Anwendungsprozess zu versendenden Daten werden an die Transportschicht übergeben. Sie werden in verschiedene, durchnummerierte Pakete zerlegt und einzeln an die Vermittlungsschicht zur Weiterbehandlung geleitet. Nach der Übertragung werden die Pakete beim Empfänger auf der Transportschicht wieder zusammengestellt und anhand der Portnummer an den richtigen Anwendungsprozess weitergereicht. Aufgrund der Unzuverlässigkeit der darunter liegenden Vermittlungsprotokolle können Pakete verloren gehen oder beim Empfänger verfälscht oder vertauscht ankommen.

Im Internet-Modell bietet nur das TCP-Protokoll einen zuverlässigen Dienst an. Die Anwendungsprotokolle, die TCP nutzen, können davon ausgehen, dass ihre Daten fehlerfrei und nicht vertauscht beim Empfänger ankommen werden. Im Gegensatz dazu gibt es bei der Verwendung von UDP keine Garantie, dass die Daten jemals beim Empfänger ankommen. Auf den ersten Blick scheint UDP also nicht sehr sinnvoll. In Anbetracht des durch TCP verursachten Mehraufwands, unter Anderem für die Verwaltung von Verbindungen und die Gewährleistung der Zuverlässigkeit, bietet sich UDP jedoch als sehr gute Alternative insbesondere für die Realisierung von Anwendungen an, welche ihre Daten schnell übertragen wollen und gegenüber Datenverlusten tolerant sind. Dies ist z. B. bei Multimediaanwendungen der Fall.

Im Rest dieses Abschnittes soll kurz auf einige Merkmale von TCP eingegangen werden. Insbesondere sollen Verfahren zum Aufbau von Verbindungen, sowie zur

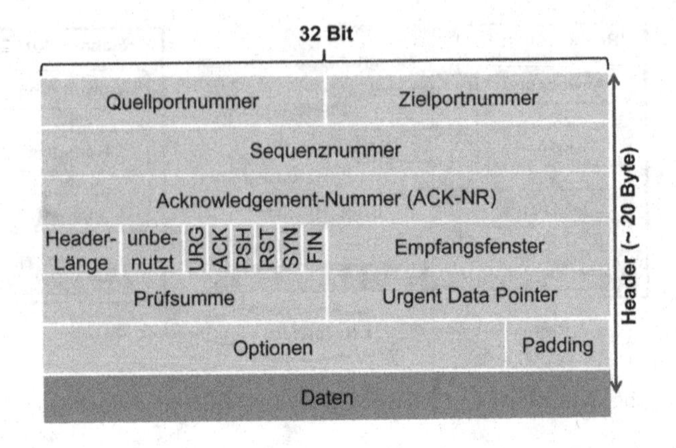

Abb. 4.48 Struktur eines TCP-Paketes

Gewährleistung eines zuverlässigen Transportdienstes erörtert werden. Um dies zu unterstützen wird zuerst ein Blick auf die Struktur von TCP Paketen geworfen.

Struktur eines TCP Paketes Ein TCP Paket wird verwendet, um Nutzdaten zwischen zwei Anwendungsprozessen zu transportieren. Neben diesen Daten ist ein Paket mit Steuerinformationen versehen, welche den Paketkopf/TCP-Header bilden. Die sich daraus ergebende Struktur eines Paketes ist in Abb. 4.48 dargestellt. Die zwei ersten Felder *Quell-* und *Zielportnummer* werden zur Identifizierung des sendenden und des empfangenden Anwendungsprozesses verwendet. Die Felder sind jeweils 16 Bit lang.

Die Felder *Sequenznummer* und *Acknowledgement* (*ACK*)*-Nummer* sind zwei wichtige Informationen im TCP-Header und dienen der Implementierung des zuverlässigen Transportdienstes von TCP. Beide sind jeweils 32 Bit lang. Sequenznummern werden in Senderichtung verwendet, um die von einem Kommunikationspartner bereits gesendeten Bytes zu identifizieren. Jeder Partner generiert beim Verbindungsaufbau eine Anfangssequenznummer, die dem anderen mitgeteilt wird. Diese wird während der Verbindung um die Anzahl der bereits gesendeten Bytes erhöht. Angenommen ein Sender möchte insgesamt 10 Bytes an einen Empfänger schicken. Ferner sei die maximale Größe des Datenfeldes eines Paketes auf 2 Bytes begrenzt. D. h. die 10 Bytes müssen auf insgesamt 5 Pakete verteilt werden. Für den Fall dass die Anfangssequenznummer den Wert 0 hat, erhält das erste Paket als Sequenznummer den Wert 0, das zweite Paket den Wert 2 und das fünfte Paket den Wert 8. Somit bezieht sich die Sequenznummer auf die Anzahl der Bytes und nicht der Pakete. Die ACK-Nummer wird anders herum vom Empfänger verwendet, um die bereits empfangenen Bytes vom Sender zu quittieren. Sie hat als Wert nicht die Sequenznummer des letzten empfangenen Pakets, sondern die Sequenznummer des nächsten zu erwartenden Pakets vom Sender. Angenommen der Empfänger der obigen fünf Pakete muss jedes Paket einzeln quittieren. Dazu schickt er nach Empfang des Pakets mit der Sequenznummer x als Quittung ein Paket dessen ACK-Nummer den Wert $x + 2$ hat. Diese beiden Zahlen werden später bei der Behandlung des Verbindungsaufbaus nochmal aufgegriffen.

Das Feld *Header-Länge* ist 4 Bit lang und gibt die Länge des TCP-Headers in 32-Bit-Worten an. Diese Information ist insbesondere wichtig, um ermitteln zu können wo das Feld *Daten* im Paket beginnt, weil das Feld *Optionen* variabel sein kann. Das Optionen-Feld bietet Möglichkeiten an, um den TCP-Header um weitere nicht vorgesehene Funktionen zu erweitern. TCP selbst definiert z. B. eine interessante Option *Maximum Segment Size*, um die maximale Paketgröße, die ein Empfänger annehmen will, dem Sender beim Verbindungsaufbau mitzuteilen.

Die Felder *URG*, *ACK*, *PSH*, *RST*, *SYN*, *FIN* sind je 1 Bit lang und werden unter anderem für den Auf- und Abbau von Verbindungen, sowie für die Behandlung von empfangenen Paketen benötigt.

Das Feld *Empfangsfenster* ist 16 Bit lang und wird zur Flusskontrolle verwendet. Dies ist ein weiteres Merkmal von TCP. So wird erreicht, dass nicht mehr Bytes gesendet werden, als der Empfänger annehmen kann. Das vermeidet unnötiges Wegwerfen von Paketen durch den Empfänger und sorgt dafür, dass das Netz nicht überlastet wird.

Das Feld *Prüfsumme* sichert das Paket ab. Es wird zur Erkennung von Fehlern verwendet. Das Feld *Urgent Data Pointer* ist 16 Bit lang und wird in der Praxis kaum verwendet. Es verweist auf besonders zu berücksichtigende Bytes im Datenfeld des Pakets und wird vom Empfänger nur dann ausgewertet, wenn das Bit URG (Urgent Pointer) gesetzt ist.

Der gesamte TCP-Header muss aus einer durch 4 teilbaren Anzahl von Bytes bestehen. Das Feld *Padding* wird mit einer variablen Länge dazu verwendet, den TCP-Header bei Bedarf mit leeren Bytes aufzufüllen.

Zum Schluss kommt das Feld *Daten* mit den eigentlichen Anwendungsdaten. In der Regel ist dieses Feld einige tausende Bytes lang. Jedoch muss beachtet werden, dass zu große Pakete auf der Vermittlungsschicht fragmentiert werden müssen, um in Datagramme passen zu können.

Verbindungsaufbau in TCP TCP ist ein verbindungsorientiertes Protokoll und muss vor dem Senden von Daten eine Verbindung zum Empfänger öffnen. Übertragen auf das Beispiel der postalischen Kommunikation zwischen Studenten bedeutet dies, dass sich jeder Student, bevor er Briefe sendet, vergewissern muss, dass der Empfänger für den Empfang dieser Briefe bereit ist. So könnte er z. B. vorher eine spezielle Postkarte senden, in der er die Kommunikationsbereitschaft hinterfragt. Danach wartet er auf Antwort. Falls der Empfänger nicht im Urlaub und empfangsbereit ist, kann er das Angebot annehmen und dies dem Sender durch eine Bestätigung mitteilen, welche wiederum in Form einer weiteren Postkarte erfolgen kann. Genauer gesagt heißt das, dass der Briefverkehr von einem Studenten zum anderen einer mehrtägigen Vorkommunikation unterliegt, in der noch kein echter Brief ausgetauscht wird.

Ein ähnliches Verfahren namens *Drei-Wege-Handshake* (im Engl. *Three-Way Handshake*) wird bei TCP angewandt, um eine Verbindung zwischen zwei Anwendungsprozessen zu öffnen. Dieses wird beispielhaft in Abb. 4.49 dargestellt.

Der Verbindungsaufbau mit Drei-Wege-Handshake erfolgt in drei Schritten (daher der Name). Angenommen ein Webclient will eine Verbindung zu einem Webserver

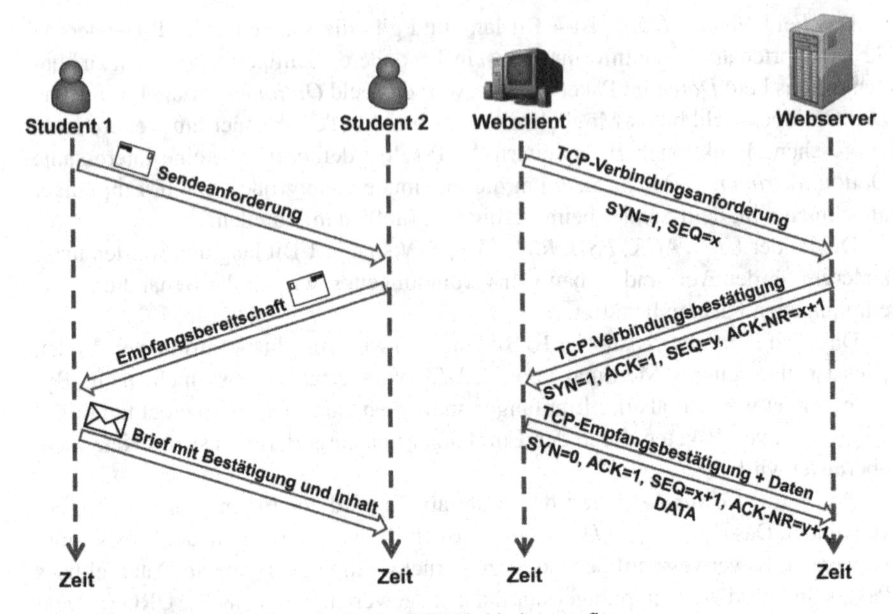

Abb. 4.49 Drei-Wege-Handschake für den TCP-Verbindungsaufbau

öffnen, um Webinhalte zu erhalten. Dazu sendet er im ersten Schritt ein spezielles Paket zur Verbindungsanforderung an den Webserver. Dieses Paket enthält zu diesem Zeitpunkt keine Anwendungsdaten, sondern reine Steuerinformationen, die sich im Kopf des Pakets befinden. Die erste ist das Bit SYN, welches auf 1 gesetzt ist. Die zweite ist die Startsequenznummer (SEQ = x), welche vom Sender zufällig generiert und im Laufe der Kommunikation erhöht wird.

Der Webserver kann nach Empfang dieses Pakets die Verbindung annehmen oder ablehnen. Falls er die Verbindung annehmen will, sendet er im zweiten Schritt eine Bestätigung an den Webclient. Diese Bestätigung ist auch ein Paket ohne Nutzdaten. Es enthält nur Steuerinformationen. Zum einen sind die zwei Bits SYN und ACK auf 1 gesetzt. Ferner enthält das Feld ACK-NR den Wert x + 1. Damit bestätigt der Webserver, dass er das Paket mit der Sequenznummer x empfangen hat und für den Empfang des nächsten Pakets mit der Sequenznummer x + 1 bereit ist. Zusätzlich nutzt der Webserver dieses Paket, um dem Webclient ebenfalls seine Startsequenznummer mitzuteilen (SEQ = y). Der gegenseitige Austausch von Sequenznummern ist aus dem Grund wichtig, da TCP-Verbindungen Vollduplex sind, so dass Daten nach Verbindungsaufbau in beide Richtungen fließen dürfen.

Im dritten Schritt bestätigt der Webclient mit einem dritten Paket den Empfang der Bestätigung vom Webserver. Das Bit SYN in diesem dritten Paket wird auf 0 und das Bit ACK auf 1 gesetzt. Das Feld ACK-NR hat den Wert y + 1, weil der Webclient dem Webserver mitteilen will, dass er für den Empfang des Pakets mit der Sequenznummer y + 1 bereit ist. Weil ab diesem Zeitpunkt der Webserver schon für den Empfang von Paketen des Senders bereit ist, darf dieses dritte Paket auch

Anwendungsdaten enthalten. Diese Daten repräsentieren z. B. einen HTTP-Request an den Webserver. Am Ende der Kommunikation wird die Verbindung mit einem ähnlichen Verfahren geschlossen.

Bei Auf- und Abbau von Verbindungen, sowie während der Kommunikation kann es immer wieder zu Problemen kommen. TCP sieht verschiedene Mechanismen zur Behandlung solcher Probleme vor (siehe nächster Abschnitt).

Mechanismen für einen zuverlässigen Transportdienst in TCP Anhand Abb. 4.47 wurden drei wesentliche Probleme (Verlust, Verfälschung, Vertauschung) angeführt, denen besonderes Augenmerk zu schenken ist, wenn es um die Realisierung eines zuverlässigen Transportdienstes geht. Um diese Probleme zu lösen, definiert TCP eine Reihe von Mechanismen. Diese sind in Tab. 4.17 dargestellt und in [KUR-08] ausführlicher behandelt.

4.4.5.3 Beispiel eines Protokolls der Vermittlungsschicht

Im vorherigen Abschnitt wurden die zwei im Internet angebotenen Transportprotokolle TCP und UDP vorgestellt. Beide bedienen sich dem einzigen und unzuverlässigen Vermittlungsprotokoll im Internet-Modell: *Internet Protocol* (*IP*). Das IP existiert heute in den Versionen *IPv4* und *IPv6*. Ein Grund der Weiterentwicklung von IPv4 hin zu IPv6 war die steigende Gefahr der Knappheit von IPv4-Adressen aufgrund der raschen Verbreitung des Internets. Während IPv4 zur Adressierung von Rechnern 32 Bit lange Adressen (also 4 Bytes) verwendet, sind bei IPv6 128 Bit (also 16 Bytes) dafür vorgesehen. Bei der Entwicklung von IPv6 wurden ebenfalls Änderungen am Format der IPv4-Datagramme vorgenommen. An dieser Stelle soll nicht weiter auf die Unterschiede zwischen IPv4 und IPv6 eingegangen werden. Am Beispiel von IPv4 wird jedoch kurz geschildert, wie die Vermittlung von Datagrammen im Internet funktioniert.

Die Vermittlung von Datagrammen im Internet basiert einerseits auf der Zuordnung von eindeutigen IP-Adressen zu Geräten und andererseits auf dem Einsatz von spezialisierten Geräten, welche für das Weiterleiten von Datagrammen durch das Rechnernetz zuständig sind: sogenannte *Router*. Ein Router ist ein sehr wichtiges Gerät in Rechnernetzen, welches über verschiedene Anschlüsse/Schnittstellen/Ports verfügt. Jeder Anschluss besitzt eine eigene IP-Adresse. Über ihn können Datagramme empfangen bzw. gesendet werden. Jedes von einem Host zu sendende Datagramm enthält Informationen über die IP-Adresse des Hosts als Quelladresse und die des Empfängers als Zieladresse (s. Abb. 4.50). Erreicht ein Datagramm einen Router, entscheidet dieser anhand seiner Routing-Tabelle über den Anschluss für die Weiterleitung des Datagramms. Eine Routing-tabelle ähnelt einem Adressbuch mit einer Zuordnung von IP-Adressen zu Anschlüssen für die Weiterleitung.

In Abb. 4.50 werden exemplarische IPv4-Adressen Geräten und Router-Anschlüssen zugeordnet. Da das Schreiben von 32 Bit langen Adressen sehr umständlich ist, werden stattdessen IP-Adressen als Gruppen von 4 Dezimalzahlen dargestellt, welche durch Punkte getrennt sind. Jede Zahl entspricht einem Byte

Tab. 4.17 Mechanismen für einen zuverlässigen Transportdienst in TCP

Mechanismus	Beschreibung	Probleme		
		Verlust	Verfälschung	Vertauschung
Prüfsumme	Prüfsummen werden eingesetzt, um Bitfehler in Paketen zu erkennen.		X	
Sequenznummer	Sequenznummern werden zur Nummerierung der bereits gesendeten Bytes verwendet. Sie ermöglichen dem Empfänger Verluste und Vertauschungen zu erkennen.	X		X
Acknowledgment (ACK)	Durch Quittungen kann der Sender darüber informiert werden, welche Pakete bisher vom Empfänger fehlerfrei empfangen wurden.	X	X	
Timer	Timer werden zur Erkennung von Verlusten, sei es von Paketen als auch von Quittungen, verwendet. Kommt nach einer bestimmten Zeitperiode keine Quittung vom Empfänger, geht der Sender von einem Verlust aus und sendet erneut das verlorengegangene Paket.	X		
Wiederholungen	Fehlerbehaftete oder verloren gegangene Pakete und Quittungen werden vom Empfänger durch das Quittieren des zuletzt korrekt empfangenen Pakets dem Sender gemeldet. Dieser sendet erneut das betroffene Paket.	X	X	
Pufferung und Filterung	Die Pufferung von Paketen seitens des Empfängers bietet Möglichkeiten an, um auf Verluste, Verfälschungen, Vertauschungen und sogar Verdopplung von Paketen zu reagieren. In der Regel kann ein Sender mehrere Pakete schicken, bevor er eine Quittung bekommt. Beim Empfänger werden diese Pakete gepuffert, und erst nach korrekter Zusammensetzung an die Anwendungsprozesse geleitet. Bei Erkennung einer Lücke in der Paketreihenfolge, können die fehlenden Pakete nachgefordert werden.	X	X	X

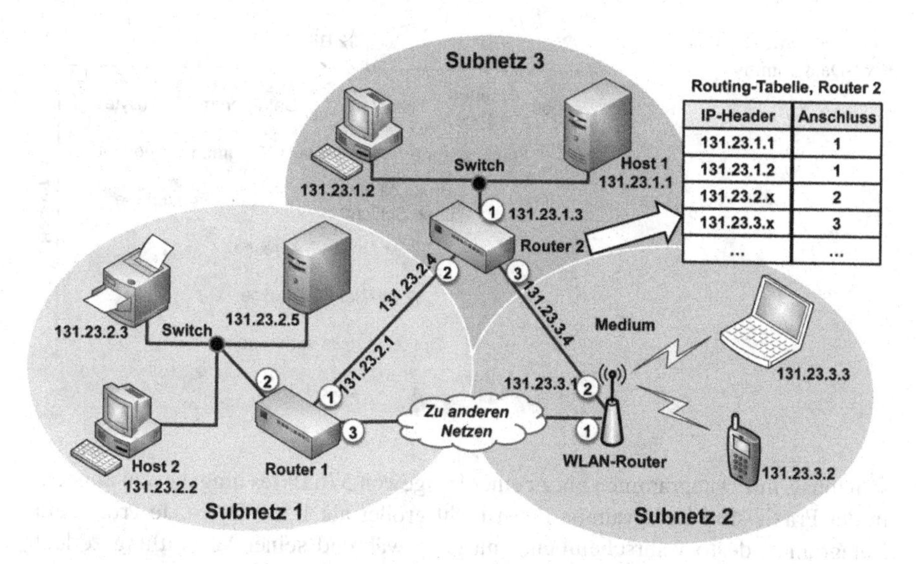

Abb. 4.50 Beispiel der Weiterleitung von Datagrammen in Internet

aus der IP-Adresse und kann somit maximal den Wert 255 annehmen. Ein Beispiel ist die IP-Adresse 10000011 00010111 00000001 00000001 die in Kurzform als 131.23.1.1 dargestellt wird.

Jetzt wird angenommen, dass der Host 1 in Subnetz 3 mit der Adresse 131.23.1.1 ein Datagramm an den Host 2 in Subnetz 1 mit der IP-Adresse 131.23.2.2 senden will. Der Host 1 ist an den Router 2 angeschlossen und leitet ihm das mit den Quell- und Zieladressen versehene Datagramm weiter. Router 2 schaut in seiner Routing-Tabelle nach Informationen zur Behandlung des Datagramms. Darin ist vermerkt, dass Datagramme zu Hosts mit dem Adressmuster 131.23.2.x über Anschluss 2 weiterzuleiten sind. Somit erreicht das Datagramm nach Weiterleitung durch Router 2 den Router 1. Router 1 entscheidet ebenfalls mit Hilfe seiner Routing-Tabelle, welcher Anschluss zur Weiterleitung des Datagramms zu nehmen ist. In diesem Fall wird Anschluss 2 gewählt.

Nachdem die Grundprinzipien der Weiterleitung von Datagrammen beschrieben wurden, stellt Abb. 4.51 einen Blick auf die Struktur von IPv4-Datagrammen dar. Das Feld *Version* ist 4 Bit lang und gibt die Version des Datagramms an (z. B. IPv4 oder IPv6). Da es Unterschiede in den Strukturen von IPv4- und IPv6-Paketen gibt, ist dies Feld sehr wichtig. Damit können die Geräte entsprechend der Versionen sinnvoll mit den Datagrammen umgehen. Das Feld *Header-Länge* ist ebenfalls 4 Bit lang und gibt die Gesamtlänge des Datagrammkopfes in Bytes an. Wie bei TCP Paketen auch, wird im Kopf eines Datagramms ein Feld *Option* mit variabler Länge für die Definition nicht vorgesehener Funktionen verwendet.

Das Feld *Datagrammlänge* gibt die Gesamtlänge des Datagramms in Bytes an. Dieses Feld ist 16 Bit lang. Somit kann ein Datagramm theoretisch bis zu $2^{16} = 65355$ Bytes groß sein. In der Spezifikation von IP ist festgelegt, dass jeder Host in der Lage

Abb. 4.51 Struktur eines IPv4-Datagramms

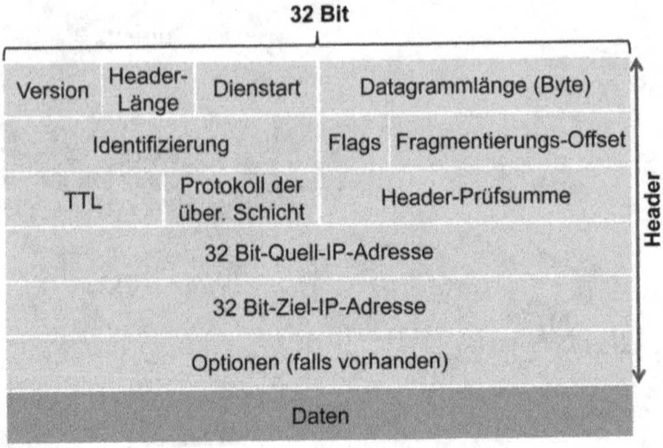

32 Bit

Version	Header-Länge	Dienstart	Datagrammlänge (Byte)	
Identifizierung			Flags	Fragmentierungs-Offset
TTL	Protokoll der über. Schicht	Header-Prüfsumme		
32 Bit-Quell-IP-Adresse				
32 Bit-Ziel-IP-Adresse				
Optionen (falls vorhanden)				
Daten				

Header

sein muss, mit Datagrammen bis zu einer Länge von 576 Bytes umgehen zu können. In der Praxis sind Datagramme meist nicht größer als 1.500 Bytes. Je größer ein Datagramm, desto wahrscheinlicher muss es während seiner Vermittlung zerlegt werden, um Teilnetze mit geringer Übertragungskapazität zu durchqueren.

Das Feld *Protokoll* ist 8 Bit lang und identifiziert das Transportprotokoll auf dem adressierten Host, für das das Datagramm bestimmt ist (z. B. TCP oder UDP).

Die Felder *Identifizierung* (13 Bit), *Flags* (3 Bit) und *Fragemtierungs-Offset* (13 Bit) werden für die Fragmentierung von Datagrammen verwendet. Aufgrund der Abweichung in der Praxis von der festgelegten Mindestgröße von 516 Bytes für Datagramme, kann es vorkommen, dass längere Datagramme Teilnetze durchqueren müssen, welche für eine solche Größe nicht ausgelegt sind. Somit bietet sich als Lösung an, eine Fragmentierung von großen Datagrammen vorzunehmen.

Das Feld *Header-Prüfsumme* ist 16 Bit lang und sichert Datagramme ab. Es wird zur Identifizierung von Fehlern verwendet.

Die Felder *Quell-* und *Zieladressen* geben die IP-Adressen des Quell- und Zielhosts an. Das Feld *Daten* repräsentiert die eigentlichen zu transportierenden Daten zwischen zwei Hosts. Diese Daten repräsentieren in den meisten Fällen (ausgenommen der Austausch von Verwaltungsdaten zwischen Routern) Pakete der Transportschicht.

Bis jetzt wurden numerische IP-Adressen verwendet, die zwar für den Rechner adäquat, für Menschen aber unhandlich sind. Menschen sind es gewöhnt, Hosts im Internet mit sprechenden Namen (z. B. www.beispiel.de) zu identifizieren. Diese wichtige Abstraktion von IP-Adressen wird im Internet durch den so genannten *Domain Name Service* (*DNS*) ermöglicht. DNS ist der Verzeichnisdienst des Internets und basiert auf einer Menge von kooperierenden DNS-Servern, welche für die Übersetzung von Hostnamen in IP-Adressen zuständig sind. Nachdem ein Benutzer z. B. die Adresse www.beispiel.de/verz/index.html in den Webbrowser eingegeben hat, nutzt der Browser DNS-Dienste um den Hostnamen www.beispiel.de in eine IP-Adresse aufzulösen. Erst danach greift er auf die Transportschicht zu und übergibt dort dem Protokoll TCP neben den Nutzdaten auch die IP-Adresse des Zielhosts.

4.4.5.4 Beispiel eines Protokolls der Übertragungsschicht

Im Internet-Modell fasst die Übertragungsschicht die zwei letzten Schichten (Vermittlungs- und Übertragungsschicht) des OSI-Modells zusammen, wodurch sich der Umfang der in dieser einzigen Schicht bereitgestellten Funktionalität erhöht. Die Schicht ist auf physikalischer Ebene für die Übertragung von Datagrammen aus der Vermittlungsschicht über ein Medium zuständig. Zur Übertragung werden Datagramme in Rahmen gekapselt. Das Internet-Modell macht selbst keine Angabe über die zu verwendeten Protokolle der Übertragungsschicht. Aus dem ISO/OSI-Modell ist jedoch bekannt, dass diese Schicht im Allgemeinen Protokolle für den Zugriff auf das gemeinsame Medium für die Fehlererkennung (z. B. durch Paritätsprüfung) und eventuell auch für die Fehlerbehebung, sowie für die Flusssteuerung bereitstellen soll.

Über die Jahre wurden unterschiedliche Protokolle der Übertragungsschicht entwickelt, die zum Teil auf unterschiedlichen Übertragungstechniken (Kupferkabel, Glasfasern, Funk, etc.) beruhen. Beispiele sind der IEEE 802.3 Standard, auch als Ethernet bekannt, der IEEE Standard 802.5, auch als Token Ring bekannt, der IEEE 802.11 Standard, auch als WLAN bekannt, sowie der ATM (Asynchronous Transfer Mode). Heute finden all diese Protokolle Anwendung im Internet, was dazu führt, dass Rahmen auf ihren Reisen zum Empfänger oft Teilnetze mit unterschiedlichen Protokollen der Übertragungsschicht durchqueren müssen. Dies erfordert eine Anpassung der Rahmen auf die Gegebenheiten dieser einzelnen Protokolle. Im Folgenden wird exemplarisch der Ethernet-Standard aufgrund seiner weiten Verbreitung in lokalen Rechnernetzen, so genannten LANs (Local Area Network), erörtert.

Die Konzepte von Ethernet gehen auf die 70er Jahre zurück und wurden von Bob Metcalfe und David Boggs entwickelt. In seiner ursprünglichen Form basiert Ethernet auf einem Koaxialkabel, woran Geräte über ihre Netzwerkkomponenten (auch Netzwerkadapter oder Netzwerkkarten genannt) und mit Hilfe von Steckern angeschlossen werden. Die maximale Länge des Kabels ist auf 500 m begrenzt und die maximale Übertragungsgeschwindigkeit betrug zu Beginn 3 Megabit/s. Die Verkabelung der Geräte an einem einzigen Kabelstrang stellt eine Bus-Topologie dar (s. Abb. 4.52). In einer Bus-Topologie werden alle von einem Gerät übertragenen Rahmen von allen anderen empfangen (also ein Broadcast). Erst nach vollständigem Empfang eines Rahmens kann ein Gerät entscheiden, ob dieser weiter verarbeitet wird. Neben der offensichtlichen Problematik der Abhörsicherheit ist das Ethernet in dieser Variante sehr störanfällig, da es bei Unterbrechung der Verkabelung zu Störungen für alle angeschlossenen Geräte kommt.

Nach mehreren Jahren Weiterentwicklung verwenden die meisten Ethernet-Installationen heute Twisted-Pair-Kabel und bauen auf einer Stern-Topologie auf. Im Zentrum der Stern-Topologie kommt ein spezialisiertes Gerät (z. B. ein *Switch* oder *Hub*) zum Einsatz, welches mehrere Kabelsegmente verbindet, woran Geräte angeschlossen sind (s. Abb. 4.52). Ein Switch ist intelligenter als ein Hub, da es einkommende Rahmen nicht wahllos an alle angeschlossenen Geräte weiterleitet. Vielmehr ist ein Switch in der Lage, die Rahmen zu filtern und sie nur an die adressierten Geräte weiterzuleiten. Dieses Merkmal sorgt für eine bessere Auslastung des

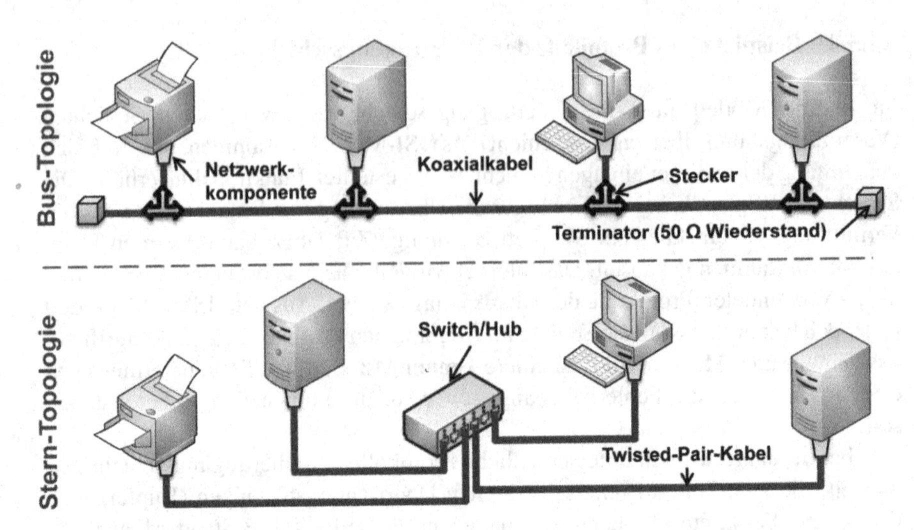

Abb. 4.52 Bus- und Stern-Topologie für das Ethernet

Netzes und bietet eine bessere Abhörsicherheit an. Aus diesem Grund werden heute hauptsächlich Switches eingesetzt. Damit können Übertragungsgeschwindigkeiten bis zu 10 Gigabit/s erreicht werden.

Bisher wurde beschrieben, wie auf der Transportschicht Portnummern verwendet werden, um sendewillige Anwendungsprozesse voneinander zu unterscheiden und wie auf der Vermittlungsschicht IP-Adressen verwendet werden, um Geräte im Internet eindeutig zu adressieren. Es erscheint auf den ersten Blick irritierend, dass keine dieser bereits erwähnten Adressierungskonzepte auf der Übertragungsschicht Verwendung finden. Hier wird auf einem anderen Adressierungskonzept aufgebaut.

Ein erster Grund dafür liegt in der Tatsache, dass das Internet-Modell auf existierenden Lösungen aufbaut. Diese wurden unabhängig von Internetprotokollen entwickelt, insbesondere unabhängig des übergeordneten IP-Protokolls. Deshalb müssen diese Lösungen auch für andere Protokolle der Vermittlungsschicht anwendbar sein. Zudem müssen in einem Schichtenmodell die einzelnen Schichten eine gewisse Unabhängigkeit voneinander aufweisen, um somit problemlos einzeln ausgetauscht werden zu können. Die Verwendung von IP-Adressen auf der Übertragungsschicht würde dieser Anforderung nicht gerecht werden. Als weiterer Grund kann die Tatsache herangezogen werden, dass IP-Adressen Subnetz-spezifisch konfiguriert werden. Somit kann ein einziges Gerät in Abhängigkeit seines Standorts unterschiedliche IP-Adressen aufweisen.

Aus diesen Gründen definiert Ethernet ein eigenes Adressierungskonzept. Dieses ordnet jeder Netzwerkkomponente eines Gerätes eine so genannte Medium-Access-Control-Adresse zu. Diese MAC-Adresse ist weltweit eindeutig und wird bei der Herstellung der Netzwerkkomponente fest darin eingebrannt. Sie kann nicht mehr geändert werden. Sie stellt eine Art Ausweis der Netzwerkkomponente dar. Eine MAC-Adresse ist 6 Bytes lang und wird in 6 Gruppen von Hexadezimalzahlen dargestellt. Ein Beispiel ist 00–16-41-E3-CC-D1. Unter Windows kann die MAC-Adresse

Präambel	Zieladresse	Quelladresse	Typ	Daten (bis 1500 Byte)	CRC

Abb. 4.53 Struktur eines Ethernet-Rahmens

einer Ethernet-Komponente z. B. mit der Eingabe des Befehls *ipconfig/all* in der Eingabeaufforderung angezeigt werden. Unter Verwendung der MAC-Adressen können Geräte im Ethernet adressiert werden. Daher sind MAC-Adressen feste Bestandteile eines Ethernet Rahmens (s. Abb. 4.53). Die Analyse der Rahmen-Struktur verrät wichtige Informationen über die Funktionsweise von Ethernet.

Die zwei Felder *Zieladresse* und *Quelladresse* sind MAC-Adressen und dienen der Identifizierung der sendenden und empfangenen Netzwerkkomponente. Das Feld *Daten* enthält die eigentlichen Nutzdaten der Übertragungsschicht. Diese entsprechen im Internet den IP-Datagrammen aus der Vermittlungsschicht. Dieses Feld muss auf Grund physikalischer Eigenschaften des Übertragungsmediums mindestens 46 und darf maximal 1500 Bytes groß sein. Deshalb müssen größere IP-Datagramme auf mehrere Rahmen fragmentiert werden. Datagramme, die weniger als 46 Bytes groß sind müssen aufgestockt werden.

Das Feld *Typ* ist 2 Bytes lang und wird von Netzwerkkomponenten dazu verwendet, einen empfangenen Rahmen an die richtige Protokollschnittstelle der Vermittlungsschicht weiterzuleiten. Ethernet kann in Kombination mit anderen Technologien verwendet werden. Aus diesem Grund können neben IP auch andere Protokolle der Vermittlungsschicht bedient werden. Für Rahmen des Protokolls IPv4 hat dieses Feld den hexadezimalen Wert 0800_{16} und im Fall von IPv6 den Wert $86DD_{16}$.

Das Feld CRC (*Cyclic Redundancy Check*) ist 4 Bytes lang und dient der Absicherung eines Rahmens. Für jeden Rahmen wird vor dem Senden vom Sender ein CRC-Wert berechnet. Nach Empfang des Rahmens wird vom Empfänger dieselbe Berechnung durchgeführt und mit dem empfangenen CRC-Wert verglichen. Bei Unstimmigkeiten erkennt der Empfänger, dass während der Übertragung ein Fehler aufgetreten ist. In diesem Fall wird der Rahmen gelöscht und es wird keine Maßnahme zur Wiederholung des fehlerbehafteten Rahmens angestoßen. Deshalb gilt das Ethernet genauso wie IP als unzuverlässig.

Das letzte Feld *Präambel*, welches 8 Bytes lang ist, dient der allgemeinen Synchronisation des Senders und Empfängers. Diese ist wichtig, da sich der Empfänger aufgrund einer fehlenden zentralen Uhr zwischen Sender und Empfänger auf einen bestimmten Abstand zwischen den versendeten Bits des Senders einstellen muss. Die ersten 7 Bytes der Präambel haben den festen Wert 10101010 und das letzte Byte den Wert 10101011. Mit den letzten Einsen erkennt der Empfänger, dass die nächsten Bytes zur Zieladresse des Rahmens gehören, usw.

In diesem Abschnitt wurde der Einfachheit halber auf die Behandlung physikalischer Eigenschaften von Signalen verzichtet, welche die einzelnen Bits auf der Leitung repräsentieren. Außerdem wurde ausgeklammert, wie im Ethernet durch das Verfahren CSMA/CD der Zugriff mehrerer Geräte auf ein gemeinsames Medium gesteuert wird, um Datenkollisionen zu verhindern. Zum Schluss sei erwähnt, dass Ethernet verbindungslos ist, d. h. vor dem Senden von Rahmen werden keine Verbindungen aufgebaut.

4.4.6 *Klassifizierungskriterien für Rechnernetze*

Zum Abschluss dieses Abschnitts werden drei Kriterien zur Klassifizierung von Rechnernetzen vorgestellt:

- die Reichweite
- die Topologie
- die Technologie

4.4.6.1 Klassifizierung von Rechnernetzen nach Reichweite

Bezüglich Reichweite wird zwischen drei Klassen von Rechnernetzen unterschieden:

- Local Area Network (LAN)
- Metropolitan Area Network (MAN)
- Wide Area Network (WAN)

LANs sind lokale und in der Regel private Rechnernetze mit einer sehr kurzen Reichweite (einige Km). Sie werden z. B. im Bereich eines Gebäudes, einer Universität oder einer Behörde eingesetzt. Aufgrund seiner kleinen Entfernung werden bei LANs sehr hohe Übertragungsgeschwindigkeiten erzielt. Ethernet ist das Paradebeispiel eines LAN. MANs sind mittelgroße Rechnernetze mit einer Ausdehnung zwischen 10 bis 100 km. Sie können z. B. eine ganze Gemeinde oder Stadt abdecken. MANs bieten sich als Rückgrat (engl. Backbone) für LANs an. WANs sind Weitverkehrsnetze, die sich auf sehr große Entfernungen ausdehnen (z. B. auf ein Land, einen Kontinent, oder sogar weltweit). Sie können als Backbone für MANs verstanden werden. Ein gutes Beispiel stellt das Internet dar.

4.4.6.2 Klassifizierung von Rechnernetzen nach Topologie

Unter der Topologie eines Rechnernetzes versteht man die Anordnung der Geräte. Die vier gängigen Topologien sind (s. Abb. 4.54)

- die Ring-Topologie,
- die Bus-Topologie,
- die Stern-Topologie und
- die Maschen-Topologie.

Ring- und Bus-Topologie entsprechen einer Aufbauform von Rechnernetzen, in der jedes Gerät mit genau einem anderen durch ein Kabelsegment verbunden ist. Im Unterschied zur Bus-Topologie ist die Ring-Topologie geschlossen. In der Stern-Topologie werden alle Geräte an ein zentrales Gerät angeschlossen. Letzteres dient

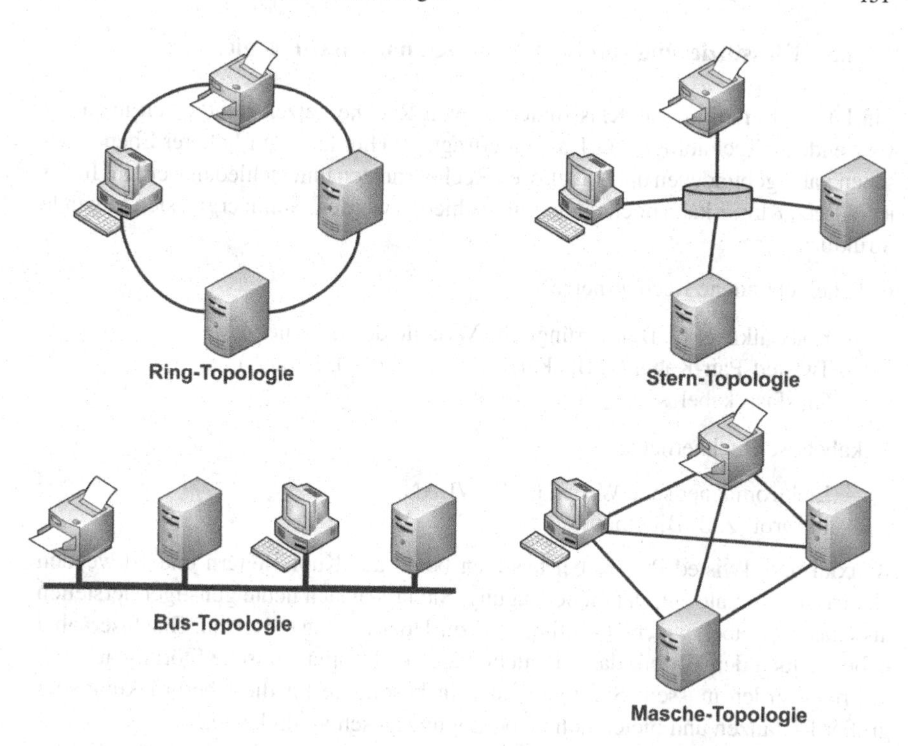

Abb. 4.54 Unterschiedliche Topologien von Rechnernetzen

als Vermittlungsstelle zwischen den anderen Geräten. Die Maschen-Topologie ist eine dezentrale Aufbauform, bei der jedes Gerät mit jedem anderen verbunden ist. Bus- und Ring-Topologie haben eine einfache Struktur, kommen mit weniger Material aus und sind entsprechend einfacher und kostengünstiger zu realisieren. Die Bus-Topologie ist jedoch sehr anfällig gegen Kabelbrüche und Fehlfunktion einzelner Geräte. Ein offensichtlicher Nachteil der Ring- und Stern-Topologie ist der Totalausfall des gesamten Rechnernetzes beim Ausfall eines bzw. des zentralen Vermittlungsgerätes. Die Maschen-Topologie ist dagegen robust gegenüber Ausfällen einzelner Gerätes und Kabelbrüchen. Sie ist jedoch aufwendig zu realisieren, insbesondere bei großen Entfernungen.

In der Praxis wird zwischen der physischen und logischen Topologie unterschieden. Die physische Topologie entspricht der Verbindungsstruktur der Geräte durch das Übertragungsmedium. Dagegen versteht man unter der logischen Topologie die Kommunikationsstruktur zwischen den Geräten. Die logische und physische Topologie müssen nicht zwingend identisch sein. Ein gutes Beispiel stellt die Ethernet-Variante mit einem Hub anstelle eines Switches dar. Physikalisch entspricht diese Variante einer Stern-Topologie. Da ein Hub jedoch alle an einer Schnittstelle ankommenden Rahmen wahllos weiterleitet, entspricht diese Variante einer logischen Bus-Topologie.

4.4.6.3 Klassifizierung von Rechnernetzen nach Technologie

Ein letztes Kriterium zur Klassifizierung von Rechnernetzen richtet sich nach der verwendeten Technologie zur Datenübertragung. Hier kann auf höherer Ebene zwischen kabelgebundenen und kabellosen Rechnernetzen unterschieden werden. In der jeweiligen Klasse kann noch feiner unterschieden werden. Somit ergibt sich folgende Struktur:

- kabelgebundene Rechnernetze
  - Koaxialkabel (z. B. ursprüngliche Variante des Ethernets)
  - Twisted-Pair-Kabel (z. B. aktuelle Variante des Ethernets)
  - Glasfaserkabel
- kabellose Rechnernetze
  - Elektromagnetische Wellen (z. B. WLAN)
  - Infrarot (z. B. Bluetooth)

Koaxial und Twisted-Pair-Kabel basieren beide auf Kupferleitern und verwenden elektrische Signale zur Datenübertragung. Sie lassen sich heute günstiger herstellen als Glasfaserkabel, welche Lichtimpulse zur Übertragung einsetzen. Glasfaserkabel haben jedoch den Vorteil, dass sie nicht gegen elektromagnetische Störungen abgeschirmt werden müssen. Sie eignen sich insbesondere für die Überbrückung sehr großer Distanzen und bieten hohe Übertragungsgeschwindigkeiten.

Für kabellose Rechnernetze existieren ebenfalls unterschiedliche Technologien. Infrarot nutzt entweder diffuses Licht oder gerichtetes Licht. Als Sender werden LEDs (Licht Emittierende Dioden) und als Empfänger Fotodioden eingesetzt. Im Gegensatz zu elektromagnetischen Wellen können mit Infrarotlicht nur sehr kleine Strecken überbrückt werden, da sie keine Wände oder ähnliche Hindernisse durchdringen können. Außerdem werden mit Infrarot nur sehr niedrige Übertragungsgeschwindigkeiten erzielt. Im Gegensatz zu kabelgebundenen Rechnernetzen lassen sich kabellose Rechnernetze einfacher installieren, was zu immensen Kosteneinsparungen führen kann. Sie lassen sich schnell in schwer zugänglichen Regionen installieren und können große Flächen abdecken.

4.5 Zusammenfassung und Aufgaben

Zusammenfassung

In diesem Kapitel haben Sie

- ein Verständnis für die mathematischen Prinzipien, welche die Darstellung von Daten und Befehlen in Rechnern zugrunde legen, erhalten,
- einen Einblick in gängige Verfahren zur Kodierung von Zahlen und Zeichenkodierung bekommen,

- einen Überblick über die grundlegenden Komponenten heutiger Rechner, sowie ihre Arbeitsweisen bekommen,
- eine Einführung in die Grundlagen von Rechnernetzen und darauf aufbauenden verteilten Anwendungen erhalten, und
- Beispiele von Protokollen in Rechnernetzen kennengelernt.

Das nächste Kapitel ergänzt dieses Wissen um die Grundlagen der Softwareentwicklung.

Übungsaufgaben

1. Definitionen

- Was versteht man unter einem Rechner (Digitalrechner)?
- Was versteht man unter dem Begriff Hardware? Grenzen Sie den Begriff gegen den Begriff Software ab.
- Was versteht man unter dem Begriff Befehl im Kontext der Rechnerarchitektur?
- Was versteht man unter dem Begriff Wortbreite im Kontext der Rechnerarchitektur?
- Was versteht man unter dem Begriff Pipelining?
- Was versteht man unter dem Begriff Bus?
- Was versteht man unter dem Begriff Protokoll?

2. Wissen

- Beschreiben Sie ein Vorgehen, um eine beliebige, positive ganze Zahl Z auf eine einfache Art und Weise vom Dezimalsystem in das Dualsystem zu wandeln und mit n Bits darzustellen.
- Für die Bitanzahl n (d. h. n Bits stehen zur Verfügung), wie viele verschiedene Bitmuster können zur eindeutigen Kodierung von Zahlen verwendet werden?
- Was besagt das Moore'sche Gesetz?
- Nennen Sie vier Zahlenkodierungen. Erläutern Sie jeweils, für welche Zahlen die Kodierung angewandt werden kann.
- Skizzieren Sie die Grundarchitektur eines Von-Neumann Rechners und beschreiben Sie die Aufgaben der einzelnen Komponenten.
- Welches sind die 4 allgemeinen Schritte bei der Befehlsausführung im Digitalrechner?
- Angenommen der Speicher eines kleinen Rechners sei 10 Kilobyte groß. Bei einer Rechner-Wortbreite von 32 Bits und einer Speicher-Wortlänge von 4 Bits, wie viele aufeinander folgende Wörter können insgesamt im Speicher abgelegt werden.

- Nennen und erläutern Sie vier unterschiedliche Speichertypen.
- Skizzieren Sie den Unterschied zwischen Client-Server- und Peer-to-Peer Architekturmodellen.
- Skizzieren Sie die unterschiedlichen Schichten und Protokolle des ISO/OSI-Referenzmodells.

3. **Zahlendarstellung und -kodierung**
   - Stellen Sie folgende Dezimalzahlen als Dualzahlen, mit 8 Bits dar: 11, 18, 32
   - Wandeln Sie folgende Zahlen aus den jeweiligen Zahlensystemen ins Dezimalsystem um: 1011_4, $00AB_{16}$, 100111_2, $1AF1_{16}$
   - Bilden Sie das 2er-Komplement (6 Bit) für folgende Zahlen: -16, 32, 0, 17.
   - Bilden Sie das 2er-Komplement (8 Bit) für folgende Zahlen: -16, 11
   - Kodieren Sie reelle Zahl $-2{,}75$ aus dem Dezimalsystem als Festkommazahl mit 8 Stellen. Verwenden Sie 4 Stellen für die Vorkommazahl (kodiert als Vorzeichenzahl) und 4 Stellen für die Nachkommazahl (Binärdarstellung ohne Vorzeichen).
   - Nennen Sie zwei unterschiedliche Merkmale eines Registers im Vergleich zu einem gewöhnlichen Speicher einen Grund dafür, warum Register überhaupt im Rechner benötigt werden.
4. **Befehlsausführung**
   - Schreiben Sie ein NEUMI-Programm, das die Zahlen 5 und 7 addiert, und das Ergebnis im Speicher ablegt. Führen Sie das Programm im NEUMI-Simulator aus.
     - Ergänzen Sie obiges Programm, in dem Sie die Zahl 3 von dem im Speicher abgelegte Ergebnis subtrahieren und an einer anderen Adresse im Speichern ablegen.
     - Ergänzen Sie obiges Programm weiter, in dem Sie die beiden im Speicher abgelegten Ergebnisse wiederum addieren.
     - Welchen Wert hat das ACC-Register nach Ausführung des Programms?
     - Welchen Wert hat das PC-Register nach Ausführung des Programms

Literatur

[GAB-10] Gabler Verlag (Herausgeber), Gabler Wirtschaftslexikon, Stichwort: Informationsgesellschaft, online im Internet: http://wirtschaftslexikon.gabler.de/Archiv/71546/informationsgesellschaft-v5.html

[HAM-05] Hammerschall, U.: Verteilte Systeme und Anwendungen. Pearson Studium, München, 2005, ISBN: 3-8273-7096-5

[HAN-02] Hansen, R.; Neumann, G.: Arbeitsbuch Wirtschaftsinformatik, 6. Auflage, Lucius&Lucius Verlagsgesellschaft, ISBN 3-8282-0229-2

[HOF-11] Hofmeister, Andreas; Stiegeler, Pactrick: „Neumi, eine Prozessor simulation", http://abs.informatik.uni-freiburg.de/teaching/Neumi/, letzter Zugriff 17.09.11

[KER-09] Kersken, S.: IT-Handbuch für Fachinformatiker. 4. Auflage, Galileo Computing, 2009, ISBN: 3836214202

[KUR-08] Kurose, James F; Ross, Keith W.: Computernetzwerke – Der Top Down-Ansatz, 4. Auflage, Pearson Studium, 2008, ISBN: 978-3-8273-7330-4

[LAR-04] Larisch, Dirk: Das Einsteigerseminar – TCP/IP. vmi-Buch, 2004, ISBN: 3-8266-7365-4

[LEV-02] Levi, P.; Rembold, U.: Einführung in die Informatik für Naturwissenschaftler und Ingenieure. 4. Auflage, Hanser Fachbuchverlag, 2002, ISBN: 3-446-21932-3

[PAT-05] Patterson, David A.; Hennessy, L.: Rechnerorganisation und – entwurf – Die Hardware/Software-Schnittstelle. 3. Auflage, Spektrrum akademischer Verlag, 2005, ISBN:3-8274-1595-0

[TAN-03] Tanenbaum, Andrew: Computernetzwerke, 4. Auflage, Pearson Studium, München, 2003, ISBN 978-3-8273-7046-4

[TAN-03-1] Tanenbaum, Andrew; Van Stehen, Martin: Verteilte Systeme - Grundlagen und Paradigmen, Pearson Studium, München, 2003, ISBN 3-8273-7057-4

[TAN-06] Tanenbaum, Andrew: Computerarchitektur. Strukturen -Konzepte – Grundlagen. 5. Auflage, Pearson Studium, 2006, ISBN 3-8273-7151-1

Kapitel 5
Grundlagen der Softwareentwicklung

Die Software erzeugt einen ständig wachsenden Teil der gesamten Kosten sowohl in Produkten selbst, als auch in der Produktentwicklungs-Prozesskette. Daher ist eine kosteneffiziente und nachhaltige Entwicklung von Softwaresystemen unabdingbar. Die Softwareentwicklung ist eine noch junge, zugleich fortgeschrittene Disziplin, die sich einer großen Aufmerksamkeit erfreut. Darüber hinaus bilden die in der Softwareentwicklung gängigen Methoden eine Basis für die in Kap. 3 beschriebenen Methoden des Systems Engineering.

Lernziele Ziel dieses Kapitels ist die grundlegende Herangehensweise, sowie Methoden der allgemeinen Softwareentwicklung zu vermitteln. Wenn Sie dieses Kapitel gelesen haben, werden Sie

- den Unterschied zwischen einem Programm und Software, sowie respektive den Unterschied zwischen Programmierung und Softwareentwicklung verstehen,
- die Notwendigkeit und die Grundlagen der Softwareentwicklung kennen,
- typische Vorgehensmodelle in der Softwareentwicklung kennen, und
- das Objekt-orientierte Paradigma nachvollziehen, welches der heutigen Softwareentwicklung für Gewöhnlich zu Grunde liegt.

5.1 Einführung

Die ersten Kapitel dieses Buchs gaben einen Einblick in heutige Informationstechnologien, sowohl in Produkten und Produktionsanlagen, als auch im Sinne von Anwendungen zur Unterstützung diverser Tätigkeiten in einer Unternehmung. In beiden Fällen spielt die zugrunde liegende Software eine wichtige Rolle, welche alle nicht-physischen Funktionsbestandteile eines technischen Systems bezeichnet. So gehört z. B. ein CAD-System inklusive der damit herstellbaren Konstruktionsmodelle von Zusammenbauten und Einzelteilen zur Kategorie Software, während etwa

M. Eigner et al., *Informationstechnologie für Ingenieure*,
DOI 10.1007/978-3-642-24893-1_5, © Springer-Verlag Berlin Heidelberg 2012

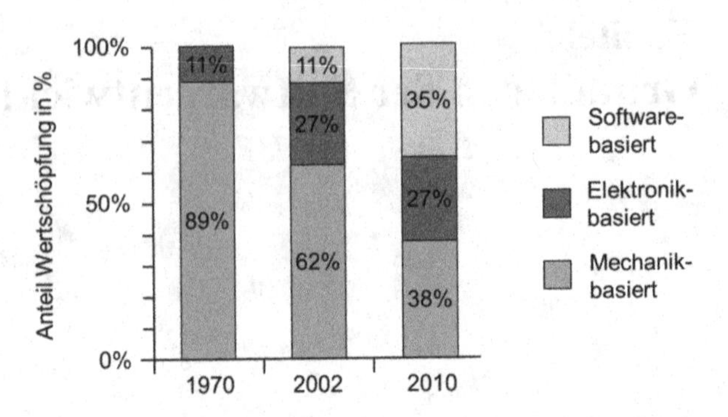

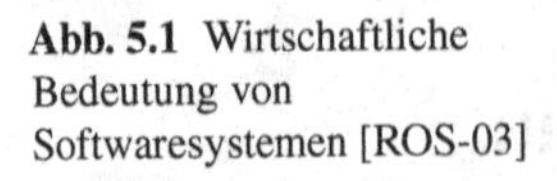
Abb. 5.1 Wirtschaftliche Bedeutung von Softwaresystemen [ROS-03]

der Bürocomputer, auf dem das CAD-System installiert ist als Hardware bezeichnet wird. Der Fokus dieses Kapitels liegt auf der *Tätigkeit*, Software zu entwickeln, und weniger auf dem Thema Programmierung. Oft werden die beiden Begriffe synonym verwendet, was jedoch falsch ist. Um den Unterschied zwischen der Softwareentwicklung und der Programmierung zu verstehen, ist es notwendig, die Begriffe *Programm* und *Software bzw. Softwaresystem* zu betrachten.

Definition 5.1 *Unter einem* ***Programm*** *versteht man eine Folge von elementaren Anweisungen (Befehlen), die in Ausführungsreihenfolge gespeichert werden. Befehle können gegebenenfalls von einem Prozessor ausgeführt werden.*

Definition 5.2 *Unter* ***Software*** *versteht man einen Satz von Programmen, mitsamt der für deren Ausführbarkeit und Wartung benötigten Dokumentation und Daten. Dies umfasst insbesondere Dokumente, die in Summe unterschiedliche Sichten verschiedener Interessengruppen enthalten können (Anwender, Entwickler, ...). Der Begriff Softwaresystem (oder auch System) wird in diesem Buch, insbesondere in diesem Kapitel, synonym verwendet.*

Während sich die Programmierung also mit der Erstellung von Programmen beschäftigt und keine Planungs- und Managementaufgaben beinhaltet, umfasst die Softwareentwicklung, also die Erstellung von Software, weitaus mehr Tätigkeiten. Softwaresysteme können sehr komplex sein, so dass es strukturierter Vorgehensweisen der Entwicklung bedarf, die auch eine Konsistenz und Nachvollziehbarkeit aller anfallenden Dokumente mit sich bringt.

Software ist heute weit verbreitet und bildet eine grundlegende wirtschaftliche Bedeutung. Allein in Deutschland entwickelten sich der Software und IT-Dienstleistungssektor in den letzten Jahren besser als die Gesamtwirtschaft. Der IKT-Sektor[1] insgesamt erreichte im Jahr 2005 einen Anteil von 5,8 % der gesamten Bruttowertschöpfung und lag somit höher als die anderen prominenten Branchen,

[1] Der gesamte IKT-Sektor in diesem Zusammenhang formiert sich nach der Definition des Statistischen Bundesamts aus den Bereichen: IKT-Waren produzierend (z. B. Herstellung von Büromaschinen, Datenverarbeitungsgeräte und -einrichtungen, Elektrotechnik, Optik, etc.), IKT-Inhalte produzierend (Verlags- und Druckgewerbe, Vervielfältigung von Ton-, Bild- und Datenträger, etc.), sowie IKT-Dienste erbringend (Nachrichtenübermittlung, Datenverarbeitung, Datenbanken, etc.). [KES-10]

Tab. 5.1 Beispiele teurer Fehlschläge von Softwaresystemen

LH2904 Flugzeug Landung Kosten: – 2 Menschenleben – mehrere Mio. €		Bei einer Landung des Airbus A320–211 (LH2904) in Warschau griffen 1993 die Bremsen erst 13 Sekunden nach dem Bodenkontakt, so dass das Flugzeug über die Landebahn hinausrollte und zerbrach. Das Problem lag darin, dass sich der Umkehrschub erst ab einem Gewicht von 12 Tonnen je Fahrwerk aktivieren ließ, auf Grund schlechter Wetterverhältnisse das linke beider Fahrwerke jedoch verspätet Kontakt aufnahm.
Sleipner A Bohrplattform Kosten: – ca. 700 Mio. €		Eine Basisstruktur der Ölplattform Sleipner A ging während eines Belastungstests unter. Auf Grund einer Unterschätzung der Schwerkräfte durch das zu Grunde liegende FEM-Programm wurden die Betonwände zu dünn ausgelegt. Die Säulen knickten ein und die Plattform sank in die Tiefe.
Mars Climate Orbiter Kosten: – ca. 125 Mio. USD		1996 verglühte auf Grund ihrer Nähe zum Mars eine Sonde der NASA. Der Grund war ein Berechnungsfehler, der auf die Verwendung unterschiedlicher Maßeinheiten zurückzuführen war. Die Navigationsinstrumente versorgten Daten im englischen Maßsystem, die NASA Software rechnete jedoch mit der metrischen Einheit.

wie z. B. die Automobil- und Maschinenbauindustrie [KES-10]. Zu diesem Anteil von insgesamt 118, 184Mrd. €, trugen die Software und IT-Dienstleistungsbranche mit 23,6 % bei. Dies lässt sich dadurch begründen, dass Software sich als Querschnitttechnologie etabliert hat und in allen Bereichen eine wichtige Rolle spielt. In der Automobilindustrie basieren nach Schätzungen der VDA (Verband der Automobilindustrie) 90 % der zukünftigen Innovationen im Automobil auf der Elektronik. Weiterhin verdoppelt sich nach 2–3 Jahren der Anteil an Software in Fahrzeug-Steuergeräten, und 50–70 % der Entwicklungskosten eines Fahrzeug-Steuergerätes werden für Software ausgegeben [VDA-05]. Abbildung 5.1 verdeutlicht diesen drastischen Wandel von Anteilen der Elektronik und Software in Fahrzeugen über die letzten Jahrzehnte.

Trotz dieser stets wachsenden Abhängigkeit zu Software, ist ihre Entwicklung weltweit immer noch nicht vollständig beherrscht. Somit gehören Kosten- und Laufzeitüberschreitungen von Softwareprojekten, sowie fehlerbehaftete und den Kunden nicht zufriedenstellende Software immer noch zum Alltag. Insbesondere in dem zuvor skizzierten Einsatzbereich von Software in technischen Systemen, in so genannten eingebetteten Systemen bzw. mechatronischen Systemen (vgl. Kap. 3), sind Folgen fehlerhafter Software sehr teuer und oftmals tragisch. Tabelle 5.1 gibt einen Überblick über teure Fehlschläge von Softwaresystemen, die durch ein besseres, Disziplinübergreifendes Verständnis möglicherweise hätten vermieden werden können.

5.2 Klassische und Softwareentwicklung für mechatronische/ eingebettete Systeme

Sei es bei der Entwicklung von Software als eigenständiges Produkt (z. B. Office- oder CAS-Anwendung, siehe auch Kap. 2: Software als Werkzeug im Produktentwicklungsprozess) oder als Bestandteil eines technischen Systems, verlangt die Entwicklung korrekter und zuverlässiger Software von Ingenieuren das Vorhandensein geeigneter Kenntnisse über Methoden, Techniken, Werkzeuge und Modelle, welche der einzige Garant für einen zielgerichteten Entwicklungsprozess sind. In dieser Hinsicht hat sich die Softwareentwicklung in den letzten Jahrzenten zu einer eigenständigen Disziplin etabliert, welche darauf abzielt geeignete Prozesse, Methoden, Techniken und Werkzeuge zu erforschen. Sie beschäftigt sich ebenfalls mit der Definition von Skalen und Metriken, welche eine kontinuierliche Messung der Qualität der entwickelten (Zwischen-)Produkte und der eingesetzten Prozesse ermöglichen.

In den nachfolgenden Abschnitten dieses Kapitels werden grundlegende Prozesse, Methoden und Techniken der klassischen Softwareentwicklung, also für die Entwicklung von Software als Produkt, exemplarisch vermittelt.

Notiz *Die Methoden und Modelle der Softwareentwicklung bilden vermehrt die Basis für Vorgehen zur interdisziplinären Entwicklung mechatronischer Produkte.*

Im speziellen Kontext von eingebetteten Systemen kommen weitere Ansätze hinzu, die speziell auf die Probleme in diesem Bereich zugeschnitten sind. Diese Probleme kommen im Wesentlichen aus den zusätzlichen Anforderungen an die so genannten *nicht-funktionalen Qualitätsanforderungen*. Darunter verstehen sich solche Anforderungen an eine Software, welche die Umstände der Erbringung der eigentlich geforderten Funktionalitäten einschränken. Software für eingebettete Systeme zeichnet sich in der Regel durch [LIG-05]

- strengere Sicherheitsbestimmungen und rechtliche Aspekte, da Fehlfunktionen gravierende Folgen haben können, und
- strengere Randbedingungen bezüglich Zuverlässigkeit, Verfügbarkeit, Echtzeitfähigkeit, sowie Ressourcenverbrauch aus.

Darüber hinaus kommt bei der Softwareentwicklung für eingebettete Systeme die Tatsache hinzu, dass sie in der Regel Bestandteil eines umfassenden Disziplinübergreifenden Systementwicklungsprozesses ist. Dies führt zu einer sehr engen Verzahnung der Softwareentwicklung mit den Entwicklungen in anderen Disziplinen (z. B. Mechanik und Elektronik). Oftmals wird die Softwareentwicklung von der Hardwareentwicklung abhängig gemacht, so dass nachher sehr wenig Gestaltungsraum für die Software vorhanden ist. Zur Sicherstellung einer erfolgreichen Entwicklung des gesamten eingebetteten Systems muss stets

- die Menge der Anforderungen an das gesamte System präzise aufgeschrieben werden,
- sichergestellt werden, dass das fertige System den gestellten Anforderungen gerecht wird,

- sichergestellt werden, dass das ganzheitliche System robust gegenüber möglicher Fehlfunktionen einzelner Teilsysteme ist, sowie
- sichergestellt werden, dass Softwareentwickler im gesamten Systementwicklungsprozess sehr früh einbezogen werden um somit rechtzeitig Abstimmungen mit anderen Disziplinen vorzunehmen.

Die Entwicklung von Software für eingebettete Systeme wird in [LIG-05] ausführlich behandelt. Dieses Kapitel des vorliegenden Buches zielt angelehnt darauf ab, ein grundsätzliches Verständnis der generischen Methoden in der Softwareentwicklung sowie deren Einbindung in die Entwicklung mechatronischer Systeme zu vermitteln. In Kap. 3 ist dies bereits in Teilen erfolgt.

5.3 Phasen-, Produkt-, Prozessmodelle als Planungsmethoden der Softwareentwicklung

Im Folgenden werden unterschiedliche Modelle und Sichten vorgestellt, die speziell in der Planung eines Softwareentwicklungsprojekts eine wichtige Rolle spielen.

5.3.1 Das Phasenmodell

Das Phasenmodell in Abb. 5.2 beschreibt die typischen Tätigkeiten in der Softwareentwicklung, gegliedert in vier Phasen, sowie die darin zu Grunde liegende Fragenstellung. Das Phasenmodell gibt die Softwareentwicklung also aus einer Tätigkeitssicht wieder.

Anforderungsanalyse Ziel der Anforderungsanalyse ist eine möglichst vollständige Erhebung der Anforderungen an das zu entwickelnde System. Dies kann mittels Diagrammen und/oder textueller Beschreibungen erfolgen. Im Wesentlichen geht es darum zu verstehen, was das System leisten soll. Hierbei ist folgende Tätigkeit zu berücksichtigen:

- Es werden Eingaben und Ausgaben, Benutzerschnittstellen und Funktionalitäten festgelegt.

Ergebnisse aus der Anforderungsanalyse dienen als juristische Grundlage für spätere Abnahmetests.

Systementwurf Ziel des software-orientierten Systementwurfs ist es, einen abstrakten Plan der Lösung für das Problem zu beschreiben. Auf Basis der Anforderungsanalyse wird festgehalten, aus welchen Komponenten das System besteht. D. h. die typischen Tätigkeiten des Systementwurfs sind:

- Es werden Komponenten bestimmt.
- Es wird definiert und zugeordnet, welche Aufgaben den Komponenten zukommen.

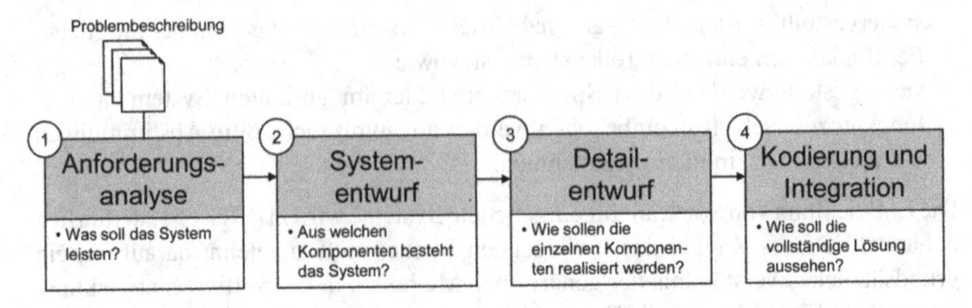

Abb. 5.2 Phasenmodell der Softwareentwicklung, in Anlehnung an [BOE-79]

- Die Schnittstellen bzw. die Interaktionen zwischen den Komponenten werden definiert.
- Zu den Komponenten übergeordnete Datenflüsse und Steuerungen werden festgelegt.

Missverständnisse sind Hauptursachen für Fehler. Die im Systementwurf anfallenden Dokumente sollen möglichst präzise sein, um solche zu minimieren.

Detailentwurf Ziel des Detailentwurfes ist es, den Plan für die Problemlösung aus dem Systementwurf weiter zu konkretisieren, d. h. zu beantworten, wie die einzelnen abstrakten Komponenten und deren Interaktion realisiert werden. Zusammenfassend bedeutet das folgende Tätigkeiten:

- Anforderungen und Komponenten werden verfeinert.
- Datenflüsse und Zustände werden auf Komponentenebene definiert.

Kodierung und Integration Ziel der letzten Phase ist die Implementierung der vollständigen Lösung. Dies erfordert folgende Tätigkeiten:

- Strukturen (Daten, Algorithmen) aus dem Detailentwurf werden auf die Konstrukte einer Programmiersprache abgebildet.
- Anforderungen an die Performanz, Robustheit und Ergonomie werden gegebenenfalls berücksichtigt.

Die realisierten Teil-Lösungen zu einzelnen Komponenten werden zu einer Gesamtlösung integriert. Es ist ersichtlich, dass die hier aufgeführten Phasen mit den in Kap. 3 vorgestellten Phasen des Systems Engineering einhergehen.

5.3.2 Das Dokumenten- und Produktmodell

Die in den vorangehenden Kapiteln erläuterte Richtlinie VDI-2206 beschreibt eine V-förmige Sicht auf die Produktentwicklung, die ihren Ursprung in der Informatik findet [BOE-79] und in der Literatur in unterschiedlichsten Ausprägungen existiert. Der Software-Ingenieur spricht oftmals von einem *Dokumenten- und Produktmodell* oder vereinfacht von einem *Referenzmodell*, um darzustellen welche Dokumente und Teil-Produkte (oft nur Produkte genannt) bei der Softwareentwicklung anfallen, und

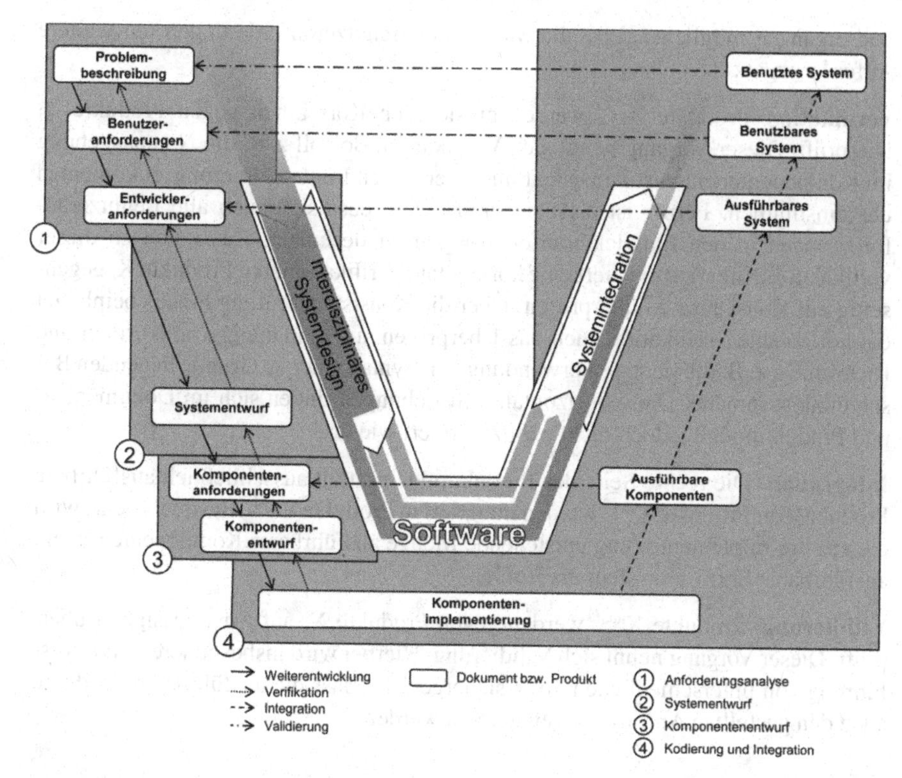

Abb. 5.3 Dokumenten- und Produktmodell, in Anlehnung an [BOE-79], [LIN-01], [LIG-05] und VDI-2206

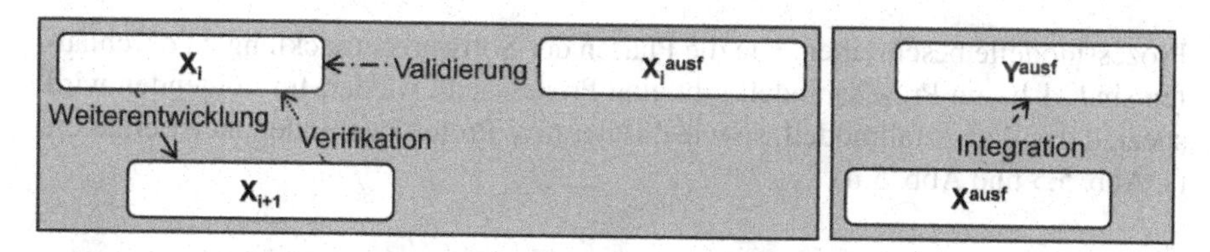

Abb. 5.4 Beziehungen im Produktmodell: *links* Weiterentwicklung, Verifikation und Validierung, *rechts* Integration, in Anlehnung an [BOE-79], [LIN-01] und [LIG-05]

wie diese miteinander in Verbindung stehen. Abbildung 5.3 fasst dies mitsamt den Phasen der Softwareentwicklung und einer Abbildung auf den Kern der VDI-2206 zusammen.

In Abb. 5.3 finden sich auch die Phasen aus Abb. 5.2 wieder, um aufzuzeigen welche Dokumente und Produkte in welchen Phasen anfallen. Ferner sind Beziehungen zwischen den Produkten dargestellt (s. Abb. 5.4).

Weiterentwicklung Produkte X_i werden weiterentwickelt nach Produkten X_{i+1}. So entstehen etwa aus Benutzeranforderungs-Dokumenten Entwickleranforderungen an das System. Sie können eine unterschiedliche Notationsform aufweisen, umfassen und ergänzen möglicherweise die Menge der Benutzeranforderungen um weitere Anforderungen.

Verifikation Produkte X_{i+1} werden hinsichtlich Korrektheit gegen Produkte X_i überprüft. Dieser Vorgang nennt sich Verifikation. So soll z. B. die Namensgebung im Komponentenentwurf konsistent mit jener in den Implementierungsdokumenten übereinstimmen. Ferner ist z. B. sicherzustellen, dass sich auch alle Benutzeranforderungen in den Entwickleranforderungen wiederfinden. Zusätzlich zu dieser vertikalen Verifikation existiert eine horizontale Verifikation, um Produkte X_i gegenseitig auf Konsistenz zu überprüfen. Über die Konsistenzprüfung hinaus beinhaltet die horizontale Verifikation auch das Überprüfen auf Einhaltung von Normen und Richtlinien, z. B. die richtige Verwendung von Syntax einer zu Grunde liegenden Beschreibungssprache. Diese horizontalen Beziehungen finden sich im Dokumenten- und Produktmodell jedoch nicht explizit notiert wieder.

Integration Die rechte Seite des Produktmodells stellt ausschließlich ausführbare Produkte dar. Produkte X^{ausf} werden integriert in Produkte Y^{ausf}. Beispielsweise wird die aus der Implementierung entstehende Menge ausführbarer Komponenten in ein ausführbares Softwaresystem überführt.

Validierung Produkte X_i^{ausf} werden gegen Produkte X_i auf Zuverlässigkeit überprüft. Dieser Vorgang nennt sich Validierung. Hierbei wird insbesondere durch Ausführung von unterschiedlichen Tests sichergestellt, dass die ausführbaren Produkte auch den gestellten Anforderungen gerecht werden.

5.3.3 Die Prozessmodelle der Softwareentwicklung

Prozessmodelle beschreiben, wie die Phasen der Softwareentwicklung zu durchlaufen sind, d. h. ein Prozessmodell gibt eine Prozesssicht wieder. Im Folgenden wird speziell das Wasserfallmodell, so wie das iterative Prototypenmodell näher erläutert (s. Abb. 5.5 und Abb. 5.6).

5.3.3.1 Das Wasserfallmodell

Im Wasserfallmodell geht man davon aus, dass eine Phase nach Abschluss dieser nicht erneut durchlaufen wird. Das heißt eine Phase i soll nicht beginnen, bevor Phase i-1 vollständig abgeschlossen ist. Für die Anforderungen bedeutet das insbesondere, dass diese nach Beenden der Anforderungsanalyse in Phase 1 fehlerfrei spezifiziert sein müssen. Abbildung 5.5 verbildlicht diesen Prozess.

5.3.3.2 Das iterative Prototypenmodell

Für Gewöhnlich liegt einem Entwicklungsprozess inklusive der Anforderungsdefinition eine Dynamik zu Grunde, so dass sich das Wasserfallmodell als nicht geeignete Methode erweist.

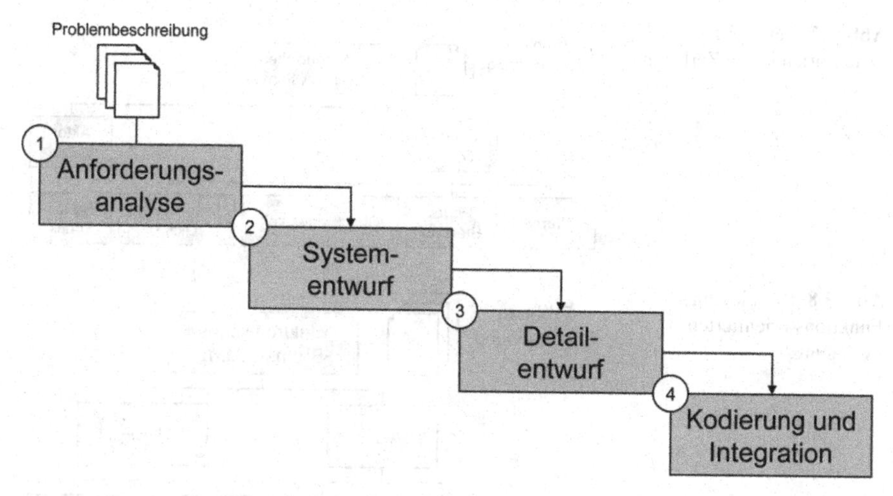

Abb. 5.5 Wasserfallmodell

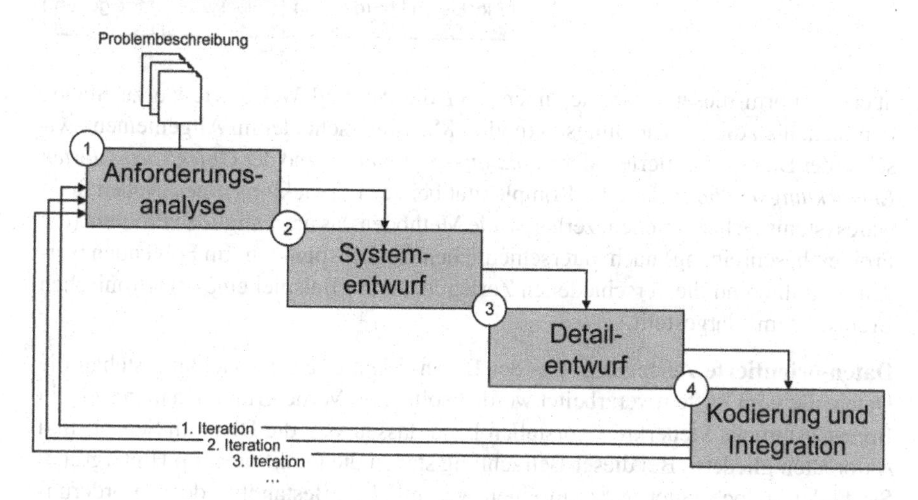

Abb. 5.6 Iteratives Prototypenmodell

Das iterative Prototypenmodell geht vergleichsweise davon aus, dass ein Softwaresystem inkrementell entwickelt wird. Das Modell sieht Änderungen während der Entwicklung vor, d. h. die Entwickler legen sich nicht sofort auf die vollständigen Anforderungen fest. Dies erlaubt einen Grad an Flexibilität beim Entwurf und der Implementierung, was jedoch einen erhöhten Bedarf an Wartung und Verwaltung verursachen kann.

5.4 Die Objekt-Orientierung als Entwicklungsmethode

Die in Abschn. 5.3 beschriebenen Modelle befassen sich mit allgemeinen Sichten auf die Softwareentwicklung. Speziell das Produktmodell stellt dar, welche Produkte im Rahmen eines konkreten Projekts anfallen, gibt jedoch weder einen Aufschluss

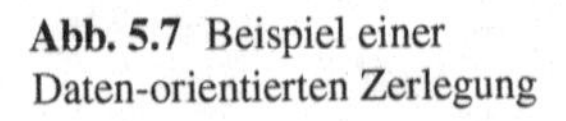

Abb. 5.7 Beispiel einer Daten-orientierten Zerlegung

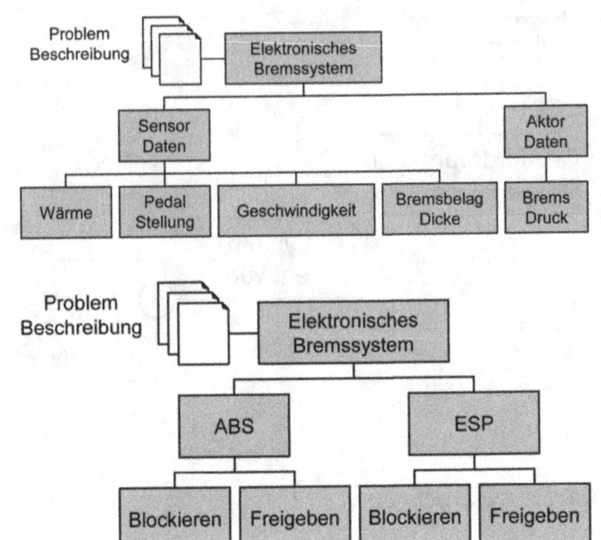

Abb. 5.8 Beispiel einer Funktions-orientierten Zerlegung

über die Form dieser Produkte, noch über die Art und Weise wie sie zu Stande kommen, also die Entwicklungsmethodik. Man unterscheidet im Allgemeinen zwischen der Daten-orientierten, der *Funktions-orientierten* und der *Objekt-orientierten Entwicklungsmethode*. Um die Komplexität bei der Entwicklung eines großen Softwaresystems zu beherrschen, zerlegen alle Methoden das ursprüngliche Problem (die Problembeschreibung) nach unterschiedlichen Gesichtspunkten. Im Folgenden werden abstrahierend die verschiedenen Zerlegungen am Beispiel eines elektronischen Bremssystems dargestellt.

Daten-orientierte Zerlegung Bei der Daten-orientierten Entwicklung stehen die Daten, die vom System verarbeitet werden sollen, im Vordergrund. Da man sich ein Bremssystem als Steuerkreis vorstellen kann, lassen sich die Daten in Sensor- und Aktordaten gliedern. Bei dieser Betrachtung stehen die Funktionen im Hintergrund. Sie bilden jedoch unter anderem einen wesentlichen Bestandteil der Anforderungen und müssen bei der Softwareentwicklung berücksichtigt werden. Abbildung 5.7 verdeutlicht die exemplarische Zerlegung.

Funktions-orientierte Zerlegung Die Funktions-orientierte Entwicklung zerlegt das System hierarchisch in die zu erfüllenden Funktionen. Im genannten Beispiel sind diese auf abstrakter Ebene das Blockieren und Freigeben der Bremsscheibe. Hier stehen die Daten im Hintergrund, so dass eine Daten-orientierte Zerlegung parallel vollzogen werden muss. Somit finden die Analyse der Aufgabenstellung, sowie der Entwurf und die Implementierung des Softwaresystems nach unterschiedlichen Gesichtspunkten statt. Diese müssen sich ergänzen und in allen Phasen der Entwicklung konsistent sein. Abbildung 5.8 stellt eine Funktions-orientierte Zerlegung dar.

Objekt-orientierte Zerlegung Bei der Objekt-orientierten Entwicklung wird eine Menge der in der realen Welt vorkommenden Gegenstände auf so genannte *Objekte*

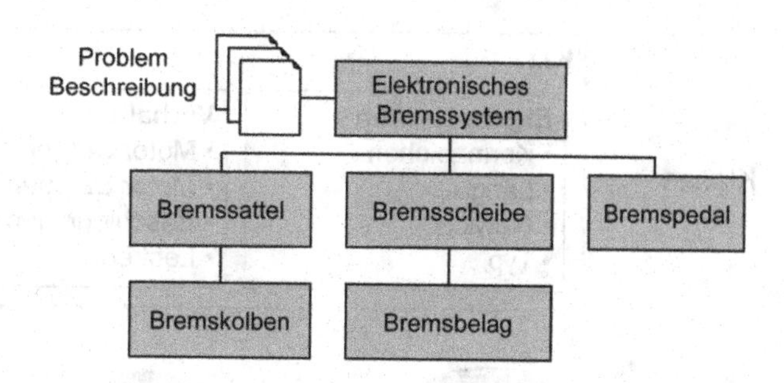

Abb. 5.9 Beispiel einer Objekt-orientierten Zerlegung

abgebildet, die miteinander kommunizieren bzw. interagieren. Ein Objekt fasst Daten und Funktionen zusammen, so dass eine ganzheitliche, konsistente Sicht auf das System entsteht. Ein wesentlicher Vorteil dieser Methode ist, dass sich die Objekt-orientierte Form der Notation durch alle Phasen der Entwicklung zieht, inklusive der Programmierung. Somit ist es leichter, die anfallenden Produkte konsistent und korrekt zu entwickeln und zu verifizieren. Abbildung 5.9 stellt die abstrakte Zerlegung eines elektronischen Bremssystems in hierfür relevante Objekte dar.

5.4.1 Begriffe der Objektorientierung

Bei der Entwicklung eines Softwaresystems wird ein digitales Modell als Abbild der Realität erzeugt. Im Folgenden werden Begriffe erklärt, die den Kern der Objektorientierung, ergo dessen Modellbildung näher beschreiben.

Definition 5.3 *Ein **Objekt** ist eine gedankliche oder reale Einheit in der Umwelt oder in der Software.*

Wie in Abschn. 5.4 beschrieben, besitzt ein Objekt einen Handlungs- und einen Datenaspekt. Man spricht von *Eigenschaften* (*Attribute*) und *Verhalten* (*Methoden*). Mehrere Objekte mit der gleichen Menge von Eigenschaften und dem gleichen Verhaltensmuster lassen sich zu einer *Klasse* zusammenfassen. Abbildung 5.10 gibt den Zusammenhang exemplarisch wieder.

Definition 5.4 *Eine **Klasse** ist die Einheit, anhand der die Eigenschaften und das Verhalten der ausgeprägten Objekte beschrieben werden. Objekte sind also Exemplare bzw. Instanzen von Klassen.*

Die Entwicklung von Softwaresystemen findet heute meist Objektorientiert statt. Respektive der in Abb. 5.2 notierten Phasen des Phasenmodells, spricht man von:

- OOA: *Objekt-orientierter Analyse* in Phase 1
- OOD: *Objekt-orientiertem Design* bzw. *Entwurf* in Phasen 2–3
- OOP: *Objekt-orientierter Programmierung* in Phase 4

Zur Unterstützung der Objekt-orientierten Softwareentwicklung existieren so genannte *Computer Aided Software Engineering (CASE)*-Werkzeuge. Ein wichtiger Bestandteil von CASE-Werkzeugen ist die grafische Notationsform zur Beschreibung von Dokumenten der OOA und des OOD. Dabei ist die *Unified Modelling*

Abb. 5.10 Klasse vs. Objekt

Language (UML) als standardisierte Modellierungssprache die heute am häufigsten verwendete Notationsform, wobei insbesondere zwischen statischen und dynamischen Aspekten unterschieden wird. Für beide stellt die UML jeweils unterschiedliche Diagrammtypen zur Verfügung; einige davon sind in Tab. 5.2 kurz erklärt:

Zusätzlich zu den in Tab. 5.2 erläuterten Diagrammtypen gibt es noch das Kompositionsstruktur- und das Verteilungsdiagramm (Strukturdiagramme), sowie das Interaktionsübersichts-, das Kommunikations-, das Zeitverlaufs- und das Zustandsdiagramm (Verhaltensdiagramme). Unter Verwendung des Wasserfallmodells und der UML Notationsform wird in Abschn. 5.4.3 die Objekt-orientierte Entwicklung am Beispiel eines Scheibenwischers verdeutlicht. Vorher werden die im Rahmen des Beispiels verwendeten Diagrammtypen in Abschn. 5.4.2 vertieft, ohne dabei ins Detail zu gehen.

5.4.2 Kurze Erklärung von UML Diagrammtypen

5.4.2.1 Anwendungsfalldiagramm

Im Wesentlichen besteht ein Anwendungsfalldiagramm (Englisch: Use Case Diagramm), aus vier Elementen: den *Anwendungsfällen*, den *Akteuren*, dem *Systemkontext* und *Einschränkungen* oder *Hinweisen* (s. Abb. 5.11).

Zusätzlich zu den Elementen eines Anwendungsfalldiagramms existieren Beziehungen zwischen diesen. Hierzu gehören unter anderem:

Tab. 5.2 Wichtige UML Struktur- und Verhaltensdiagramme

Wichtige Diagramme für statische Aspekte (Strukturdiagramme)	
Klassendiagramm	Objekte der Objekt-Orientierung, die gemeinsame Eigenschaften (Daten) und ein gemeinsames Verhalten (Funktionen) aufweisen, werden durch so genannte Klassen zusammengefasst und somit abstrahiert. Ein Klassendiagramm ermöglicht die Darstellung von Zusammenhängen zwischen Klassen.
Paketdiagramm	Paketdiagramme ermöglichen eine weitere Abstraktionsebene, um etwa Klassen zu gruppieren und gliedern. Hierüber wird bei umfangreicherer Anzahl an Klassen eine Gesamtsicht auf das Softwaresystem erleichtert.
Objektdiagramm	Objektdiagramme ermöglichen die Modellierung von Ausprägungen der im System vorhandenen Klassen. Hierüber lässt sich z. B. eine Momentaufnahme des Softwaresystems zu einem bestimmten Zeitpunkt modellieren.
Wichtige Diagramme für dynamische Aspekte (Verhaltensdiagramme)	
Anwendungsfalldiagramm	Wie der Name besagt, dienen Anwendungsfälle zur Darstellung von der Anwendung des Softwaresystems. Sie beschreiben auf einfache Weise, welche Akteure es gibt und was diese mit dem System machen können.
Aktivitätsdiagramm	Um etwa Abläufe innerhalb eines Anwendungsfalls zu modellieren, dienen Aktivitätsdiagramme. Ein Aktivitätsdiagramm beschreibt eine Verhaltenssicht auf das System, in dem elementare Aktionen und einen Datenfluss dargestellt wird.
Sequenzdiagramm	Sequenzdiagramme beschreiben sehr detailliert den Austausch von Nachrichten zwischen Objekten, unter Zuhilfenahme einer zeitlichen Einsicht mittels so genannter Lebenslinien.

Das Symbol für eine Person oder ein (Sub-) System, welche(s) zum Wirken des Softwaresystems beiträgt

Das Symbol für einen Anwendungsfall, welcher ein oder mehrere Ziel-Szenarien des Softwaresystems umfasst.

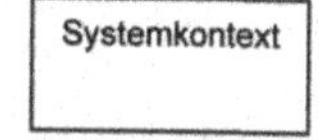

Das Symbol für den Systemkontext beschreibt die Grenzen des Systems.

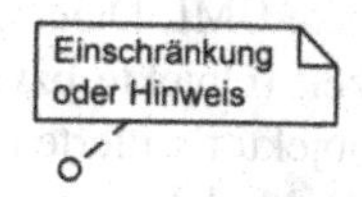

Das Symbol für Einschränkungen bzw. Hinweis als textuelle Ergänzungen im Diagramm.

Abb. 5.11 Elemente eines UML Anwendungsfalldiagramms

- « **include** » gibt an, dass ein Anwendungsfall einen anderen Anwendungsfall beinhaltet
- « **extend** » gibt an, dass ein Anwendungsfall einen anderen Anwendungsfall ergänzen kann (nicht muss)

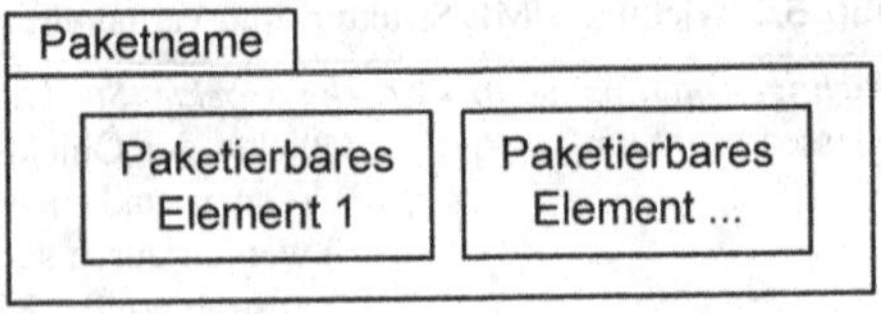

Abb. 5.12 Paketnotation

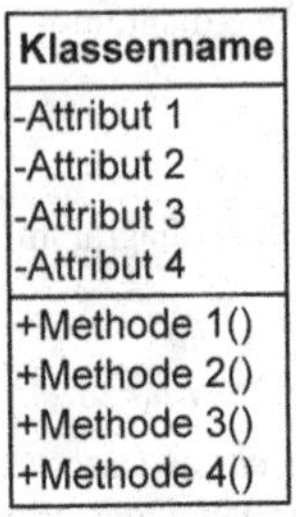

Abb. 5.13 Notation einer Klasse in UML

Anwendungsfälle werden häufig in der Anforderungsanalyse und im Systementwurf verwendet.

5.4.2.2 Paketdiagramm

Ein Paketdiagramm stellt eine einfache Möglichkeit dar, ein Softwaresystem in kleinere Einheiten zu strukturieren [RUP-05], noch bevor die einzelnen Objekte eines solchen Systems festgelegt sind. Es besteht aus sogenannten *Paketen*, jeweils gekennzeichnet durch einen Paketnamen. Der Objektgedanke kann in Folgeschritten vertieft werden. Eine verfeinerte Darstellung der inneren Struktur der jeweiligen Pakete erfolgt dann wie in Abb. 5.12 über paketierbare Elemente: *Unterpakete* oder *Klassen*. Details zur Notation und Anwendung sind unter anderem in [RUP-05] und [KEC-09] dokumentiert.

Paketdiagramme werden häufig im frühen Systementwurf erstellt und im Laufe der Entwicklung verfeinert.

5.4.2.3 Klassendiagramm

Das Klassendiagramm ist der wohl am häufigsten verwendete UML Diagrammtyp, da es aus statischer Sicht die Objektorientierung verwurzelt (Objekte bzw. deren Abstraktion zu Klassen sind das wesentliche Konzept der objektorientierten Modellierung). Das Klassendiagramm kann somit als Kern der UML Modellierungssprache verstanden werden [RUP-05]. Kernelement des Klassendiagramms sind die Klassen. Die Grundnotationsform einer Klasse ist in Abb. 5.13 dargestellt. Sie beinhaltet den Klassennamen, sowie die Attribute und Methoden der Klasse.

Die Objekte eines Softwaresystems stehen miteinander in Beziehung. Das UML Klassendiagramm unterscheidet im Wesentlichen zwischen vier Arten von Beziehungen, wie in Abb. 5.14 dargestellt.

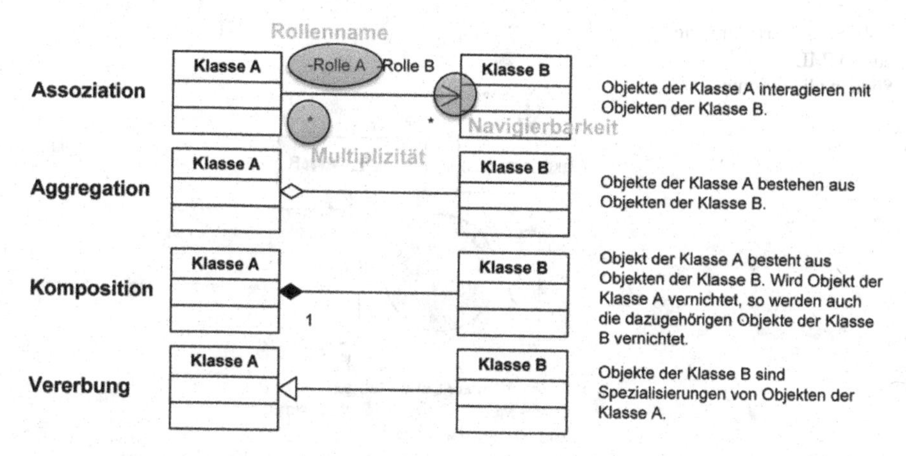

Abb. 5.14 Beziehungen zwischen Klassen

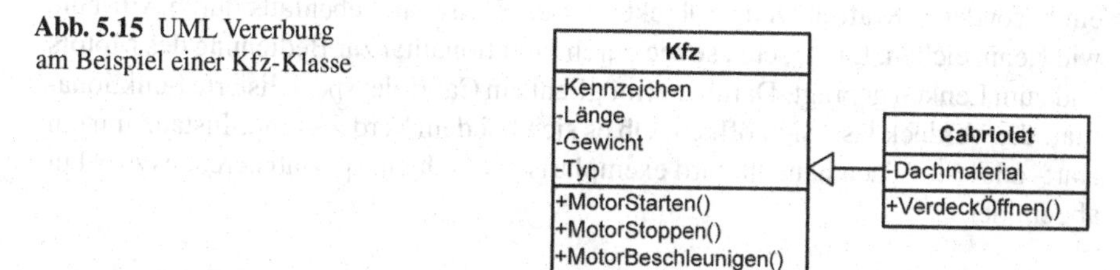

Abb. 5.15 UML Vererbung am Beispiel einer Kfz-Klasse

Zur *Assoziation*, *Aggregation* und *Komposition* (eine besondere Form der Aggregation) können folgende Informationen abgebildet werden:

- **Navigierbarkeit**: beschreibt die Richtung der Interaktion, d. h. welche Objekte welcher Klasse auf andere zugreifen
- **Rollennamen**: beschreiben die Bedeutung der beteiligten Klassen bzw. ihrer Objekte
- **Multiplizität** (**Anzahlangabe**): beschreibt, wie viele Objekte der einen Klasse mit wie vielen Objekten der anderen Klasse in Beziehung stehen. Dabei unterscheidet man zwischen:
  - 1:1 Beziehung
  - 1:n Beziehung
  - m:n Beziehung

  Zur Notation im Klassendiagramm nehmen n und m entweder einen konkreten Wert oder einen Wertebereich (z. B. 0..4) an. Soll zum Ausdruck gebracht werden, dass beliebig viele Objekte assoziiert werden können, wird das Zeichen „*" verwendet.

Die *Vererbung* beschreibt einen essentiellen Teil der Objektorientierung. Diejenigen Objekte, die eine Spezialisierung darstellen, besitzen (erben) auch diejenigen Attribute und Methoden der spezialisierten Klasse. Um auf das Kfz-Beispiel aus Abb. 5.10 zurückzukommen, verdeutlicht Abb. 5.15 das Prinzip der Vererbung. Ein Cabriolet ist

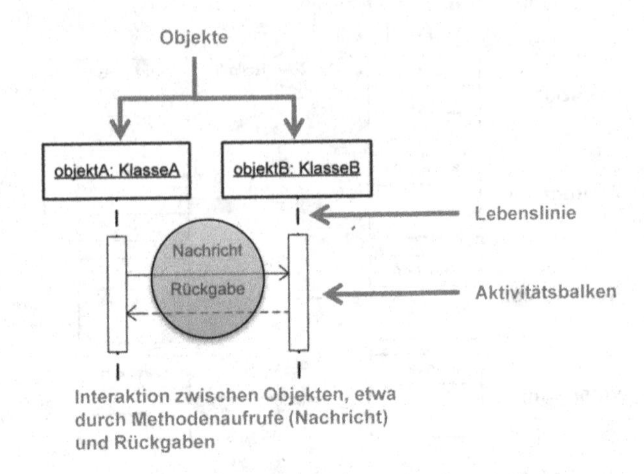

Abb. 5.16 Kernelemente eines UML Sequenzdiagramms

ein besonderes Kraftfahrzeug. Objekte dieser Klasse sind ebenfalls durch Attribute wie Kennzeichen, Länge, etc., sowie durch Funktionalität zur Bedienung des Motors und zum Lenken geprägt. Darüber ermöglicht ein Cabriolet spezialisierte Funktionalität: das Verdeck lässt sich öffnen. Ob es sich bei dem Verdeck einer Instanz um ein Hart- oder Stoffdach handelt wird exemplarisch durch ein spezialisierendes Attribut abgebildet.

5.4.2.4 Sequenzdiagramm

Das Sequenzdiagramm eignet sich sehr gut, um Abläufe (Sequenzen) bildlich darzustellen. Abbildung 5.16 zeigt die Kernelemente eines Sequenzdiagramms.

Es sind Objekte bestimmter Klassen abgebildet, die am zum modellierenden Ablauf beteiligt sind. Zu jedem Objekt verläuft vertikal von oben nach unten eine Zeitachse, die so genannte Lebenslinie. Diese bestimmt die zeitliche Reihenfolge der Ereignisse. Ist ein Objekt zu einem bestimmten Zeitpunkt der Sequenz aktiv, so wird die Lebenslinie durch einen Aktivitätsbalken überlagert. Zwischen den Balken können Nachrichten ausgetauscht werden. Eine Nachricht kann z. B. ein Methodenaufruf oder das Ergebnis einer ausgeführten Methode (Rückgabe) sein.

5.4.3 Fallbeispiel Scheibenwischer

In diesem Abschnitt sollen obig kennengelernte Methoden der Softwareentwicklung konkretisiert werden. Um die Übertragbarkeit auf die mechatronische Produktentwicklung zu verbildlichen wird an das Beispiel aus Kap. 3 angeknüpft: dem Scheibenwischer. Angelehnt an die dort ausformulierten Benutzer- und Entwickleranforderungen werden konkrete Beispiele der im Produktmodell anfallenden Dokumente herangeführt. Hierbei werden die im vorherigen Abschnitt herangeführten Diagramme exemplarisch angewandt.

5.4.3.1 Die Problembeschreibung

Ein Softwareentwicklungsprojekt beginnt mit einer Problembeschreibung, in der oft sehr allgemein der Wunsch des Kunden umrissen wird. Die interdisziplinäre Problembeschreibung zum Fallbeispiel Scheibenwischer wurde in Kap. 3 vorgestellt. Diese Problembeschreibung beinhaltet neben mechanischen und elektronischen Problemen auch Software relevante Problemstellungen, die an dieser Stelle noch einmal kurz skizziert werden:

> (...) Das Wischsystem soll dem Benutzer eine flexible Anwendung erlauben. So soll die Funktion Kurzwischen bei Bedarf groben Dreck von der Scheibe entfernen. Eine Funktion für ein intervallbasiertes Wischen soll flexibel einstellbar sein. Eine vollautomatische Wischfunktion soll es ermöglichen, dass je nach Regenintensität, die Wischgeschwindigkeit automatisch angepasst wird. Für letztere Funktion soll das System eine Regenerkennung beinhalten. Darüber hinaus, soll ein Reinigen der Windschutzscheibe mit Wischwasser jederzeit möglich sein. (...)

5.4.3.2 Benutzeranforderungen

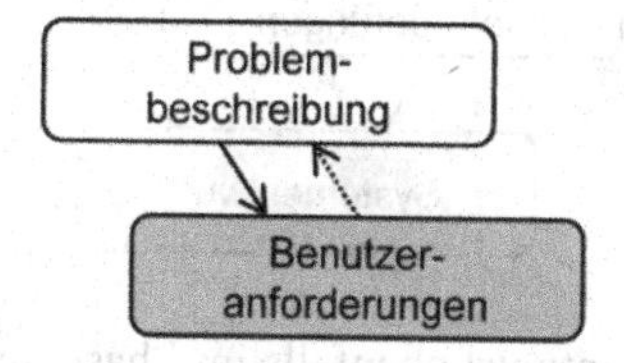

Aus der Problembeschreibung werden Anforderungen abgeleitet, welche die Kunden- bzw. Anwenderwünsche in eine strukturierte Form bringen. Benutzeranforderungen nennt man auch *Lastenheft*, und sie dienen für Gewöhnlich als juristische Grundlage bei der Endabnahme der entwickelten Software im Falle einer vertraglich geregelten Zusammenarbeit. Durch Gespräche mit dem Kunden kann die Erarbeitung der Benutzeranforderungen durch mehrere Iterationen gehen, in denen jeweils neue Aspekte hinzukommen. Zur ersten Beschreibung des Software-Umfangs eignet sich speziell im Sinne der Verifikation eine nummerierte Liste präziser Beschreibungen in Satz-Form. Darüber hinaus empfiehlt sich die Modellierung von Anwendungsfällen mittels UML Anwendungsfalldiagrammen. Benutzeranforderungen zu genanntem Beispiel sind in Kap. 3 aufgeführt.

5.4.3.3 Entwickleranforderungen

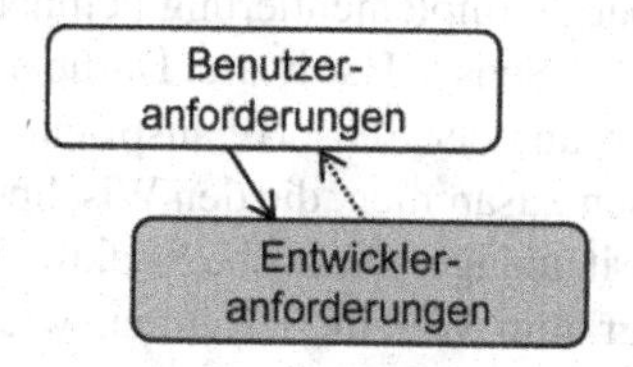

Aus den Benutzeranforderungen werden die Entwickleranforderungen abgeleitet, als *Pflichtenheft* bezeichnet. Diese sind im direkten Vergleich fachlicher orientiert, beziehen sich für Gewöhnlich stärker auf technische Aspekte. Im Idealfall lassen sich nicht-funktionale Benutzeranforderungen durch Absprache oder Rationalisierung in funktionale Entwickleranforderungen überführen. Insbesondere in dieser Phase der Entwicklung ist ein Austausch zwischen den unterschiedlichen Disziplinen notwendig. In Projekten, die ausschließlich ein Softwareprodukt als Ergebnis aufweisen, enthalten die Entwickleranforderungen idealerweise noch keine Festlegungen bezüglich des Systementwurfs. Doch oftmals, speziell in der interdisziplinären Produktentwicklung, verschmelzen die erste und zweite Phase der Entwicklung. Denn um z. B. Software-orientierte Anforderungen abzuleiten, ist die Entwurfsentscheidung für eine Software-basierte Steuerung im Vergleich zu einer beispielsweise rein mechanischen Steuerung schon gefallen. Entwickleranforderungen zu genanntem Beispiel sind in Kap. 3 aufgeführt.

5.4.3.4 Systementwurf

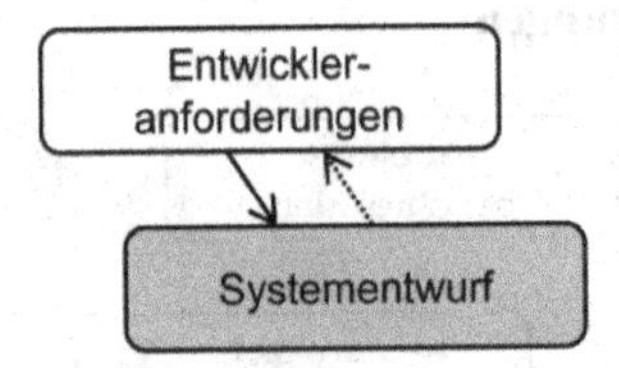

Obwohl der Begriff Systementwurf ebenfalls im Phasenmodell verwendet wird, ist er hier als Ergebnis der Systementwurfs-Phase zu verstehen, und nicht als Phase selbst. Alternativ eignet sich der Begriff *Systemmodell*. Das Systemmodell kann aus unterschiedlichen Teil-Modellen bestehen, etwa auf Basis mehrerer Strukturdiagramme der UML. Am durchgängigen Beispiel des Wischer-Systems sollen ein Paketdiagramm und ein Klassendiagramm zum Verständnis beitragen. Beide eignen sich bei verhältnismäßig einfachen Systemen gut für den ersten Systementwurf. Bei komplexeren Systemen greift der Entwickler häufig auf Komponentendiagramme zurück, auf die an dieser Stelle nicht näher eingegangen wird.

Paketdiagramm Das Paketdiagramm in Abb. 5.17 zeigt den Entwurf einer Architektur, die drei Pakete abbildet: eine Sensorik, eine Aktuatorik und eine Steuerung.

Die Pakete wurden dabei um eine erste Vorstellung von Klassen ergänzt (was auf Grund der Einfachheit des Systems an dieser Stelle schon möglich ist), ohne Details hinsichtlich Attributen und Methoden. Die Sensorik umfasst das regelmäßige Messen von Werten. Die spätere Implementierung beinhaltet also die low-level Interaktion zu der elektronischen Sensor Hardware. Darüber legt sich eine Steuerung, welche die Grundfunktionen aus der Sensorik anspricht. Das weitere Aktuatorik-Paket fasst diejenigen Klassen zusammen, die den Wischprozess aktiv beeinflussen, also die Motoren und die Spritzanlage. Die grobe Struktur des Paketdiagramms kann z. B. durch ein Klassendiagramm verfeinert werden, wie im folgenden Abschnitt dargestellt

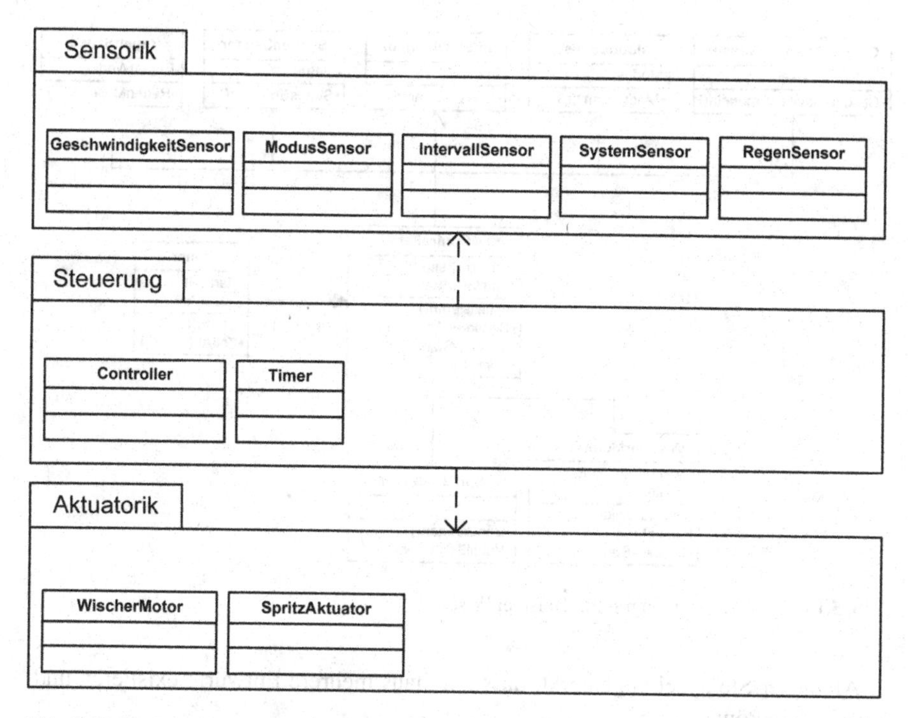

Abb. 5.17 UML Paketdiagramm, Beispiel Wischer

Klassendiagramm Der Entwurf eines Klassendiagrammes in Abb. 5.18 zeigt die *Controller* Klasse mit Parametern zur Fenstergröße als zentrale Drehscheibe. Sie assoziiert unter anderem die Klassen *WischerMotorFront* und *SpritzAktuator*. Dabei verdeutlicht die Assoziation zur ersteren, dass zwei Motoren gesteuert werden (1:2 Beziehung). Die Interaktion zu Objekten der Klasse *WischerMotorFront* kann z. B. bei Ausführung der Methode *MotorenStellen()* erfolgen. Darüber hinaus interagiert ein instanziierter Controller mit unterschiedlichen Sensoren über 1:1 Beziehungen. Diese Sensoren sind abgebildet durch die Klassen *ModusSensor, SystemSensor, IntervallSensor, RegenSensor* und *GeschwindigkeitSensor*, die jeweils über eine Funktion zum Messen bzw. Ermitteln unterschiedlicher Werte verfügen.

Im hier aufgezeichneten Entwurf gibt es keine eigene Klasse zur Ermittlung der vom Benutzer eingestellten Empfindlichkeit bei einem vollautomatischen Wischvorgang. Das kann daran liegen, dass im Laufe der Entwurfsphase eine disziplinübergreifende Entscheidung getroffen wurde, um den Intervallschalter und somit die einzubauende Sensorik zeitgleich als Schalter für genau diese Funktion auszulegen. Wichtige Entwurfsentscheidungen müssen sorgfältig dokumentiert werden, da sie starken Einfluss auf die weitere Entwicklung nehmen.

Die Kompositionsbeziehung zwischen den Klassen Controller und Timer sagt aus, dass ein Timer stets zu einem Controller „gehört" und von diesem verwendet wird.

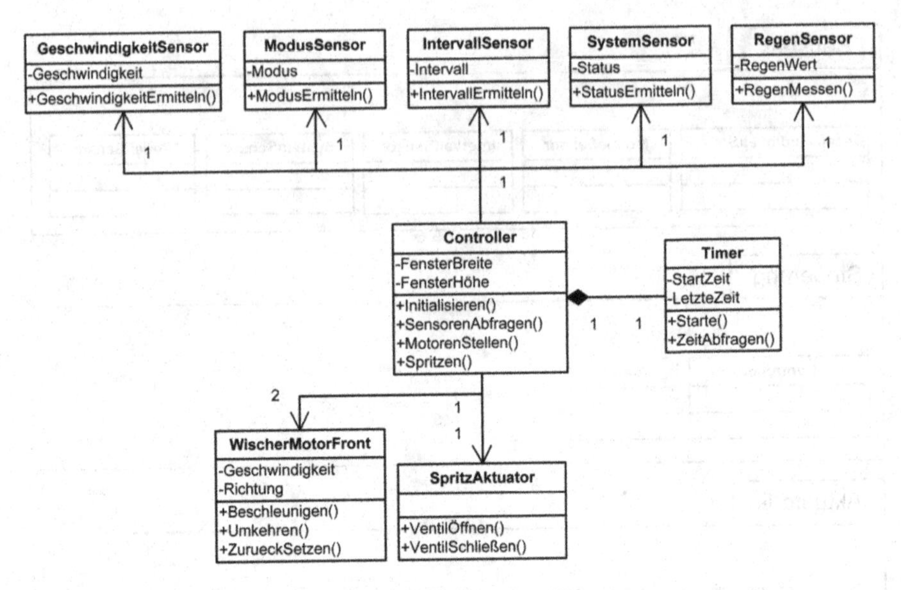

Abb. 5.18 UML Klassendiagramm, Beispiel Wischer

An dieser Stelle sei angemerkt, dass durchaus mehrere Entwürfe existieren und korrekt sein können.

Notiz *Die Identifizierung der für das Softwaresystem relevanten Elemente und deren Kategorisierung in Klassen und Attribute hängen stark vom Entwickler und dessen Erfahrung ab. Eine gute Hilfestellung bietet das Unterstreichen von Substantiven in der Problembeschreibung bzw. den Anforderungen.*

5.4.3.5 Komponentenanforderungen

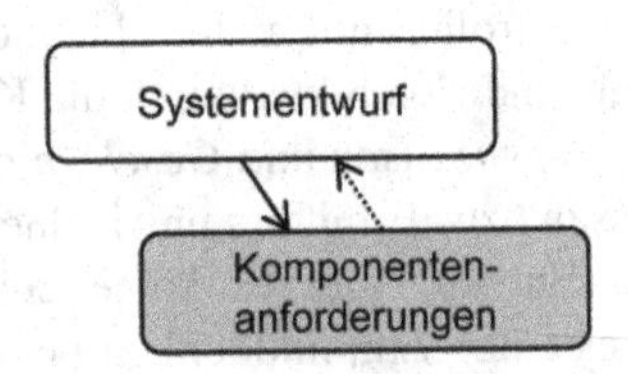

Je nach Komplexität des Systems ist die Grenze zwischen Systementwurf und Komponentenanforderungen und -entwurf oft nicht klar definierbar. Komponenten dienen im Wesentlichen zur Modularisierung und Wiederverwendung von Teil-Systemen. Das bedeutet z. B., dass eine Komponente durch mehrere zusammenarbeitenden Klassen realisiert wird. Ähnlich einem Paketdiagramm existieren in UML Komponentendiagramme zur Strukturierung des Gesamtsystems. In vielen Fällen wird im Systementwurf primär auf Black-Box Komponentendiagramme zurückgegriffen (auf die in diesem Buch nicht näher eingegangen wird) und der Entwurf von

Tab. 5.3 Dokumentation von Entwurfsentscheidungen

Entwurfs-Entscheidung	Beschreibung der Entwurfs-Entscheidung
EE_01	Der für die Intervallschaltung (I) verwendete, mechanische Stockhebel-Mechanismus zur Auswahl des Intervalls dient im Modus V als Mechanismus zur Auswahl der Empfindlichkeit in der Regenmessung.

Tab. 5.4 Beispieldokumentation der Klasse Controller

Klasse:	Controller

Beschreibung der Attribute:
FensterBreite
gibt an, wie breit die zu wischende Scheibe ist. Dieser Wert hat Einfluss auf die Motorsteuerung.
FensterHöhe
gibt an, wie hoch die zu wischende Scheibe ist. Dieser Wert hat Einfluss auf die Motorsteuerung.
Beschreibung der Methoden:
SensorenAbfragen()
fragt die an den Sensoren anliegenden Werte ab.
MotorenStellen()
verwendet die Sensor-Werte, um Beschleunigung und Richtung der Motoren anzupassen.
Spritzen()
interagiert mit SpritzAktuator, indem es das Ventil öffnet und nach einiger Zeit wieder schließt.

Tab. 5.5 Beispieldokumentation der Klasse Timer

Klasse:	Timer

Beschreibung der Attribute:
StartZeit
die Uhrzeit beim Starten des Timers
LetzteZeit
die Uhrzeit beim letzten Aufruf der Methode Zeitabfragen
Beschreibung der Methoden:
Starte()
speichert die aktuelle Uhrzeit
ZeitAbfragen()
liefert die seit Starten des Timers verstrichene Zeit bzw. diejenige Zeit, die seit der letzten Abfrage verstrichen ist.

Klassendiagrammen in den Komponentenentwurf verlagert. Bei weniger komplexen Systemen, wie auch dem Wischsystem, ist die Unterscheidung zwischen Komponenten und Klassen nicht erforderlich, so dass der Systementwurf bereits die Darstellung von Klassendiagrammen herbeiführt. In diesem Falle beschränken sich Komponentenanforderungen auf eine detailliertere Beschreibung der Klassen und der Komponentenentwurf auf die detailliertere Darstellung von Zusammenhängen und dem Austausch von Nachrichten zwischen diesen.

Tabelle 5.4 und 5.5 stellen Komponentenanforderungen exemplarisch anhand der Klassen *Controller* und *Timer* dar.

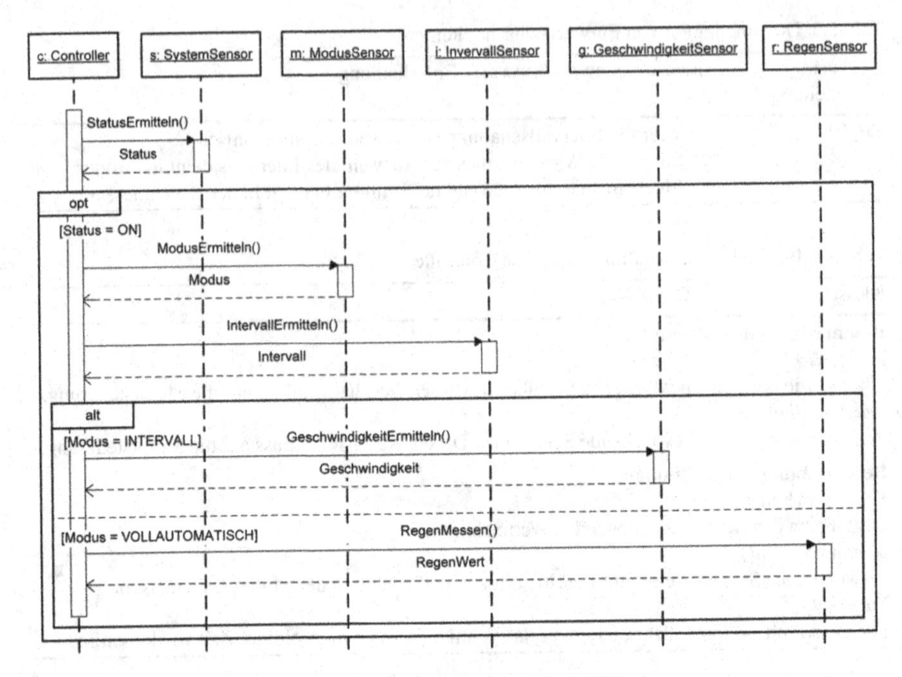

Abb. 5.19 UML Sequenzdiagramm SensorenAbfragen, Beispiel Wischer

5.4.3.6 Komponentenentwurf

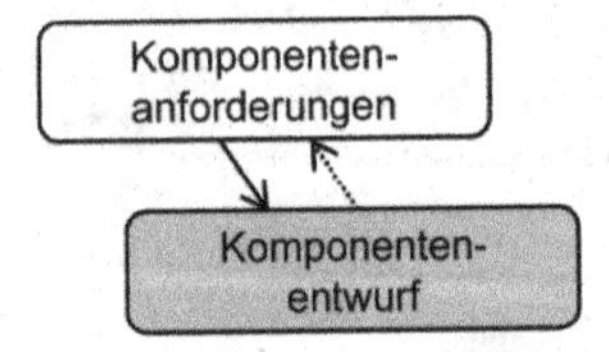

Auf Basis der Komponentenanforderungen entsteht ein detaillierter Entwurf der Komponenten. So werden z. B. die Abläufe von Methoden und somit die Interaktionen zwischen Objekten der im Systementwurf modellierten Klassen geplant. Hierfür eignen sich etwaige UML Sequenzdiagramme. Am Beispiel des Scheibenwischer-Systems zeigt Abb. 5.19 eine Sequenz zur Ausführung der Controller-Methode *SensorenAbfragen()*. Das instanziierte Controller-Objekt ruft die Methode *StatusErmitteln()* des instanziierten SystemSensor-Objektes auf, und erhält den aktuellen Systemstatus als Rückgabewert. Ist das System aktiv (*Status = ON*), folgt eine Abfrage des aktuell gewählten Modus. Ob automatisch oder Intervall-geschaltet, der Intervall-Sensor wird nach Entwurfsentscheidung EE_01 (s. Tab. 5.3) in jedem Fall beansprucht. Je nach Modus wird zusätzlich die eingestellte Geschwindigkeit oder der angefallene Regen ermittelt.

5.4.3.7 Komponentenimplementierung

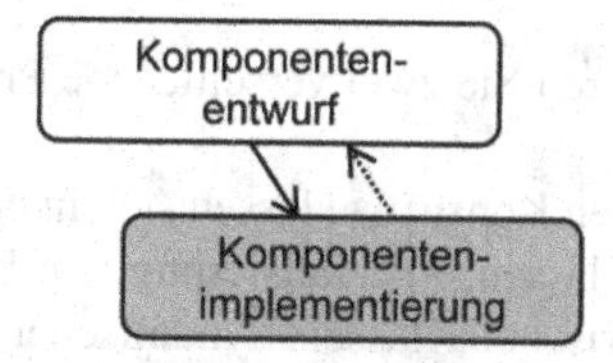

Das Ergebnis einer Programmierung ist die Komponentenimplementierung. Unter Berücksichtigung des Komponentenentwurfs besteht sie aus Quellcode in einer für die Entwicklung geeigneten Programmiersprache. Das nächste Kapitel vertieft das Thema Programmiersprachen und Programmiertechniken. Gegen Ende dieses Kapitels werden ausgewählte Klassen aus obigem UML-Klassendiagramm (Abb. 5.18) exemplarisch implementiert und darauf aufbauend, Interaktionen aus Abb. 5.19 in Programmcode übersetzt.

5.5 Zusammenfassung und Aufgaben

Zusammenfassung

In diesem Kapitel haben Sie

- die wichtige Rolle der Softwareentwicklung in der Wertschöpfung heutiger Unternehmen kennengelernt,
- verschiedene Phasen der Softwareentwicklung kennengelernt,
- einen Überblick über wichtige Konstrukte der UML kennengelernt. Sie sind in der Lage, verschiedene UML-Diagramme zu zeichnen, z. B. UML Klassendiagramme,
- die Objektorientierte Softwareentwicklung an einem Fallbeispiel nachvollzogen.

Das nächste Kapitel geht auf verschiedene Programmiersprachen und Techniken ein, was als Vertiefung der Phase Kodierung und Integration verstanden werden kann.

Übungsaufgaben

1. **Begriffsdefinitionen**
   - Erklären Sie den Unterschied zwischen Verifikation und Validierung vor dem Hintergrund der Softwareentwicklung.
   - Erklären Sie den Unterschied zwischen den Begriffen Programm und Software.

2. Wissen

- Nennen und skizzieren Sie zwei verschiedene Prozessmodelle der Softwareentwicklung?
- Welche der folgenden Konstrukte lassen sich in einem UML Klassendiagramm abbilden: Klassen, Spezialisierung von Klassen, Multiplizitäten für Beziehungen zwischen Klassen, dynamischer Informationsfluss (z. B. Methodenausführung)?
- Nennen Sie drei UML Diagrammtypen zur Abbildung von dynamischen Aspekten eines Systems. Nennen Sie drei UML Diagrammtypen zur Abbistatischerldung Aspekte eines Systems.
- Nennen Sie drei Entwicklungsmethoden und erläutern Sie die Unterschiede.
- Nennen Sie die vier Phasen des Phasenmodells der Softwareentwicklung und bilden Sie die Produkte des Produktmodells auf diese Phasen ab. Tragen Sie hierfür in der folgenden Tabelle Namen der vier Phasen ein (links), und welche Produkte bei den entsprechenden Phasen anfallen:

Phase	Anfallende Produkte des Produktmodells
1	
2	
3	
4	

- Was ist der Unterschied zwischen einer Klasse und einem Objekt?

3. UML Klassendiagramm

- Sie sollen ein Klassendiagramm(Klassen, Attribute und Assoziationen; hier keine Methoden) zur Abbildung der Informationen über eine Firma, deren Produkt „Fahrrad", sowie die in der Firma tätigen Personen erstellen. Dabei sind folgende Eckpunkte zu berücksichtigen:
  - Bezüglich der Firma soll lediglich der Name der Firma abgebildet werden
  - Die in der Firma beschäftigten Personen sind mit Namen und Personal-Nr. abzubilden.
  - Ein Fahrrad besteht aus zwei Rädern, einem Rahmen und einem Vorbau.
  - Fahrrad, Räder, Rahmen und Vorbau besitzen jeweils eine Identifizierungsnummer (kurz ID).
  - Räder haben eine Größe, der Rahmen hat eine Farbe
  - Der Vorbau kann entweder gefedert oder ungefedert sein.

  - Das Material, aus welchem Vorbau und Rahmen hergestellt sind, soll ebenfalls abgebildet werden. Ein Material wird über eine Bezeichnung identifiziert.
  - Außerdem ist jedem Fahrrad ein Produktverantwortlicher zuzuordnen.

- Sie sollen eine Software zu entwickeln, die das Fahrverhalten von Kraftfahrzeugen (Kfz) simuliert und visualisiert. Zeichnen Sie ein Klassendiagramm mitsamt Attributen und Methoden, um die Struktur der wesentlichen Komponenten eines Kfz abzubilden.

4. UML Anwendungsfalldiagramm

- Der Segway ist ein selbstbalancierendes Fortbewegungsmittel mit zwei Rädern. Ähnlich der Tatsache, dass der Mensch beim Vornüberbeugen „automatisch" einen Schritt nach vorne macht um nicht umzufallen, soll die integrierte Regelung den Segway nach vorne beschleunigen, wenn der Benutzer sich darauf-stehend nach vorne lehnt bzw. nach hinten, wenn sich der Benutzer nach hinten neigt. Zeichnen Sie ein UML Anwendungsfalldiagramm zur Darstellung möglicher Interaktionen mit dem System.
- Ein Roboter soll durch eine Steuerung kontrolliert werden. Es soll ihm möglich sein, einen vorgegebenen Pfad so genau wie möglich zu befahren. Ein Pfad soll sich im Vorfeld leicht definieren lassen. Eine gefahrene Strecke lässt sich etwa durch an Lichtschranken-Sensoren vorliegende Werte ermitteln. Hindernisse sollen schnell umfahren werden; die Erkennung dieser erfolgt z. B. über an taktilen Sensoren anliegenden Werte. Bei Erkennung eines Hindernisses und dessen Umfahrung soll der Roboter über die Leucht-Aktuatoren ein Signal ausgeben. Alternativ soll es möglich sein, den Roboter unabhängig von einer vorgegebenen Bahnplanung auf einen eindeutigen Weg zu setzen, der durch Wände mit einem Abstand von 30 cm begrenzt ist und lediglich rechtwinklige Ecken enthält. Zeichnen Sie ein UML Anwendungsfalldiagramm zur Darstellung möglicher Interaktionen mit dem Roboter.

Literatur

[BOE-79] Boehm B (1979) Guidelines f or Verifying and Validating Software Requirements and Design Specifications, Euro IFIP 79, P. A. Samet, North-Holland Publishing Company

[KEC-09] Kecher C (2009) UML 2: Das umfassende Handbuch, 3. Aufl. Galileo Computing, ISBN: 3–836-21419–9

[KES-10] Kestermann C (2010) Leimbach, T: Software-Monitor Deutschland, Fraunhofer-Institut für System- und Innovationsforschung ISI, 2010

[LIG-05] Liggesmeyer P (2005) Rombach D Software Engineering eingebetteter Systeme – Grundlagen – Methodik – Anwendungen, Elsevier Spektrum-Verlag, ISBN:3–8274-1533–0

[LIN-01] Lind J (2001) Iterative Software Engineering for Multiagent Systems: The MASSIVE Method, Springer

[RUP-05] Rupp C, Hahn J, Queins S, Jeckle M, Zengler B (2005) UML 2 glasklar – Praxiswissen für die UML-Modellierung und –Zertifizierung, 2. Aufl. Carl Hanser Verlag, ISBN: 3–446-22952–3

[ROS-03] Rosenstiel W (2003) „DFG-Schwerpunktprogramm 1040: Entwurf und Entwurfsmethodik eingebetteter Systeme", Abschlussbericht, Universität Tübingen

[VDA-05] Verband der Automobilindustrie (VDA): Jahresbericht 2005

Kapitel 6
Programmiersprachen und Techniken

Je näher die Programmierung an der Hardware bzw. dem Anwendungszweck angelehnt ist, desto effizienter ist sie. Zeitgleich erscheint sie ungeeigneter für andere ggf. ähnliche Anwendungszwecke. Das Spannungsfeld zwischen Anwendungsorientierung und Universalität hatte einen starken Einfluss auf die Entwicklung von Programmiersprachen. Neue und bequeme, d. h. lesbare und sichere Sprachen dienen der intuitiven und nachvollziehbaren Umsetzung geplanter Softwareentwürfe ganz im Sinne der Objektorientierung.

Lernziele In diesem Kapitel wird der Leser in das Thema Programmiersprachen und darauf aufbauende Techniken der Programmierung eingeführt. Zusammenfassend werden folgende Inhalte vermittelt:

- Einblick in die Entwicklung verschiedener Programmiersprachen.
- Klassifizierung von Programmiersprachen.
- Unterschiedliche Programmierparadigmen, insbesondere prozedurale Programmierung und objektorientierte Programmierung.
- Grundlegendes Verständnis der Begriffe Algorithmen und Datenstrukturen, welche die Basis der Programmierung bilden.
- Einblick in die objektorientierte Programmierung am Beispiel C++.

6.1 Einführung

Im vorherigen Kapitel wurden wesentliche Methoden und Prozesse der Softwareentwicklung eingeführt. Dahingehend wurde das Phasenmodell der Softwareentwicklung vorgestellt, in dem sich die vierte Phase auf Basis eines Entwurfes mit der Kodierung und Integration beschäftigt. Dieses Kapitel kann als tieferer Einblick in den Hintergrund und die Vorgehensweise zu dieser Phase verstanden werden. Es beschäftigt sich im Wesentlichen mit den Techniken zur Programmierung von Rechnern. Zwischen Rechner und Programm existiert ein essentieller Zusammenhang: ein

M. Eigner et al., *Informationstechnologie für Ingenieure*,
DOI 10.1007/978-3-642-24893-1_6, © Springer-Verlag Berlin Heidelberg 2012

Rechner dient als Abspielgerät für ein entwickeltes Programm. Erste sehr hardwarenahe Programme in Assembler- bzw. Maschinensprachen wurden bereits in Kap. 4 vorgestellt. Diese Art der Programmierung wird im Laufe dieses Kapitels durch modernere Programmiersprachen ersetzt, welche den Menschen eine viel komfortable Schnittstelle anbieten.

Definition 6.1 *Eine **Programmiersprache** ist eine formale Sprache, die zur Erstellung von Verarbeitungsanweisungen für Rechnersysteme verwendet wird. Eine formale Sprache ist dabei eine Menge von Wörtern, die aus einem gegebenen Alphabet gebildet werden können.*

Das Ziel beim Einsatz einer Programmiersprache ist es, eine für Menschen lesbare und bearbeitbare Beschreibung von Rechnerbefehlen zur Verfügung zu stellen.

Definition 6.2 *Die durch eine Programmiersprache ausgedrückte Beschreibung nennt sich **Quelltext**, auch **Quellcode** oder **Programmcode**.*

Quelltexte werden mit Hilfe von Editoren, die meist spezialisiert und in einer integrierten Entwicklungsumgebung wie z. B. Eclipse oder Visual Studio eingebettet sind, erstellt und vor der Ausführung auf einem Rechner in Maschinencode übersetzt (kompiliert). Hierzu dienen entsprechende Übersetzer, welche auch *Compiler* genannt werden.

Definition 6.3 *Ein **Compiler**, auch **Kompilierer** genannt, ist eine Anwendung zur Umwandlung von Programmen im Quelltext einer Programmiersprache in semantisch äquivalente Programme einer anderen Programmiersprache.*

Typischerweise gliedert sich der Kompiliervorgang zur Übersetzung des Quelltextes einer höheren Programmiersprache in Maschinensprache in zwei Untervorgänge. Zuerst wird der Quelltext der höheren Programmiersprache in Assemblersprache umgewandelt. Danach folgt die Umwandlung von Assemblersprache in Maschinensprache. Der Grund hierfür liegt in der Möglichkeit, den Assemblercode manuell anzupassen bzw. gewisse Teilprogramme aus Effizienzgründen direkt in Assemblersprache zu programmieren. Somit können höhere Programmiersprachen und Assemblersprachen kombiniert werden um Vorteile beider Sprachen ausnutzen zu können (mehr dazu im nächsten Abschnitt). Abbildung 6.1 verdeutlicht diesen Zusammenhang zwischen einem Programm im Quelltext einer Programmiersprache und dem dazugehörigen Programm im Maschinencode nach Ablauf des Übersetzungsvorgangs.

6.2 Klassifikation und Entwicklung von Programmiersprachen

Programmiersprachen lassen sich nach Abb. 6.2 in zwei wesentliche Kategorien unterteilen: *maschinenorientiert* und *problemorientiert*.

Maschinenorientierte Programmiersprachen sind auf Effizienz ausgelegt und die problemorientierten Programmiersprachen dahingegen auf Bequemlichkeit im Sinne der Lesbarkeit und universalen Einsetzbarkeit. Ist eine Programmiersprache problemorientiert, bedeutet dies, dass sie unabhängig von einem bestimmten Rechner

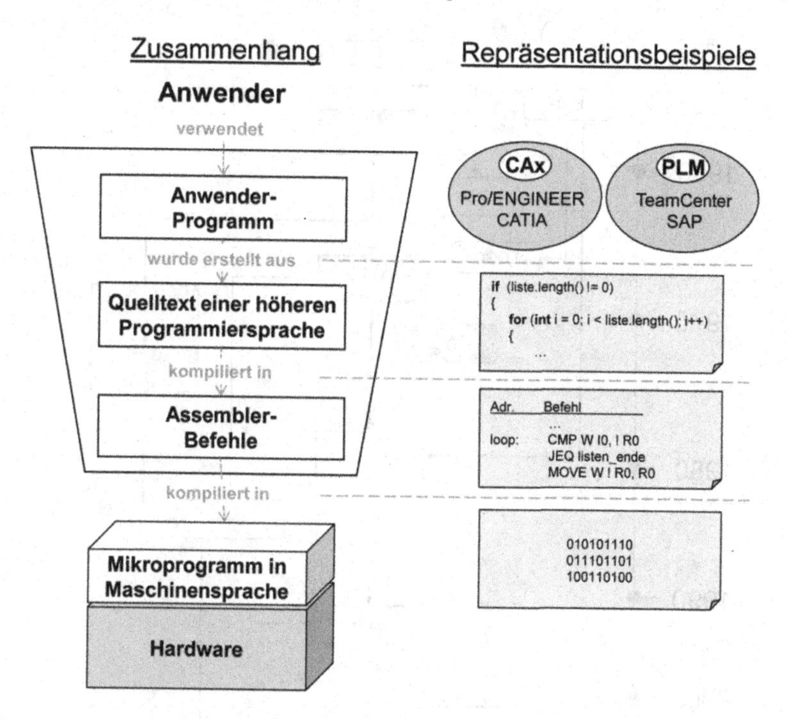

Abb. 6.1 Zusammenhang zwischen einem Programm im Quelltext einer Programmiersprache und dem zugehörigen Maschinencode

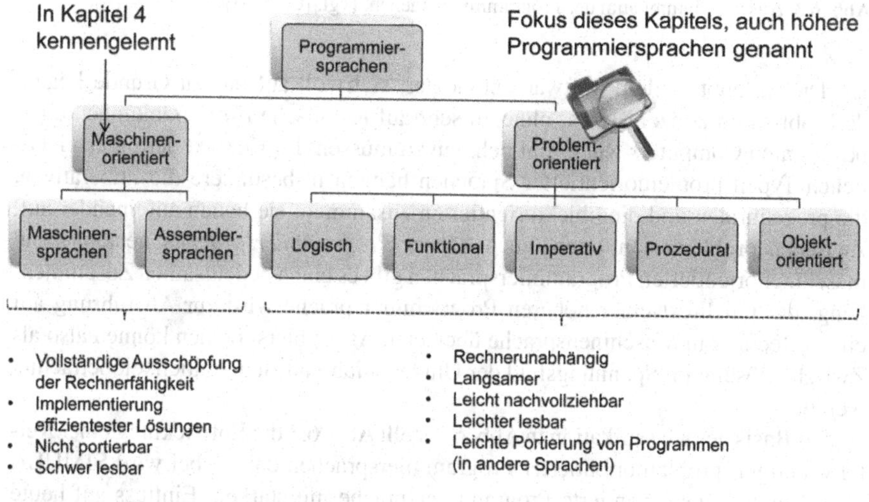

Abb. 6.2 Klassifizierung von Programmiersprachen

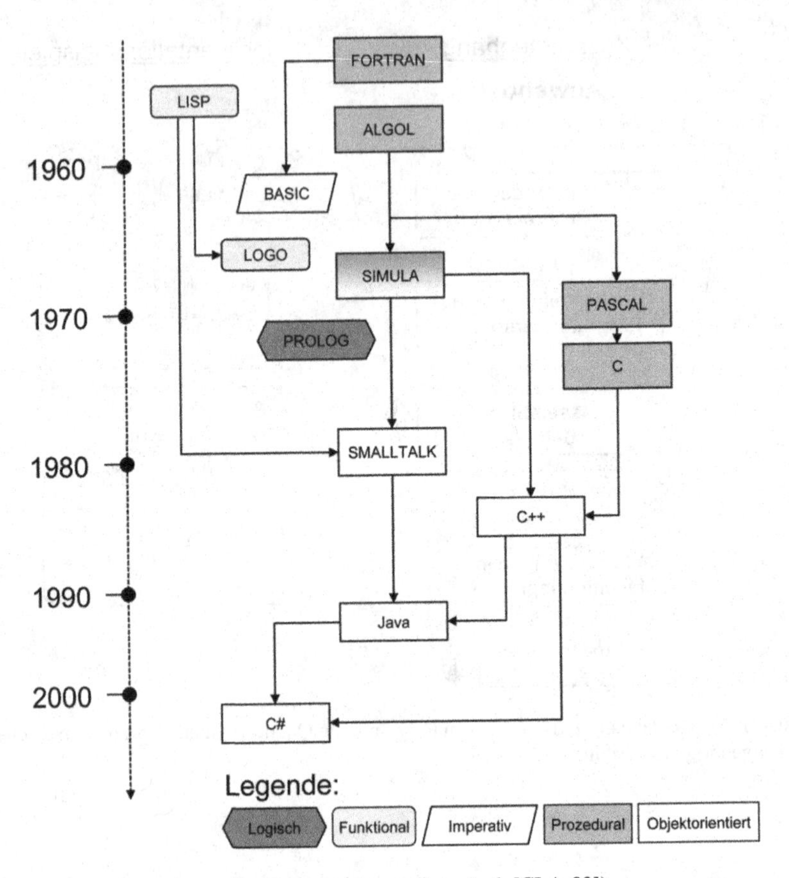

Abb. 6.3 Auszug Stammbaum der Programmiersprachen. (vgl. [CLA-03])

ist. Dies erlaubt es dem Softwareentwickler, sich voll auf das zu Grunde liegende Problem zu konzentrieren, ohne zu sehr auf technische Einschränkungen eines bestimmten Computers Rücksicht nehmen zu müssen. Im Kontext der unterschiedlichen Typen problemorientierter Sprachen hängen insbesondere die imperativen, die prozeduralen und die objektorientierten zusammen: sie bauen aufeinander auf. Zwischen problemorientierten (auch *höhere Programmiersprachen* genannt) und maschinenorientierten Programmiersprachen gibt es einen bedeutsamen Zusammenhang: der Quelltext einer höheren Programmiersprache wird zur Ausführung auf einem Rechner in Maschinensprache übersetzt. Assemblersprachen können also als Zwischenlösung im Spannungsfeld der Universalität und Bequemlichkeit betrachtet werden.

Auf Basis der Klassifikation in Abb. 6.2 stellt Abb. 6.3 die Entwicklung einer Reihe wichtiger, problemorientierter Programmiersprachen dar. Dabei wird SIMULA als die erste objektorientierte Programmiersprache mit starkem Einfluss auf heute gängige Sprachen wie C++, C# oder Java empfunden. Bevor näher auf die Paradigmen der problemorientierten Programmiersprachen eingegangen wird, widmet sich der nächste Abschnitt der Einführung des Begriffes „*Algorithmus*".

6.3 Grundlagen von Algorithmen und Kontrollstrukturen

Die Programmierung als wichtiger Schritt bei der Softwareentwicklung ist eine Tätigkeit, die darauf abzielt, Verfahren zur computergestützten Lösung von Problemen zu entwickeln. Bei der Programmierung bedarf es an einer strukturierten Vorgehensweise zur schrittweisen Erarbeitung einer Lösung für ein bestimmtes (Teil-)Problem sowie an Methoden und Metriken zur Bewertung der Qualität der erstellten Lösung in Bezug auf Korrektheit, Schnelligkeit und Ressourcenverbrauch. Genau dies wird in der Informatik durch die Bereitstellung von Mitteln zur Beschreibung und Analyse von Algorithmen erreicht.

Definition 6.4 *Ein* ***Algorithmus*** *ist eine eindeutige, endliche Beschreibung eines allgemeinen, endlichen Verfahrens zur schrittweisen Ermittlung gesuchter Größen aus gegebenen Größen.*

Der Begriff des Algorithmus wurde nicht in der Informatik erfunden und wurde zum ersten Mal vom arabischen Mathematiker *AL CHWARISMI* im 9. Jahrhundert (ca. 780–840) geprägt. Obwohl er in der einschlägigen Literatur nicht einheitlich definiert ist, einigen sich die meisten Definitionen auf seine wesentliche Essenz, welche die Beschreibung eines endlichen Verfahrens zur schrittweisen Lösung eines bestimmten Problems ist. Dieser Grundgedanke hinter dem Begriff des Algorithmus macht ihn grundsätzlich überall dort anwendbar, wo nach einer Lösung für ein bestimmtes Problem gesucht wird. Entscheidend ist jedoch, dass diese Lösung, welche als Algorithmus beschrieben wird, vollständig, endlich und eindeutig sein muss. Damit ist gemeint, dass diese Lösung präzise formuliert ist, aus einer endlichen Anzahl von Schritten besteht und für die gleichen Eingabegrößen aus der Problembeschreibung stets das gleiche Ergebnis liefert. Auch im Alltag wird häufig unbewusst algorithmisch gehandelt. Im Folgenden wird das Verständnis von Algorithmen anhand von Beispielen verdeutlicht.

Beispiel 1: Versenden einer Email Im heutigen Zeitalter fortgeschrittener Informationstechnologien muss fast jeder einmal mit der Problematik konfrontiert worden sein, eine Email an einen Freund, Verwandten, Kollegen oder Kunden zu versenden. Ein Algorithmus zur Beschreibung dieser an sich selbstverständlichen Aufgabe könnte folgendermaßen aussehen:

Algorithmus: Versenden einer Email
Eingabegröße: Empfängerliste, Anhänge
Aktionen/Schritte:

1. Starte den Computer und öffne einen Email-Client
2. Drücke den Schaltknopf zum Erstellen einer neuen Email
3. Für jede Email-Adresse in der Empfängerliste, tue Folgendes:

   a. Prüfe, ob der Empfänger in dem Adressbuch vorhanden ist
   b. Wenn ja, wähle den Empfänger direkt aus dem Adressbuch
   c. Wenn nein, trage die neue Email-Adresse in die Adresszeile ein und ergänze, bei Bedarf, das Adressbuch

4. Schreibe einen Betreff für die Email
5. Schreibe die eigentliche Nachricht der Email
6. Wenn Anhänge vorhanden sind, dann binde diese wie folgt in die Email ein:

   a. Für jeden Anhang bzw. Datei:

      i. drücke auf den Schaltknopf zum Einbinden eines neuen Anhangs
      ii. Durchsuche den gewünschten Anhang und bestätige die Auswahl

7. Überprüfe die Email und drücke auf den Schaltknopf zum Senden der Email

Ergebnis: Email mit den gewünschten Anhängen wird an die Empfänger zugestellt.

Beispiel 2: Umwandlung einer Ganzzahl ins Dualzahlsystem In Kap. 4 wurde bereits ein Verfahren zur Umwandlung einer Ganzzahl ins Dualsystem beschrieben. Dieses Verfahren beschreibt einen Algorithmus für diese Aufgabe.

Algorithmus: Umwandlung einer Ganzzahl ins Dualsystem
Eingabegröße: Eine positive Ganzzahl im Dezimalsystem
Aktionen/Schritte: S. Kap. 4
Ergebnis: Eine der Ganzzahl entsprechende Notation im Dualsystem

Beispiel 3: Algorithmus als mathematische Formel Als Letztes sollen folgende mathematische Formeln betrachtet werden:

Formel 1

$$f(n) = \begin{cases} 0, \ falls\ n = 0 \\ 1, \ falls\ n = 1 \\ f(n-1) + f(n-2), \ n \geq 2 \end{cases}$$

Formel 2

$$f(n) = \begin{cases} n, \ falls\ n \leq 10 \\ 2n, \ falls\ n \geq 10 \end{cases}$$

Bei der ersten Formel handelt es sich um eine mathematische Beschreibung eines eindeutigen Verfahrens zur Berechnung der berühmten Fibonnacci-Zahlen, also um einen Algorithmus. Bei der zweiten Formel dagegen handelt es sich um keinen Algorithmus. Dies liegt daran, dass der Wert von *f(10)* nicht eindeutig bestimmt ist. Somit ist das Verfahren nicht eindeutig und entspricht daher keinem Algorithmus.

Obige Beispiele von Algorithmen zeigen, dass Algorithmen nicht nur in der Informationstechnologie bzw. Informatik zu finden sind, sondern allgemein einsetzbar sind. In diesem Kapitel liegt der Fokus auf den Einsatz von Algorithmen in der Informatik. Dort werden Algorithmen, wie in Abb. 6.4 dargestellt, nach Analyse einer zu lösenden Problemstellung entworfen und dienen als Grundlage für die Erstellung von Computerprogrammen (auch im Kontext mechatronischer Produktentwicklungen und der Softwareentwicklung). Voraussetzung ist, dass der Algorithmus so präzise formuliert ist, dass er automatisch ausgeführt werden kann. Daher liegt ein Anteil

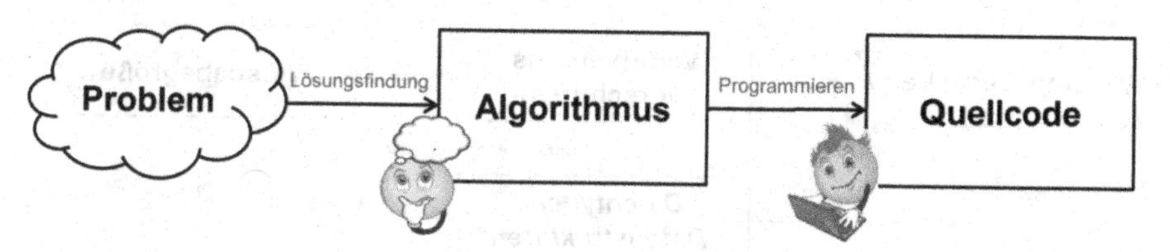

Abb. 6.4 Vom Problem zum Quellcode über den Algorithmus

der Kreativität bei der Programmierung bei dem Entwurf geeigneter Algorithmen. Der restliche Anteil besteht in der Überführung der entworfenen Algorithmen in den Quellcode einer Programmiersprache.

Als Programmieranfänger muss man sich merken, dass ohne entsprechende Algorithmen auch die beste Hardware nicht viel nutzt. Ein Rechner kann nur eine alphabetische sortierte Kundenliste ausdrucken, wenn ein Mensch das Verfahren zum Sortieren vorher genau beschrieben hat. Ein ähnlicher Vergleich im Alltag ist wohl die Tatsache, dass man ohne Rezept mit einem Backofen allein keine Kuchen backen kann. Somit gilt beim Programmieren „Erst denken, also Algorithmen entwerfen, dann programmieren!".

Ein weiterer wichtiger Aspekt neben der Beschreibung von Algorithmen ist die Analyse ihrer Effizienz, welche als *Komplexität* bekannt ist.

Definition 6.5 *Die **Komplexität** eines Algorithmus ist der Aufwand, den Algorithmus auf einem Rechner oder per Hand auszuführen.*

Die Komplexität hängt natürlich vom Umfang der zu verarbeitenden Größen im Algorithmus ab. Z. B. ist es vom Aufwand her ein großer Unterschied, ob man eine E-Mail mit einem oder mit 100 Empfängern schreiben muss oder, ob eine Kundenliste mit 1000 oder mit 1 Mio. Einträge sortiert werden muss. Zur Quantifizierung der Komplexität von Algorithmen wird ein abstraktes Kostenmaß verwendet. Dieses Kostenmaß kann sich entweder auf die *Zeitkomplexität* oder auf die *Speicherkomplexität* beziehen. Die Komplexität von Algorithmen ist ein weitführendes Thema und wird in diesem Kapitel nur am Rande betrachtet.

6.3.1 Bestandteile von Algorithmen

Ein Algorithmus, wie oben eingeführt, ist ein eindeutiges Verfahren zur Ermittlung von Ausgangsgrößen aus gegebenen Eingangsgrößen. Da diese Ein- und Ausgangs- bzw. Ausgabegrößen im Rechner durch Daten repräsentiert werden, besteht die Aufgabe eines Algorithmus in der Manipulation von Daten. Aus dieser Erkenntnis lassen sich zwangsläufig die zwei wesentlichen Bestandteile von Algorithmen ableiten: die *Daten* und die *Verarbeitungsvorschriften* zu ihrer Manipulation. Diese werden in Abb. 6.5 dargestellt.

Im Kontext der Verarbeitungsvorschriften können neue Zwischengrößen erzeugt werden, bis schließlich die Ausgabegrößen erreicht werden. Da ein Algorithmus im weitesten Sinne abstrakter Natur sein kann und somit nicht zwangsläufig mit

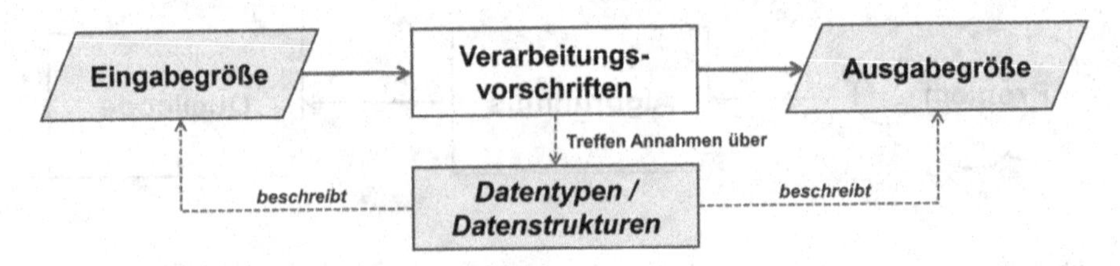

Abb. 6.5 Bestandteile von Algorithmen

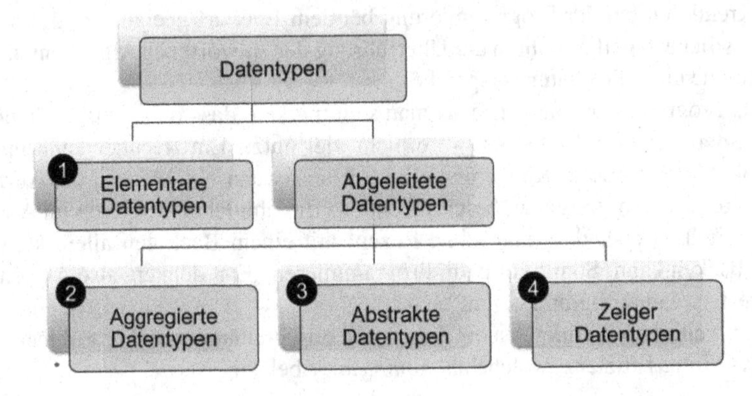

Abb. 6.6 Unterschiedliche Arten von Datentypen

einem Programm gleich zu setzen ist, wird in den Verarbeitungsvorschriften von der konkreten rechnerinternen Darstellung der Daten abstrahiert. Wichtig ist, dass der zulässige Wertbereich dieser Daten, sowie die darauf anwendbaren Operationen bekannt sind. Genau dies wird durch den Einsatz von *Datentypen (im Engl. Data type)* bzw. *Datenstrukturen (im Engl. Data structures)* erreicht.

6.3.2 Datentypen und Datenstrukturen in Algorithmen

Alle Daten, die in einem Algorithmus manipuliert werden sind von einem bestimmten Datentyp.

Definition 6.6 *Unter einem* **Datentyp** *versteht man eine Zusammenfassung einer Menge von Werten und die darauf zulässigen Operationen. Also in mathematischer Form, ein Datentyp $DT = <\omega, O>$, wobei ω die Wertmenge ist und O die Menge der zulässigen Operationen, die auf Werte aus ω angewendet werden dürfen.*

Man unterscheidet im Wesentlichen zwischen elementaren bzw. primitiven und abgeleiteten Datentypen, die sich weiter klassifizieren lassen (s. Abb. 6.6).

Elementare Datentypen Elementare Datentypen (auch einfache oder primitive Datentypen genannt) können nur einen Wert des Wertebereichs aufnehmen, besitzen eine festgelegte Anzahl von Werten und eine fest definierte Ober- und Untergrenze. Hierzu gehören z. B. Ganzzahlen oder Fließkommazahlen mit einer fest definierten Anzahl von Bits. Typische Operationen sind mathematischer Natur, etwa Addition oder Subtraktion.

Aggregierte Datentypen Aggregierte Datentypen (auch zusammengesetzte Datentypen genannt) fassen mehrere Datentypen zusammen. So können z. B. mehrere Daten des gleichen Datentyps zu sogenannten Feldern bzw. Arrays kombiniert werden. Die Operationen ergeben sich aus denen der aggregierten Daten.

Abstrakte Datentypen Auch abstrakte Datentypen können unterschiedliche Daten zusammenfassen. Darüber hinaus definiert sich ein abstrakter Datentyp über eine Reihe von Verhaltensmustern (Methoden, sofern von der Programmiersprache unterstützt), worüber die Daten gekapselt werden.

Zeiger-Datentypen Zeiger-Datentypen kennzeichnen sich dadurch, dass sich ihr Wertebereich ausschließlich auf direkte Adressen im Speicher bzw. für Register beschränkt.

Programmiersprachen definieren in der Regel eine Menge von Datentypen, die zur Beschreibung von Daten verwendet werden können. Die Semantik dieser Datentypen ist oft sehr ähnlich, ihre Bezeichnung kann jedoch sehr unterschiedlich sein. In den nächsten Unterabschnitten werden Beispiele von Datentypen unabhängig einer konkreten Programmiersprache eingeführt.

6.3.2.1 Beispiele von elementaren Datentypen

Die gängigen elementaren Datentypen sind Datentypen für Wahrheitswerte, ganze Zahlen, Zeichen und reelle Zahlen.

Wahrheitswerte: Der Datentyp *BOOLEAN* (*auch BOOL oder LOGICAL*) Der Datentyp BOOLEAN wird für die Repräsentation von Wahrheitswerten verwendet. Er wird benötigt, wenn Daten zur Speicherung von Informationen über das Erfüllen einer bestimmten Bedingung oder das Eintreffen eines Ereignisses benötigt werden. Somit ergibt sich als Wertebereich für den Datentyp BOOLEAN, $\omega = \{$*WAHR* (*TRUE*), *FALSCH* (*FALSE*)$\}$. Wahrheitswerte werden rechnerintern durch eine Zahl repräsentiert, d. h. WAHR = 1 und FALSCH = 0. Diese Darstellung ermöglicht die Anwendung von logischen Operationen auf Wahrheitswerten. Die wichtigsten logischen Operationen, wie in Tab. 6.1 dargestellt, sind: die *Konjunktion* (*UND/AND*), die *Disjunktion* (*ODER/OR*) und die *Negation* (*NICHT/NOT*).

Ganzzahlen: Der Datentyp *INTEGER* (*auch INT*) und seine Variationen Ganzzahlen gehören zu den meist verwendeten Daten bei der Beschreibung von Algorithmen. Der dazu gehörende Datentyp ist INTEGER, sowie Variationen davon. Da der Raum der darstellbaren Zahlen im Rechner nicht unendlich sein kann (s. Kap. 4), wird zur Repräsentation von Ganzzahlen im Rechner immer von einem festen Wertebereich ausgegangen. Dieser Wertebereich hängt stark damit zusammen, wie viele

Tab. 6.1 Grundlegende Operationen auf den Datentypen BOOLEAN

Wertkombinationen		Logische Operationen			
P	Q	P AND Q	P OR Q	NOT P	NOT Q
0	0	0	0	1	1
0	1	0	1	1	0
1	0	0	1	0	1
1	1	1	1	0	0

Bytes der Darstellung der Ganzzahl zur Verfügung stehen. Somit lassen sich verschiedene Variationen des Datentyps INTEGER ableiten, welche sich ausschließlich durch ihre Wertbereiche unterscheiden. Tabelle 6.2 fasst einige von ihnen zusammen.

Auf den Datentyp INTEGER, sowie seine Variationen, werden vorwiegend mathematische Operationen wie z. B. Addition, Subtraktion, Division, Multiplikation und Modulo, sowie Vergleichsoperationen, wie z. B. Kleiner (<), Größer (>), Kleiner gleich (≤), Größer gleich (≥), Ungleich (≠) und Gleich (==), angewandt. Ergebnis einer Vergleichsoperation ist stets ein Wahrheitswert. Weitere Operationen zur direkten Bitmanipulation sind ebenfalls möglich (z. B. bitweise UND- und ODER-Verknüpfung, sowie Bitverschiebungen).

Reelle zahlen: Der Datentyp *DOUBLE* und der Datentyp *FLOAT* Um uneingeschränkt im Rechner zu arbeiten braucht man neben Ganzzahlen auch reelle Zahlen. Diese werden durch die Datentypen FLOAT und DOUBLE repräsentiert. Der Datentyp FLOAT repräsentiert eine mit 4 Bytes und der Datentyp DOUBLE eine mit 8-Bytes kodierte reelle Zahl nach dem IEEE 754 Standard. Beide Datentypen wurden bereits in Kap. 4 ausführlich behandelt. Gängige Operationen auf FLOAT und DOUBLE sind mathematische Operationen, wie z. B. die Addition, die Subtraktion, die Division und Multiplikation, sowie Vergleichsoperationen. Operationen zur direkten Bitmanipulation sind ebenfalls möglich.

Zeichen: Der Datentyp *CHAR* (*auch CHARATER*) Texte werden im Rechner durch eine Menge von Zeichen repräsentiert. Jedes dieser Zeichen hat den Datentyp CHAR. Zeichen werden in den meisten gängigen Programmiersprachen durch Hochkommata dargestellt, wie z. B. '0', '1', 'a', 'y' und 'Z'. Zeichen werden rechnerintern durch Zahlen dargestellt. Zeichen nach so genannter ASCII-Kodierung werden mit einem Byte und nach der Unicode-Kodierung mit 2 Bytes dargestellt (s. Kap. 4). Die wohl wichtigsten Operationen auf Zeichen sind Vergleichsoperationen, sowie Operationen zur Umwandlung eines Zeichens in den zugeordneten Zahlenwert und umgekehrt.

6.3.2.2 Beispiel eines aggregierten Datentyps

In diesem Abschnitt soll ein Beispiel eines aggregierten Datentyps vorgestellt werden: das FELD (im Engl. ARRAY). Ein ARRAY repräsentiert eine n-dimensionale Menge von Werten desselben Datentyps. Die einzelnen Werte im ARRAY werden

Tab. 6.2 Der Datentyp INTEGER und seine Variationen

Datentyp	#Bytes	Wertbereich
BYTE	1	[−128, . . . , 0, . . . , 127]
UNSIGNED BYTE	1	[0, . . . , 255]
SHORT	2	[−32 768, . . . , 0, . . . , 32 767]
UNSIGNED SHORT	2	[0, . . . , 65 535]
INTEGER	4	[−2 147 483 648, . . . , 0, . . . , 2 147 483 647]
UNSIGNED INTEGER	4	[0, . . . , 4 294 967 295]
LONG	8	[9 223 372 036 854 775 808, . . . , 0, . . . , 9 223 372 036 854 775 807]
UNSIGNED LONG	8	[0, . . . , 18 446 744 073 709 551 615]

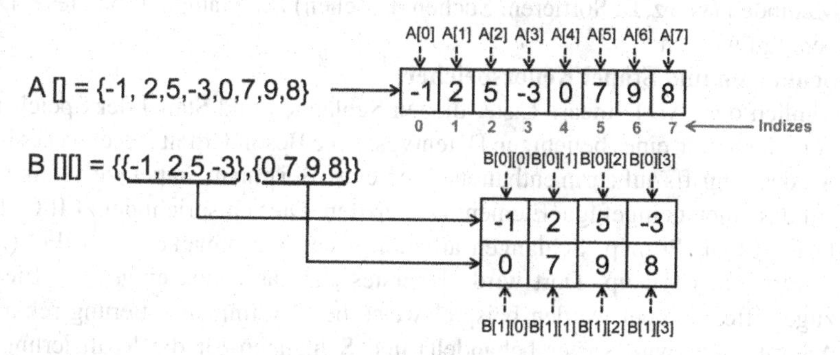

Abb. 6.7 Beispiel von einem 1- und 2-Dimensionalen ARRAY

über einen Index angesprochen. Dieser Index wird in den meisten gängigen Programmiersprachen in eckigen Klammern angegeben. Zusätzlich hat ein ARRAY stets eine feste Länge, sowie beliebige Dimensionen. Mehrdimensionale ARRAYs setzten sich aus mehreren ARRAYs zusammen. Abbildung 6.7 zeigt Beispiele von 1- und 2-dimensionalen Ganzzahl-ARRAYs.

Der 1-dimensionale ARRAY *A[]* in Abb. 6.7 stellt ein Beispiel einer einfachen Liste und der 2-dimensionale ARRAY *B[][]* ein Beispiel einer Matrix dar. Dabei repräsentieren A und B im erweiterten Sinne so genannte Variablen, deren Funktion in 6.3.3.1 (Variablen und Konstanten) beschrieben wird. Wesentliche Operationen auf einem ARRAY sind das indizierte Speichern und das indizierte Lesen von Werten in dem ARRAY.

6.3.2.3 Beispiele von abstrakten Datentypen

Ein abstrakter Datentyp (ADT) ist, wie der Name schon erahnen lässt, eine abstrakte Beschreibung einer Datenstruktur mit den darauf definierten Operationen. Abstrakt bedeutet, dass bei der Definition eines ADTs im Wesentlichen nur bestimmte Annahmen über die von dieser Datenstruktur bereitgestellten Wertbereiche und Operationen getroffen werden. ADTs lassen sich somit auf unterschiedliche Arten in unterschiedlichen Programmiersprachen implementieren.

In den heute gängigen, höheren Programmiersprachen existieren für viele ADTs beigelieferte Implementierungen, die bei der Programmierung direkt verwendet werden können. Einige Beispiele von ADTs sind:

- **Lineare Listen**
  Eine lineare Liste basiert auf dem Konzept einer endlichen Folge von Elementen. Die Elemente einer Liste sind vom selben Typ und können z. B. Zahlen, Objekte einer beliebigen Klasse oder sogar weitere Listen sein. Betrachtet man eine Liste von ganzen Zahlen (Menge Z), entspricht nach Definition 6.5 der Wertbereich des ADTs genau der Menge aller Teilmengen von Z. Lineare Listen werden überall dort eingesetzt wo dynamische Listen von Daten zu verwalten sind und dedizierte Methoden (wie z. B. Sortieren, Suchen, Löschen) zur Manipulation dieser Daten benötigt werden.
- **Schlangen und Stapel/Kellerspeicher**
  Ähnlich dem ADT lineare Liste, dienen Schlangen und Stapel der Speicherung von Elementen eines beliebigen Datentyps. Eine Besonderheit dieser ADTs ist die Art des Zugriffs auf darin enthaltene Elemente. Bei einem Stapel wird stets zuerst auf das zuletzt eingefügte Element zugegriffen. Dies entspricht dem LIFO (Last-In-First-Out)-Prinzip. Schlangen arbeiten nach dem umgekehrten FIFO (First-In-First-Out)-Prinzip. Dort wird als Erstes auf das zuerst eingefügte Element zugegriffen. Stapel werden beispielsweise bei der Implementierung rekursiver Algorithmen (wird später behandelt) und Schlangen für die Realisierung von Wartelisten (z. B. eine Druckerwarteschlange) eingesetzt.
- **Graphen und Bäume**
  Diese ADTs beschreiben Mengen von Knoten, die miteinander über Kanten verbunden sind. Im Unterschied zu einem Graphen definiert ein Baum eine hierarchische Anordnung der Knoten mit einer Wurzel als obersten Knoten. Bäume werden in der Informatik vielfältig eingesetzt, z. B. als Datenstruktur in Datenbanken für die effiziente Speicherung und Suche von Daten. Graphen werden generell für raumbezogene Analysen eingesetzt und ermöglichen die Darstellung von Netzwerken. Z. B. werden Straßennetze in Navigationssystemen durch Graphen repräsentiert, wobei die Knoten die Orte und die Kanten die Verbindungen zwischen den Orten darstellen.

Das Thema „ADT in der Theorie" wird in diesem Buch nicht weiter vertieft. Als Abschlusswort sei angemerkt, dass nahezu jede Klassendefinition (wird später bei der Behandlung objektorientierter Sprachen eingeführt), welche sich an gewisse Programmierungskonventionen hält, als ADT verstanden werden kann.

6.3.2.4 Beispiele von Zeiger-Datentypen

Zeiger-Datentypen werden an dieser Stelle nicht weiter behandelt, da sie wesentlich mehr Wissen voraussetzen. Dieses Thema wird später in diesem Kapitel aufgegriffen.

6.3.3 Verarbeitungsvorschriften in Algorithmen

Mit der Einführung von Datentypen wurde der erste Baustein zur Beschreibung von Algorithmen gelegt. Datentypen legen eindeutig fest, welche Eigenschaften die in einem Algorithmus zu manipulierenden Größen besitzen und welche Operationen darauf zulässig sind. Hinzu kommen nun Verarbeitungsvorschriften zur Datenmanipulation. Die Art und Weise, wie Verarbeitungsvorschriften formuliert sind, hängt sehr stark vom verwendeten Paradigma ab.

Definition 6.7 *Unter einem* ***Paradigma*** *versteht man im Zusammenhang mit Algorithmen und Programmen ein bestimmtes Denkmodell, das zu einer bestimmten Vorgehensweise bei der Entwicklung von Algorithmen bzw. Programmen führt.*

Da Algorithmen im Kontext der Informatik angelehnt an Abb. 6.4 später in Programme überführt werden, existiert ein kausaler Zusammenhang zwischen Algorithmen- und Programmierparadigmen. Man unterscheidet analog Abb. 6.2, zwischen *logischen, funktionalen, imperativen, prozeduralen* und *objektorientierten* Algorithmen, welche die Absprungbasis für die Implementierung von Programmen nach den damit einhergehenden Programmierparadigmen bilden. Der Einfachheit halber werden in den nachfolgenden Abschnitten zuerst die grundlegenden Konzepte von imperativen Algorithmen vorgestellt. Diese wurden historisch gesehen als erste entwickelt und bilden die Grundlagen für die anderen Paradigmen. Später, bei der Beschreibung von Programmiersprachen, wird auf die anderen Paradigmen eingegangen.

6.3.3.1 Variablen und Konstanten

Imperative Algorithmen verwenden Variablen, die unterschiedliche Werte annehmen können, sowie Anweisungen, die der Reihe nach abgearbeitet werden. Somit wird der Zustand eines Rechners zu einem bestimmten Zeitpunkt durch die zugeordneten Werte zu allen Variablen festgelegt.

Definition 6.8 *Eine* ***Variable*** *repräsentiert einen Speicherplatz, auf den man über einen entsprechenden Variablennamen zugreifen kann. Sie speichert veränderliche Werte eines bestimmten Datentyps. Als Gegenstück zu Variablen werden* ***Konstanten*** *für unveränderliche Werte verwendet.*

Eine Variable/Konstante hat einen Namen und einen Wert. Vor ihrer Verwendung müssen Variablen bzw. Konstanten deklariert werden. D. h. der Datentyp und der Name der Variable bzw. Konstante müssen festgelegt werden. Eine Variablen- bzw. Konstantendeklaration kann abstrakt wie folgt beschrieben werden:

Variablendeklaration: *<Variablenname>*:*<Datentyp>*
Konstantendeklaration: ***const*** *<Konstantenname>*:*<Datentyp>*

Beispiele abstrakter Variablen- und Konstantendeklarationen sind:

```
x: INTEGER
const pi: DOUBLE
b: BOOLEAN
```

Tab. 6.3 Beispiele von Ausdrücken in imperativen Algorithmen

Ausdruck	Erläuterung
x	Eine Variable ist ein Ausdruck
1	Ein Literal ist ein Ausdruck
x + 1	x ist eine Variable, ‚+ ' der Operator und 1 ein Literal
(x + 1) * (x/2)	x ist eine Variable, 1 und 2 sind Literale, ‚*' und ‚/' Operatoren, (x + 1) und (x/2) sind Teilausdrücke
true OR false	true und false sind Literale, ‚OR' der Operator
„text"	Zeichenketten sind Literale

6.3.3.2 Ausdrücke, Anweisungen und Kontrollstrukturen

Ausdrücke und Anweisungen sind wichtige Konstrukte bei der Beschreibung von Verarbeitungsvorschriften in imperativen Algorithmen.

Definition 6.9 *Ein **Ausdruck** in einem imperativen Algorithmus ist eine Variable, Konstante oder Literal, sowie mehrere durch Operatoren verknüpfte Teilausdrücke. Er beschreibt, wie neue Werte aus bereits existierenden Werten ermittelt werden und produziert somit stets ein Ergebnis von einem bestimmten Datentyp.*

Unter einem Literal versteht man einen konkreten Wert aus der Wertmenge eines elementaren Datentyps. Bespiele von Literalen sind Zahlenliterale (z. B. 10, −1, 1000, 1.5, −47.3), Wahrheitswertliterale (false, true), sowie Zeichen- (z. B. 'a', 'e', '1') oder Zeichenkettenliterale. Somit kann ein Ausdruck abstrakt wie folgt beschrieben werden:

Ausdruck: *<Variable/Konstante/Literal>, oder*
Ausdruck: *<Ausdruck><Operator><Ausdruck>*

Beispiele von Ausdrücken in imperativen Algorithmen sind in Tab. 6.3 aufgeführt. Die verwendeten Variablen wurden bereits oben deklariert.

Mit Hilfe von Ausdrücken lassen sich Anweisungen in imperativen Algorithmen formulieren. Eine Anweisung kann wiederum als ein Befehl (wie in Kap. 4 beschrieben) verstanden bzw. bei Kompilierung in einen Befehl übersetzt werden. Die wohl einfachste Anweisung in imperativen Algorithmen ist die *Wertzuweisung* oder einfach *Zuweisung*. Eine Zuweisung ist die Zuordnung des Wertes eines Ausdrucks zu einer zuvor deklarierten Variable/Konstante. Eine Zuweisung lässt sich wie folgt abstrakt beschreiben:

Zuweisung: *<Variable/Konstante>* = *<Ausdruck>*

Der hier verwendete Operator für die Zuweisung ist das Gleichheitszeichen ‚='. In der Literatur wird oft auch als Operator das Symbol ‚:=' verwendet. Beispiele von Zuweisungen sind (die verwendeten Variablen wurden bereits oben deklariert):

```
x = 4 + 2
pi = 3.14159
b = false
```

Neben Zuweisungen lassen sich auch komplexere Anweisungen definieren. Sogenannte *Kontrollstrukturen* bzw. *Kontrollstrukturanweisungen* bieten Möglichkeiten an, den Fluss durch den Algorithmus zu steuern. In imperativen Algorithmen wird zwischen folgenden Kontrollstrukturen unterschieden:

- *Sequenz* (auch sequentielle Anweisung genannt)
- *Verzweigung/Selektion* (auch bedingte Anweisung genannt)
- *Wiederholung/Iteration* (auch wiederholte Anweisung genannt)

Sequenz Die Sequenz entspricht einer Folge von Anweisungen, die nacheinander abgearbeitet werden. Jede Anweisung in der Sequenz wird genau einmal ausgeführt. Die Reihenfolge der Ausführung ist die gleiche wie im Algorithmus spezifiziert. Im einführenden Beispiel eines Algorithmus zum Versenden einer Email bilden z. B. die zwei ersten Anweisungen eine Sequenz, also:

1. Starte den Computer und öffne einen Email-Client
2. Drücke den Schaltknopf zum Erstellen einer neuen Email.

Verzweigung Oft ist es notwendig, während der Ausführung eines Algorithmus mehrere Anweisungen erst bei der Erfüllung oder Nicht-Erfüllung einer Bedingung auszuführen. Im einführenden Beispiel eines Algorithmus zum Versenden einer Email stellt z. B. die sechste Anweisung eine Verzweigung dar, also:

6. Wenn Anhänge vorhanden sind, dann binde diese wie folgt in die Email ein:

Es gibt verschiedene Arten von Verzweigungen, auf die an dieser Stelle jedoch nicht näher eingegangen wird.

Wiederholung Manchmal müssen mehrere Anweisungen mehrmals nacheinander ausgeführt werden, bis eine bestimmte Bedingung erfüllt oder nicht mehr erfüllt ist. Dies wird in Algorithmen durch Wiederholungen erreicht. Im einführenden Beispiel eines Algorithmus zum Versenden einer Email stellt z. B. die dritte Anweisung eine Wiederholung dar, also:

3. Für jede Email-Adresse in der Empfängerliste, tue Folgendes:

Es gibt verschiedene Arten von Wiederholungen, auf die an dieser Stelle jedoch nicht näher eingegangen wird.

Die Notationsform von Kontrollstrukturen, sowie weitere Beispiele werden im nächsten Abschnitt weiter behandelt.

6.3.4 Notationsformen für Algorithmen

Die Definition von Algorithmen und ihre Bestandteile wurden bereits eingeführt. Dies geschah ohne Festlegung einer konkreten Notationsform für Algorithmen. Somit wurden z. B. in den einführenden Beispielen sowohl umgangssprachliche Texte als auch mathematische Formeln zur Beschreibung von Algorithmen verwendet. Dies deutet auf die Existenz unterschiedlicher Darstellungsformen für Algorithmen hin. Die wichtigsten von ihnen sind:

- Umgangssprachliche Notation
- Mathematische Notation
- Flussdiagramme/Programmablaufplan (im. Englischen Flowchart)
- Struktogramm
- Pseudocode
- Programme

Neben diesen Darstellungsformen gibt es Weitere, die hier nicht behandelt werden.

6.3.4.1 Umgangssprachliche Notation

Die wohl intuitivste Art der Beschreibung eines Algorithmus ist die textuelle Notation. Sie verwendet Texte in natürlicher Sprache. Diese Notation wurde bereits in den eingehenden Beispielen verwendet. Tabelle 6.4 stellt Beispiele von Algorithmus-Konstrukten in umgangssprachlicher Notation dar.

Für die Beschreibung von Algorithmen in umgangssprachlicher Notation gibt es im Allgemeinen keine formell festgelegten Regeln. Die Beispiele in Tab. 6.4 dienen ausschließlich der Orientierung und können in der Literatur variieren. Donald Knuth hat die so genannte *Stilisierte Prosa* zur umgangssprachlichen Beschreibung von Algorithmen vorgeschlagen [POM-08; KNU-97]. Diese sieht vor, einen Algorithmus in einzelne nummerierte Schritte aufzuteilen. Jeder Schritt wird durch ein Kennwort in eckigen Klammern gekennzeichnet und die in ihm auszuführenden Aktionen werden mit einfach zu lesenden Texten stichwortartig beschrieben. Das Durchnummerieren von Schritten ermöglicht es, in der Beschreibung von Aktionen Sprünge zu bestimmten Schritten zu definieren (z. B. Wenn *Bedingung*, Dann *Gehe zu Schritt n*). Der nachfolgende Algorithmus stellt ein Beispiel eines Algorithmus in stilisierter Prosa mit Texten aus obiger Tabelle:

Algorithmus: Modulo-Algorithmus
Eingabegröße: `a` und `b` zwei positive ganze Zahlen, mit `a` $\geq$ 0, `b` >0
Aktionen/Schritte:

- S1. [Deklaration einer Hilfsvariable]
  Sei `r` eine ganze Zahl
- S2. [Initialisierung der Hilfsvariable]
  Kopiere den Wert von `a` nach `r`
- S3. [Berechnung des Modulo]
  Solange `r` < `b`, Tue
  Subtrahiere `b` von `r` und speichere das Ergebnis in `r`
- S4. [Fertig. Ausgabe des Ergebnis]
  Gibt als Ergebnis den Wert von `r` aus

Ergebnis: Rest der Division von `a` durch `b`, also `a` Modulo `b`

Die Vorteile der umgangssprachlichen Notation liegen u. A. in der Freiheit bei der Formulierung, sowie in der einfachen Lesbarkeit. Doch bei umfangreichen

Tab. 6.4 Beispiele von Algorithmus-Konstrukten in umgangssprachlicher Form

Konstrukte	Umgangssprachliche Notation
Elementare Anweisung	*Anweisung* (in textueller Form)
Sequenz	*Anweisung 1* *Anweisung 2* ... *Anweisung n*
Verzweigung (Ohne Alternative)	Wenn *Bedingung*, Dann *Anweisung(en)* Mit englischen Schlüsselwörtern: If *Bedingung*, Then *Anweisung(en)*
Verzweigung (Mit Alternative)	Wenn *Bedingung*, dann *Anweisung(en)1* Sonst *Anweisung(en)2* Mit englischen Schlüsselwörtern: If *Bedingung*, Then *Anweisung 1* Else *Anweisung 2*
Wiederholung (Zählschleife)	Für *zähler = Anfangswert* bis *Bedingung*, Tue *Anweisung(en)* *zähler* ändern Mit englischen Schlüsselwörtern: For *zähler = Anfangswert* Till *Bedingung*, Do *Anweisung(en)* *zähler* ändern
Wiederholung (Kopfgesteuert)	Solange *Bedingung* Tue *Anweisung(en)* Mit englischen Schlüsselwörtern: While *Bedingung* Do *Anweisungen(en)*
Wiederholung (Fußgesteuert)	Wiederhole *Anweisung(en)* Bis *Bedingung* Mit englischen Schlüsselwörtern: Repeat *Anweisung(en)* Until *Bedingung* Oder Do *Anweisung(en)* While *Bedingung*

Algorithmen können textuelle Beschreibungen unübersichtlich und somit missverstanden werden.

6.3.4.2 Mathematische Notation

Bei der mathematischen Beschreibung von Algorithmen werden mathematische Formeln eingesetzt. Diese Art der Beschreibung ist im Vergleich zur umgangssprachlichen Notation knapper und eindeutiger. Sie ist insbesondere für mathematische Probleme geeignet. Folgendes Beispiel stellt den Modulo-Algorithmus in mathematischer Form dar.

$$\text{mod}\ (a,b) = a \bmod b = \begin{cases} a, \textit{falls}\ a < b \\ (a-b) \bmod b, \textit{sonst} \end{cases}$$

An dieser Stelle soll eine Besonderheit des obigen Algorithmus hervorgehoben werden. Für $a \geq b$ ruft sich der Algorithmus selbst auf. Dieses Verhalten nennt man

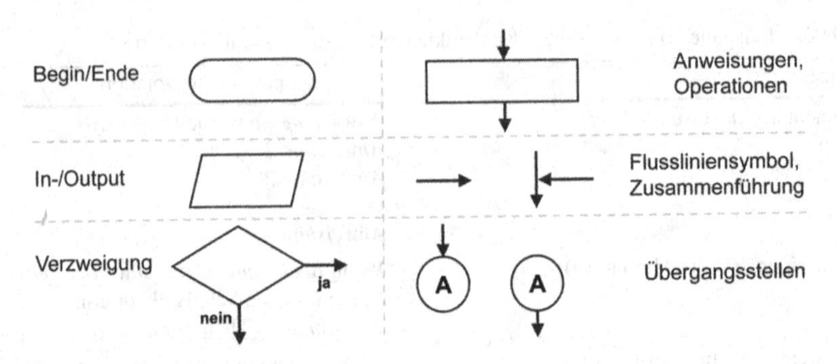

Abb. 6.8 Wichtigste Symbole eines Flussdiagramms

Rekursion. Die Rekursion wird später in diesem Kapitel bei der Definition von Prozeduren und Funktionen erörtert.

6.3.4.3 Flussdiagramme

Flussdiagramme gehören zur Klasse der grafischen Notation von Algorithmen. Sie verdeutlichen die Struktur von Algorithmen und setzen dafür grafische Symbole ein. Diese grafischen Symbole werden durch Flusslinien miteinander verbunden, um somit den Fluss durch den Algorithmus darzustellen. Flussdiagramme sind nach DIN 66001 genormt. Abbildung 6.8 zeigt die wichtigsten Symbole eines Flussdiagramms sowie ihre Bedeutungen.

Tabelle 6.5 stellt Beispiele von Algorithmen-Konstrukten in Flussdiagrammnotation dar.

Ein wesentlicher Vorteil eines Flussdiagramms ist die einfache Lesbarkeit der Struktur des Algorithmus. Jedoch kann die Erstellung von umfangreichen Flussdiagrammen sehr aufwendig und mühselig werden, wenn dafür kein geeignetes Werkzeug zur Verfügung steht. Zudem können große Flussdiagramme unübersichtlich werden. Abbildung 6.9 zeigt das Beispiel des Modulo-Algorithmus in Flussdiagrammnotation, sowie die Ausführung des Algorithmus für die Eingabegrößen $a = 7$ und $b = 3$.

6.3.4.4 Struktogramm

Ein weiteres Beispiel grafischer Notation von Algorithmen stellen Struktogramme dar. Sie wurden von Ike Nassi und Ben Shneiderman erfunden und werden daher auch *Nassi-Shneiderman-Diagramme* genannt [POM-08]. Das Grundelement eines Struktogramms ist der so genannte *Strukturblock*, der durch ein Rechteck dargestellt wird. Ein Strukturblock kann eine elementare Anweisung enthalten oder kann sehr komplex aufgebaut sein. Ein Algorithmus wird im Allgemeinen durch einen einzigen Strukturblock dargestellt, welcher andere untergeschachtelte

Tab. 6.5 Beispiele von Algorithmus-Konstrukten als Flussdiagramm

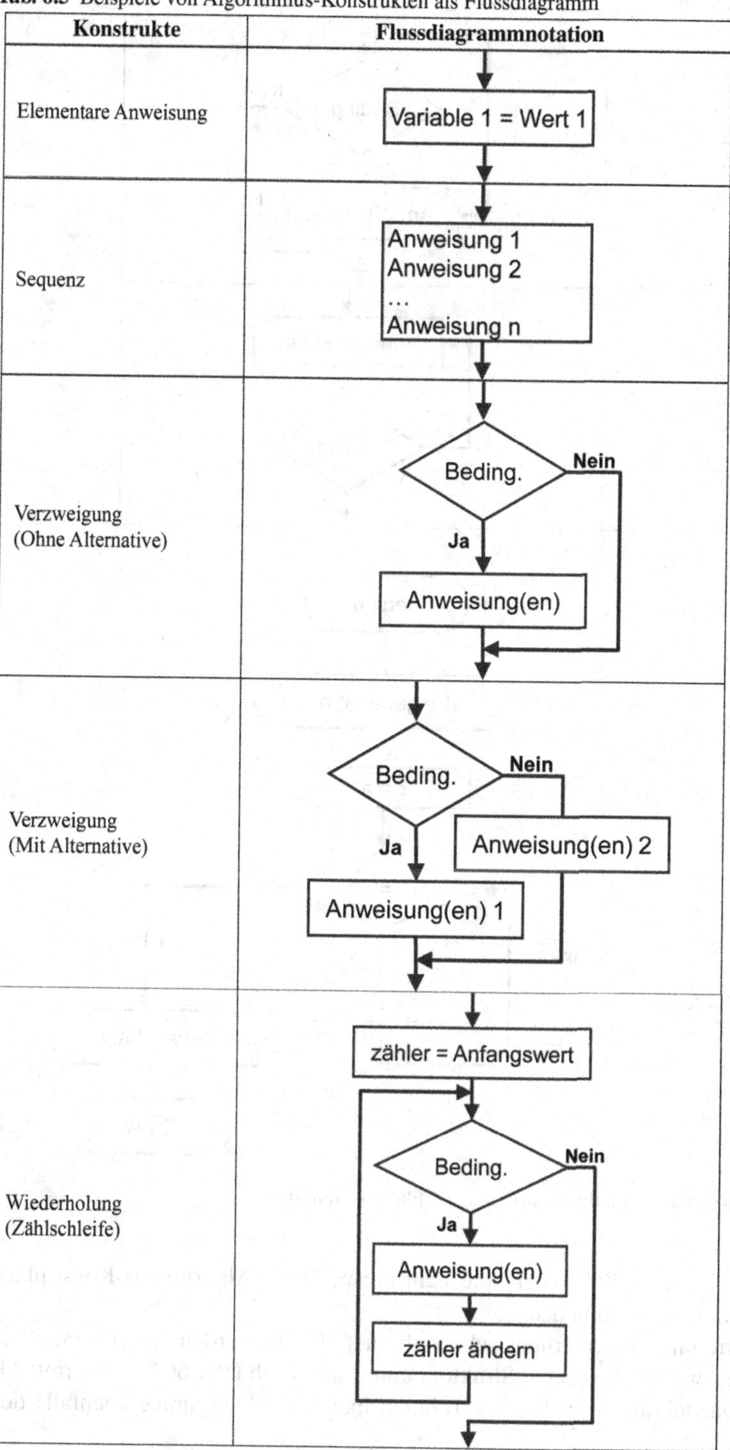

Tab. 6.5 Fortsetzung

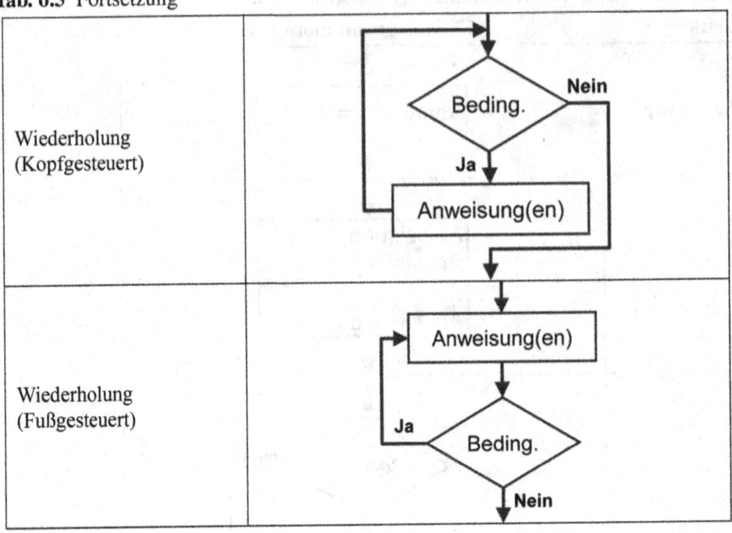

Wiederholung (Kopfgesteuert)	
Wiederholung (Fußgesteuert)	

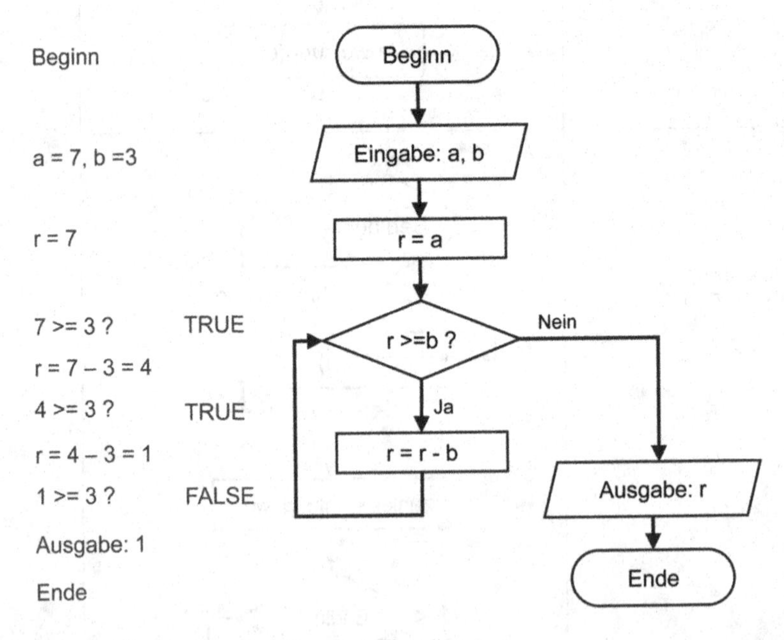

Abb. 6.9 Beispiel des Modulo-Algorithmus als Flussdiagramm

Strukturblöcke beinhaltet. Tabelle 6.6 stellt Beispiele von Algorithmus-Konstrukten in Struktogramm-Notation dar.

Struktogramme waren früher sehr verbreitet. Heute werden sie viel mehr für Ausbildungszwecke eingesetzt. Struktogramme sind nach DIN 66261 genormt. Als grafische Darstellungsform für Algorithmen haben Struktogramme ebenfalls den

Tab. 6.6 Beispiele von Algorithmus-Konstrukten als Struktogramm

Konstrukte	Struktogramm
Elementare Anweisung	Anweisung
Sequenz	Anweisung 1 Anweisung 2 ... Anweisung n
Verzweigung (Ohne Alternative)	Bedingung Ja: Anweisung(en) Nein:
Verzweigung (Mit Alternative)	Bedingung Ja: Anweisung(en) 1 Nein: Anweisung(en) 2
Wiederholung (Zählschleife)	for (*zähler = Anfangswert, Bedingung, zähler ändern)* Anweisung(en)
Wiederholung (Kopfgesteuert)	while (Bedingung) Anweisung(en)
Wiederholung (Fußgesteuert)	Anweisung(en) while/until (Bedingung)

Vorteil, dass sie einen schnellen Überblick über die Struktur eines Algorithmus geben. Jedoch lassen sich Struktogramme bei komplexen Algorithmen nicht leicht erstellen oder verändern und meistens geht der eigentliche Algorithmus in den Mengen von Linien und Strukturblöcken verloren. Abbildung 6.10 zeigt das Beispiel des Modulo-Algorithmus als Struktogramm.

6.3.4.5 Pseudocode

Die Pseudocodenotation entspricht einer informellen und abstrakten Darstellung eines Algorithmus, die jedoch Sprachelemente verwendet, welche leicht in eine Programmiersprache überführt werden können. Sie liegt etwa zwischen der informalen

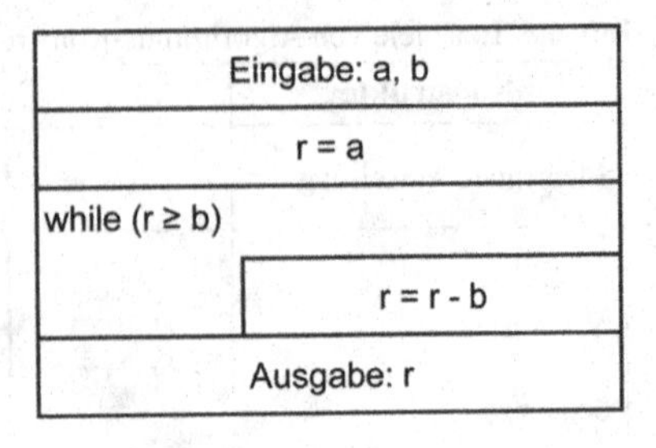

Abb. 6.10 Beispiel des Modulo-Algorithmus als Struktogramm

Tab. 6.7 Beispiele von Algorithmus-Konstrukten in Pseudocodenotation

Konstrukte	Pseudocodenotation
Elementare Anweisung	*Anweisung*
Sequenz	*Anweisung 1* *Anweisung 2* ... *Anweisung n*
Verzweigung (Ohne Alternative)	*if* (Bedingung) *then* *Anweisung(en)*

Verzweigung (Mit Alternative)	*if* (Bedingung) *then*
	Anweisung(en) 1
	else
	Anweisung(en) 2

Wiederholung (Zählschleife)	*for* (zähler = Anfangswert, Bedingung, zähler ändern) *Anweisung(en)*
Wiederholung (Kopfgesteuert)	*while* (Bedingung) *Anweisung(en)*
Wiederholung (Fußgesteuert)	*do* *Anweisung(en)* *while (Bedingung)*

umgangssprachlichen Notation und der formalen und strukturierten Notation einer Programmiersprache. Sie ermöglicht eine präzisere Beschreibung eines Algorithmus im Vergleich zur umgangssprachlichen Notation und abstrahiert von syntaktischen Details einer Programmiersprache. Aus diesem Grund gibt es leider keine allgemein gültigen Notationen für gängige Algorithmus-Konstrukte in Pseudocode. Die Pseudocodenotation beruht jedoch auf allgemeinen Sprachkonzepten, die in den gängigen Programmiersprachen vorzufinden sind. Tabelle 6.7 zeigt Beispiele von Algorithmus-Konstrukten in Pseudocodenotation.

Vorteile der Pseudocodenotation sind deren Eindeutigkeit, sowie deren einfache Lesbarkeit. Deren Nachteile ergeben sich aus der fehlenden Formalisierung der Pseudocodenotation. Dadurch können Inkonsistenzen in der Formulierung eines Algorithmus auftreten, welche die Überführung in eine Programmiersprache erschwert Tab 6.8.

Tab. 6.8 Beispiele von Algorithmen in Pseudocodenotation

Ohne Rekursion	Mit Rekursion

`mod (a:int, b:int)`
`  var r:int`
`  begin`
`    r = a`
`    while(r ≥ b)`
`      r = r - b`
`    end`
`    return r`
`  end`
	`mod (a:int, b:int)`
	`  begin`
	`    if(a < b)`
	`      return a`
	`    else`
	`      return mod(a-b, b)`
	`    end`
	`  end`

6.3.4.6 Programme

Die letzte Algorithmen-Notationsform stellen Programme in einer Programmiersprache dar. Ein Programm ist nichts anderes als ein in einer Programmiersprache formulierter Algorithmus. Die programmiersprachliche Notation eines Algorithmus ist neben der mathematischen Notation die Präziseste. Sie ermöglicht eine vollautomatische Ausführung eines Algorithmus durch einen Rechner. Im Gegensatz zu anderen Notationsformen erfordert die Programmierung die Beherrschung einer Programmiersprache, zumindest ihrer Grundlagen. Dies ist im Vergleich aufwendiger zu erlernen und anzuwenden.

6.3.5 Zwischenfazit zum Thema Algorithmus

Die bisher eingeführten, grundlegenden Eigenschaften von imperativen Algorithmen geben ein minimal notwendiges Verständnis für das Erlernen der wichtigsten Techniken der Programmierung. Das Nichtvorhandensein des algorithmischen Denkens ist eine große Barriere für die Aneignung von Programmierfertigkeiten. Vom Leser werden keine fundierten Kenntnisse über eine Programmiersprache vorausgesetzt; als goldener Leitfaden für den Programmieranfänger empfiehlt es sich, dass er sich vor der eigentlichen Programmierung stets einen Algorithmus in einer der vorher vorgestellten Notationen zugrunde legt. Hierfür erweisen sich die Pseudocode- oder die Flussdiagrammnotation als sehr geeignet. Dieser Zwischenschritt kann dem Programmieranfänger helfen, seine Ideen zur Lösung eines gestellten Problems zu strukturieren und somit einen guten Plan für die erwünschte Lösung zu erstellen.

Die Einführung von Programmierparadigmen in den nachfolgenden Abschnitten greift auf algorithmische Notationen zurück. Dahingehend werden die zuvor vorgestellten Konzepte imperativer Algorithmen auf die speziellen Notwendigkeiten dieser Programmierparadigmen angepasst bzw. ergänzt. Die ausführliche Einführung der Programmiersprache C ist nicht die Zielstellung dieses Kapitels. Vielmehr richten sich folgende Abschnitte an Programmieranfänger, die ihre ersten Schritte in der Programmierung versuchen.

6.4 Imperatives Programmierparadigma (Beispiel C)

In diesem Abschnitt werden die grundlegenden Konzepte der imperativen Programmierung am Beispiel der Programmiersprache C eingeführt. Die Motivation für die Auswahl der Sprache C liegt darin, dass sich viele der heutigen modernen Programmiersprachen, wie z. B. C++, Java und C#, an der Syntax der Sprache C orientieren. Die Sprache C ermöglicht ferner einen fließenden Übergang vom Paradigma der imperativen in die Paradigmen der prozeduralen und objektorientierten Programmiersprache. Darüber hinaus wird C heute noch sehr stark im Ingenieurbereich, insbesondere bei der Programmierung von eingebetteten Systemen, eingesetzt, unter anderem aufgrund seiner Maschinennähe, Mächtigkeit und der Schnelligkeit der erzeugten Programme.

6.4.1 Vorbereitende Maßnahmen

Bevor aus einem Algorithmus ein fehlerfrei ausführbares Programm entsteht, kommt eine Reihe von spezialisierten Werkzeugen ins Spiel. Neben dem bereits eingeführten Compiler zur Übersetzung eines Quelltextes in Maschinencode, kommen weitere nützliche Werkzeuge zum Einsatz. Beispiele sind Quelltexteditoren (im Allgemeinen jeder ASCII-Texteditor) für das Erstellen von Quelltexten, Linker für das Zusammenführen mehrerer Programmfragmente zu einem vollständigen Programm, sowie Debugger für die Analyse des Laufzeitverhaltens von Programmen, um somit mögliche Fehler bei der Ausführung auffindbar zu machen. Da diese Werkzeuge in der Regel alleinstehen, muss während der Programmierung und Fehlersuche mühsam zwischen ihnen gewechselt werden. Also Quelltext erstellen/anpassen → Quelltext kompilieren → Programmfragmente zusammenbinden → Ausführen → Debuggen → Quelltext erstellen/anpassen usw. Um die Arbeit mit diesen Werkzeugen zu erleichtern, kommen heute immer häufiger so genannte *Integrierte Entwicklungsumgebungen (IDE)* zum Einsatz. Das sind Programme zur Entwicklung von Software, welche mehrere nützliche Programmierwerkzeuge in einer integrierten Umgebung zusammenbringen. Sie verfügen über eine grafische Benutzeroberfläche und können weitere Funktionalität anbieten, wie z. B. Projektmanagement oder die Nachverfolgung von Änderungen an Quelltexten (die so genannte *Versionskontrolle*). Manche mächtige IDEs bieten sogar Funktionalitäten zur Erstellung von Softwareentwurfsdokumenten auf Basis der UML oder zur grafischen Erstellung von grafischen Bedienoberflächen an.

Notiz Anhang A.4 beschreibt eine frei zugängliche IDE, um die Beispiele in diesem Buch nachvollziehen, anpassen und damit üben zu können.

6.4.2 Grundlegende Struktur von C-Programmen

Ähnlich wie bei imperativen Algorithmen, basieren imperative Programmiersprachen auf denselben Konzepten für Variablen/Konstanten, welche auf Werte im Speicher verweisen, sowie Ausdrücke, Anweisungen und Kontrollstrukturen, die neue Werte zur Veränderung von Variablen berechnen und den Programmfluss steuern. Bevor diese Konzepte im konkreten Fall der Sprache C behandelt werden können, soll dieser Abschnitt einen ersten Einblick in die allgemeine Struktur eines C-Programms vermittelt. Dazu wird auf folgendes Programm zurückgegriffen, welches das Grußwort „Hallo Welt" auf dem Bildschirm ausgibt und im Folgenden näher beschrieben wird:

Zeile	
1	`/*Mein erstes C-Programm*/`
2	
3	`#include <stdio.h>`
4	
5	`int main ()`
6	`{`
7	`    // Eine Ausgabe auf die Konsole`
8	`    printf("Hallo Welt");`
9	
10	`    getchar(); // Lässt die Konsole geöffnet`
11	
12	`    return 0;`
13	`}`

Kommentare Kommentare sind Anmerkungen des Programmierers, die als Gedächtnisstütze und zur Erläuterung des Quelltextes eingefügt werden. Kommentare sind sehr nützlich. Oft werden mehrere Programmierer in einem Softwareprojekt involviert und müssen mit Quellcode dritter arbeiten. Auch Quellcode, den ein Softwareentwickler bzw. Programmierer selbst geschrieben hat, ist für diesen nach längerer Zeit ggf. schwer nachvollziehbar. Um nicht jedes Mal den eigenen Quellcode von neuem verstehen zu müssen oder vielmehr, um Anderen den Einstieg in fremde Programme zu erleichtern, sollte Quellcode bestmöglich kommentiert werden. In C wird zwischen zwei Arten von Kommentaren unterschieden:

- Kommentare, die in einer einzigen Zeile stehen (*Zeilenkommentare*),
- Kommentare, die sich über mehrere Zeilen erstrecken (*Mehrzeilenkommentare*) können.

Zeilenkommentare werden stets mit der Zeichenfolge „//" eingefügt (s. Zeile 7). Mehrzeilenkommentare dagegen werden mit der Zeichenfolge „/*" begonnen und mit „*/" abgeschlossen (s. Zeile 1). Alle Textzeilen, die dazwischen liegen werden als Kommentare interpretiert, d. h. beim späteren Kompiliervorgang ignoriert.

Die `main`-Funktion Die `main`-Funktion (s. Zeile 5) ist eines der wichtigsten Bestandteile eines C-Programms. Funktionen sind Hilfsmittel, um Programme modular aufzubauen. Sie gehören zu dem Paradigma der prozeduralen Programmiersprachen und werden später behandelt. An dieser Stelle soll zwar vorerst davon abstrahiert werden, dass C auch eine prozedurale Programmiersprache ist, doch jedes ausführbare C-Programm (es gibt auch Programme, die alleinstehend nicht ausführbar sind, so genannte Bibliotheken) verfügt über eine `main`-Funktion, welche die Eintrittsstelle im Programm kennzeichnet. D. h. die Ausführung eines Programms beginnt immer mit dem Aufruf der `main`-Funktion und der darin enthaltenen Anweisungen. In dem vorliegenden Beispiel besteht die `main`-Funktion ausschließlich aus zwei Anweisungen und einem Kommentar zur ersten Anweisung. Diese greift auf die in C vordefinierte `printf()`-Funktion zurück, die eine Zeichenkette auf den Bildschirm ausgibt. Die letzte Anweisung beendet die Ausführung der `main`-Funktion und liefert das Ergebnis `0` zurück (mehr dazu später). Bei der Ausführung geht im Betriebssystem Windows ein Fenster auf, das sich nach Ausführung der letzten Anweisung der `main`-Funktion (im obigen Beispiel `return 0;`) wieder schließt. Um das sofortige Schließen des Fensters zu meiden, z. B. um die Ausgabe auf dem Bildschirm zu untersuchen, kann vor der letzten Anweisung noch die Anweisung `getchar();` eingefügt werden. Bei der Ausführung dieser Anweisung wartet das Programm, bis die ENTER-Taste betätigt wurde.

Die `#include<>`-Direktive und der Weg zum ausführbaren Programm Zuvor wurde kurz auf die vordefinierte `printf()`-Funktion eingegangen. Eine vordefinierte Funktion bedeutet, dass diese aus einer so genannten *Programmbibliothek* kommt, die von den Entwicklern der Programmiersprache zur freien Verwendung implementiert wurde. Da ein Compiler jedoch nicht erahnen kann, was die Anweisung `printf("Hallo Welt");` zu bedeuten hat, muss er darauf hingewiesen werden, wo er nach Definitionen für die `printf()`-Funktion zu suchen hat. Dies geschieht durch die Verwendung einer entsprechenden `#include<>`-Direktive.

Im Allgemeinen kann ein C-Programm aus mehreren Dateien bestehen, wie in Abb. 6.11 dargestellt. Hierzu gehören insbesondere Quelldateien und Headerdateien. Über `#include<>`-Direktiven kann der Quelltext in Quelldateien um Definitionen in Header-Dateien erweitert werden. Hierbei wird zwischen vordefinierten Definitionen, wie z. B. der `printf()`-Funktion in der Header-Datei `stdio.h`, und vom Programmierer selbst entwickelten Definitionen unterschieden.

`#include<>`-Direktiven sind kein direkter Bestandteil des Sprachumfangs von C, sondern Befehle an den so genannten *Präprozessor*. Der Präprozessor ist ein Teil des Compilers, der vor der eigentlichen Kompilierung eines Programms gezielt Änderungen am Quelltext vornehmen kann. Diese Änderungen werden nicht persistent gespeichert, sie sind nur temporär. Befehle an den Präprozessor werden stets mit dem Zeichen „#“ eingeführt. In dem vorliegenden Fall bewirkt der Befehl `#include <stdio.h>`, dass der Inhalt der Header-Datei `stdio.h` unmittelbar vor der Kompilierung zum Quellcode hinzugefügt wird. Durch dieses subtile Einfügen von fremdem Quellcode zur Kompilierzeit können C-Programme sehr modular aufgebaut werden und Quellcode kann einfacher wiederverwendet werden.

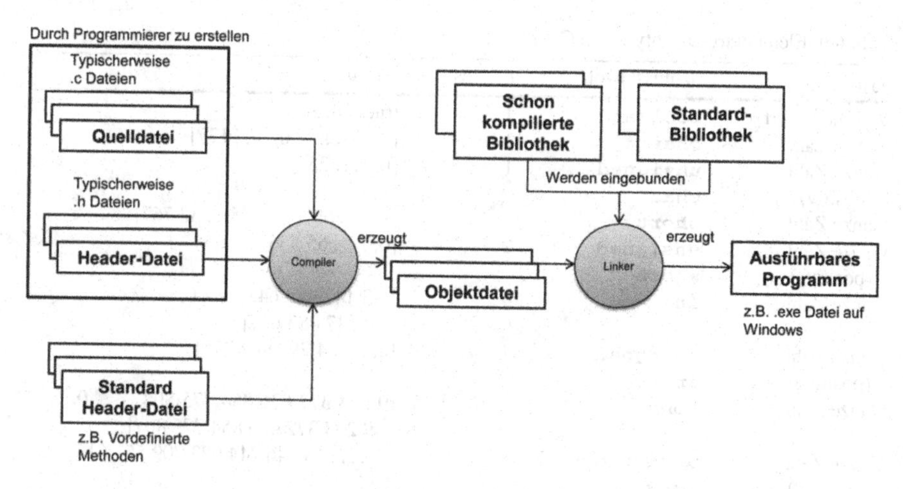

Abb. 6.11 Quelltext zu ausführbarem Programm

Die Vorteile hiervon machen sich insbesondere im Objektorientierten Programmierparadigma bemerkbar, was gegen Ende dieses Kapitels weiter vertieft wird. Vom Compiler erzeugte Zwischendateien, so genannte Objektdateien, werden um Inhalte von schon kompilierten Bibliotheken ergänzt und zu einem ausführbaren Programm verarbeitet.

6.4.3 Elementare Datentypen in C

Auf Basis der in Abschn. 6.3.2.1 eingeführten Erläuterung stellt Tab. 6.9 die in C bekannten elementaren Datentypen dar.

6.4.4 Anweisungen

Die C-Syntax einer Anweisung sieht vor, dass diese stets mit einem Semikolon (;) abgeschlossen wird. Schreibt der Entwickler/Programmierer eine Anweisung ohne Semikolon, so läuft der Kompiliervorgang auf einen Fehler.

6.4.4.1 Variablendeklaration

Wie in Abschn. 6.3.3.2 eingeführt, wird die Variablendeklaration und/oder die Zuweisung eines Wertes zu einer Variablen als Anweisung verstanden. Dabei ist es egal, ob die Wertzuweisung auf Basis einfacher Literale oder komplexerer Ausdrücke

Tab. 6.9 Elementare Datentypen in C

Typ	Schlüsselwort	#Bytes	Wertbereich
Wahrheitswert	`boolean`	1	true, false
Ganze Zahl	`char`	1	[−128, . . . , 0, . . . , 127]
Ganze Zahl (positiv)	`unsigned char`	1	[0, . . . , 255]
Ganze Zahl	`short`	2	[−32 768, . . . , 0, . . . , 32 767]
Ganze Zahl (positive)	`unsigned short`	2	[0, . . . , 65 535]
Ganze Zahl	`int`	4	[−2 147 483 648, . . . , 0, . . . , 2 147 483 647]
Ganze Zahl (positive)	`unsigned int`	4	[0, . . . , 4 294 967 295]
Ganze Zahl	`long`	8	[9 223 372 036 854 775 808, . . . , 0, . . . , 9 223 372 036 854 775 807]
Ganze Zahl (positive)	`unsigned long`	8	[0, . . . , 18 446 744 073 709 551 615]
Fließkommazahl	`float`	4	ca. 3.40282 × −1038, . . . , ca. 3.40282 × 1038
Fließkommazahl	`double`	8	ca. 1.79769 × −10308, . . . , 1.79769 × 10308
Fließkommazahl	`long double`	10	ca. 3.4 × −104932, . . . , 1.1 × 104932

Speicher-adresse | Speicher-inhalt | Quellcode

...
00000001
00000000

`char zeichen;`

Für die Variable `zeichen` wird Speicher reserviert

Abb. 6.12 Speicherreservierung bei der Variablendeklaration

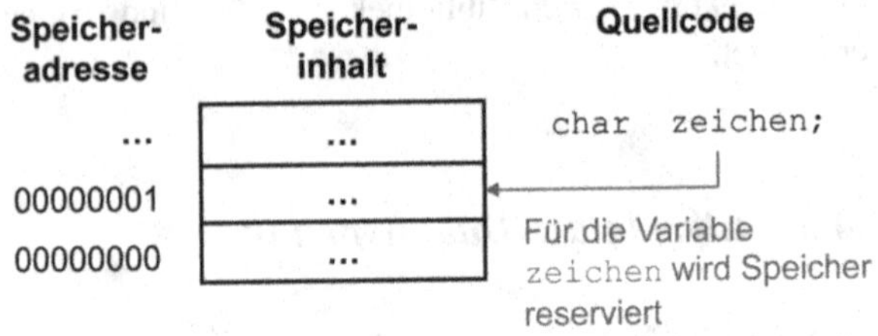

erfolgt, die Literal- und Variablenwerte manipulieren. Beispiele von imperativen Anweisungen in C sind:

```
a = 1;
b = 8 – 5;
c = 5 * (a + b);
```

Adressen von Variablen und der somit benötigte Speicherplatz werden beim Kompiliervorgang festgelegt. D. h. eine Deklaration reserviert Speicherplatz für die zu Grunde liegende Variable, wie in Abb. 6.12 dargestellt.

6.4.4.2 Deklaration von Feldern (aggregierter Datentyp) und Zeichenketten

In C lassen sich mehrere Variablen desselben Typs zu einem Feld zusammenfassen, was zu besserer Übersicht und Effizienz führt. Bei der Deklaration eines Feldes sind

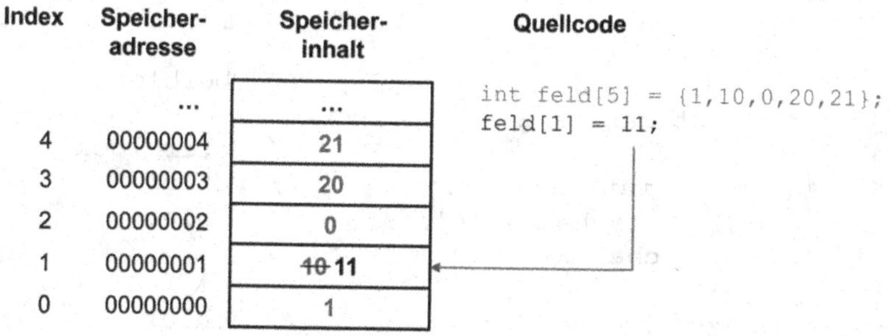

Index	Speicher-adresse	Speicher-inhalt
	...	...
4	00000004	21
3	00000003	20
2	00000002	0
1	00000001	~~10~~ 11
0	00000000	1

Quellcode

```
int feld[5] = {1,10,0,20,21};
feld[1] = 11;
```

Abb. 6.13 Feldmanipulation

der Typ der Elemente und die Größe des Feldes anzugeben. So deklariert folgende Anweisung ein Feld von fünf ganzen Zahlen.

```
int feld[5];
```

Felddeklarationen lassen sich mit Wertzuweisungen kombinieren:

```
int feld[5]={1,10,0,20,21};
```

Zugriff auf einzelne Elemente eines Feldes erfolgt via Indizierung durch den Zugriffsoperator `[]` (mehr dazu später in Abschn. 6.4.5 zu Operatoren) und einem entsprechenden Index, beginnend mit dem Index 0. Somit lassen sich einzelne Werte in einem Feld manipulieren. Sofern das Feld wie oben deklariert wurde, ersetzt folgende Anweisung den Wert an der Stelle 1 (10) durch den Wert 11 (s. auch Abb. 6.13).

```
feld[1]=11;
```

Zeichenketten können in C durch Felder des Typs `unsigned char` oder `char` gespeichert werden. Das Escape-Zeichen \0 gibt dabei das Ende der Zeichenkette an, was z. B. bei der Ausgabe auf den Bildschirm eine Rolle spielt. Folgend ein Beispiel:

```
char textFeld[5] = {'T', 'E', 'X', 'T','\0'};
```

6.4.4.3 Blöcke

Anweisungen lassen sich in C in sogenannte *Blöcke* gliedern, die in C durch geschweifte Klammern gekennzeichnet und begrenzt sind. Am Beispiel der `main`-Funktion wurde dieses Konstrukt bereits eingeführt. Blöcke können geschachtelt werden und ein Block birgt folgende Eigenschaften und Zwänge:

- Eine in einem Block deklarierte Variable ist nur in diesem Block sichtbar bzw. gültig.
- Variablen können nicht in Unterblöcken deklariert werden, wenn sie bereits im Oberblock deklariert wurden.

Folgender Programmausschnitt verdeutlicht obige Eigenschaften.

```
Zeile
1     int main ()
2     {                                   // Oberblock
3         int zahl = 2;
4         {                               // Unterblock
5             int zahl = 3;               // Fehler
6             zeichen = 'A';              // Fehler
7             char zeichen = 'B';
8         }
9         zeichen = 'C';                  // Fehler
10        return 0;
11    }
```

In Zeile 4 beginnt ein Unterblock zum Oberblock, der durch die `main`-Funktion definiert wird. Zeile 9 würde beim Kompiliervorgang auf einen Fehler laufen, da die Variable `zeichen` nur im Unterblock sichtbar ist, da sie hier deklariert wurde (Zeile 7). Die Verwendung einer Variablen in einem Ausdruck bzw. einer Anweisung ist vor dessen Deklaration übrigens nicht erlaubt, so dass auch Zeile 6 fehlerhaft ist. Da die Variable `zahl` schon im Oberblock definiert ist, läuft der Kompiliervorgang in Zeile 5 auf einen Fehler.

6.4.5 Operatoren

Abschn. 6.3.3.2 wurde erklärt, dass Ausdrücke stets ein Ergebnis eines bestimmten Datentyps liefern. Durch Operatoren können Ausdrücke verknüpft werden, um Daten zu manipulieren.

Definition 6.10 *Ein **Operator** führt eine Bearbeitung (Operation) auf so genannte Operanden bestimmter Datentypen aus.*

Im Folgenden werden die wichtigsten in C verfügbaren Operatoren aufgeführt.

Operator	Erklärung
Zuweisungsoperator =	Der Zuweisungsoperator ist einer der am häufigsten verwendeten Operatoren und weist einer Variablen einen Wert zu. Exemplarischer Ausdruck mit Zuweisung: `a = b`
Arithmetische Operatoren +, -, *, /, %, ++, --	Arithmetische Operatoren dienen zur rechnerischen Bearbeitung von Werten. In C sind diese Operatoren für Zahlen-basierte Datentyp-Operanden vordefiniert. Bei der Bearbeitung unterscheidet man zwischen Rechen-Operationen, Inkrement- bzw. Dekrement-Operationen und der Vorzeichen-Operation. Exemplarische Ausdrücke für Rechen-Operationen: `a + b` (Addition) `a - b` (Subtraktion) `a * b` (Multiplikation) `a / b` (Division) `a % b` (Modulo)

Operator	Erklärung

Arithmetische Operatoren
`+, -, *, /, %,`
`++, --`
	Rechen-Operatoren können zur Bequemlichkeit auch mit einer Zuweisung kombiniert werden. Beispiele sind:
	`a += b` (entspricht `a = a + b`)
	`a /= b` (entspricht `a = a / b`)
	
	Dekrement- und Inkrement-Operationen dienen zur vereinfachten Erhöhung oder Verringerung (±1) und können nur auf Ganzzahl-basierte Datentyp-Operanden angewandt werden.
	
	Exemplarische Ausdrücke mit Dekrement- und Inkrement-Operationen:
	`a++` (Inkrement, entspricht `a = a + 1`)
	`++a` (Inkrement, entspricht `a = a + 1`)
	`a--` (Dekrement, entspricht `a = a - 1`)
	`--a` (Dekrement, entspricht `a = a - 1`)
	
	Hinweis: Auch Dekrement- bzw. Inkrement Operatoren können mit einer Zuweisung kombiniert werden. Hier wird jedoch zwischen Post- und Preinkrement bzw. –dekrement unterschieden. Beispiele sind:
	`a = b++` (entspricht `a = b`, dann `b = b + 1`)
	`a = ++b` (entspricht `b = b + 1`, dann `a = b`)

Bit-Operatoren `&, |, ^, !, >>, <<`	Bit-Operatoren dienen der Manipulation der Binärdarstellung von numerischen Operanden. Für die Bit-Operatoren EXKLUSIV-ODER (^), ODER (|) und UND (&) werden bei einer Bitanzahl von n die Binärdarstellungen zweier Operanden (z. B. Zahlen) für jedes Bit i, mit $0 < i < n$, einzeln miteinander verglichen und der Vergleich ausgewertet. Sei b_i^1 das i-te Bit des ersten Operanden und b_i^2 das i-te Bit des zweiten Operanden. Dann stellen folgende Tabellen die verschiedenen Auswertungen dar.

UND: &

b_i^1	Op.	b_i^2	Ergebnis
0	&	0	0
0	&	1	0
1	&	0	0
1	&	1	1

ODER: |

b_i^1	Op.	b_i^2	Ergebnis
0	|	0	0
0	|	1	1
1	|	0	1
1	|	1	1

EXKLUSIV-ODER: ^

b_i^1	Op.	b_i^2	Ergebnis
0	^	0	0
0	^	1	1
1	^	0	1
1	^	1	0

Der Bit-Operator NEGATION (!) wird auf einen einzelnen Operanden angewandt und negiert dessen Bits, d. h. aus jeder 0 wird eine 1 und umgekehrt.

Schiebeoperatoren dienen dazu, die Bitrepräsentation sprichwörtlich zu verschieben. So lässt sich z. B. für eine Zahl a durch eine Verschiebung aller Bits um eine Stelle „nach links" sehr effizient eine Multiplikation mit 2 erreichen:

`a << 1` (entspricht `a = a * 2`)

Auf die Details einer Bitverschiebung (etwaiges Auffüllen bzw. der Entfall einzelner Bits) wird an dieser Stelle nicht näher eingegangen.

<table>
<tr><th>Operator</th><th>Erklärung</th></tr>
<tr><td>Logische Operatoren
&&, | |, !</td><td>Logische Operatoren sind den Bit-Operatoren ähnlich, werden jedoch auf boolesche Ausdrücke angewandt.
Logisches UND: &&
<table>
<tr><td>&&</td><td>true</td><td>false</td></tr>
<tr><td>true</td><td>true</td><td>false</td></tr>
<tr><td>false</td><td>false</td><td>false</td></tr>
</table>
Logisches ODER: ||
<table>
<tr><td>||</td><td>true</td><td>false</td></tr>
<tr><td>true</td><td>true</td><td>false</td></tr>
<tr><td>false</td><td>false</td><td>false</td></tr>
</table>
Logische NEGATION: !
<table>
<tr><td>!</td><td></td></tr>
<tr><td>true</td><td>false</td></tr>
<tr><td>false</td><td>false</td></tr>
</table>
Logische Operatoren werden häufig im Kontext von Kontrollstrukturen verwendet. Mehr dazu später.</td></tr>
<tr><td>Vergleichs-Operatoren
<, >, < =, > =, = =, ! =</td><td>Durch Vergleichs-Operatoren werden zwei Operanden, sprich die Ergebnisse der Auswertung von zwei Ausdrücken, miteinander verglichen. Das Ergebnis ist ein boolescher Wert.</td></tr>
<tr><td>Zugriffs- Operator
[ ]</td><td>Der Zugriffsoperator dient dem Zugriff auf eine bestimmte Position im Speicher. Er wird für Felder oder Adressdatentypen verwendet, z. B. Zeiger oder Variablen mit vorangestelltem Adressoperator.</td></tr>
</table>

Über obig genannte Operatoren hinaus existieren in C auch noch Zeiger-Operatoren. Zum Verständnis dieser wird im Folgenden das Zeiger-Konzept beschrieben.

In Abschn. 6.4.4.1 wurde dargestellt, dass eine Deklaration Speicherplatz für die zu Grunde liegende Variable reserviert. Das Problem hierbei ist, dass die genauen Daten oder die Anzahl der Daten (z. B. bei Feldern), die bei der Ausführung des Programms verarbeitet werden sollen, zum Zeitpunkt des Kompilierens im Allgemeinen unbekannt sind. Daher kann Speicherplatz zur Laufzeit angefordert (allokiert) werden. Der Zugriff auf diesen Speicherplatz erfordert so genannte Zeiger. Ein Zeiger kann als spezielle Variable verstanden werden, die, wie der Name impliziert, auf einen Adressbereich zeigt. Die Variable speichert also eine feste Adresse, und nicht den Wert an der Adresse. Abbildung 6.14 stellt diesen Zusammenhang grafisch dar.

Die Deklaration eines Zeigers erfolgt stets in Kombination mit einem Datentyp, z. B.:

```
char *zeichen;
```

Die eigentliche Speicherallokation erfolgt mit dem Schlüsselwort new und kann mit einer Deklaration kombiniert werden.

```
zeichen = new char;           //Wenn zahldeklariert
char *zeichen2 = new char;    // bzw. Kombination
```

An dieser Stelle soll nicht näher auf die Möglichkeiten der Zeigerprogrammierung eingegangen werden. Es sei jedoch angemerkt, dass Zeiger für den Programmieranfänger verwendet werden können, um auf einfache Art und Weise Zeichenketten zu

Abb. 6.14 Zeiger

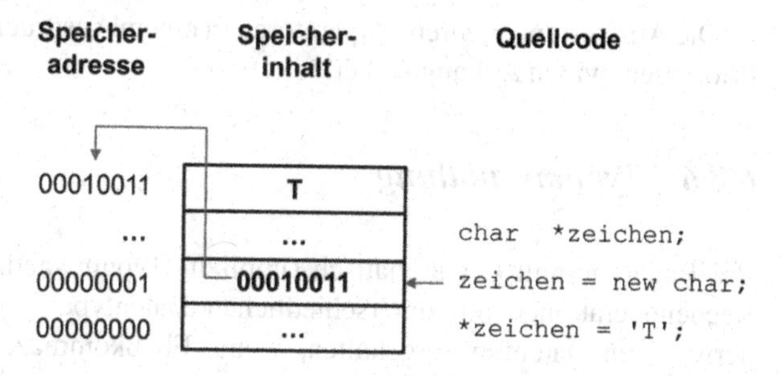

deklarieren, etwa zur Ausgabe auf dem Bildschirm. Bei der Auswertung der folgenden Anweisung wird dynamisch ein Feld mit 17 Elementen allokiert, das den Namen „Florian Gerhardt" speichert. Die Zeigervariable `name`speichert dabei die Adresse des ersten Zeichens.

```
char *name = "Florian Gerhardt";
```

Die Anweisung entspricht also folgender Sequenz:

```
char *name = new char[17];
name[0] = 'F';
name[1] = 'l';
...
name[15] = 't';
name[16] = '\0';
```

Operator	Erklärung

Zeiger-Operatoren
`*`, `&`
	Der Zugriff auf den Wert der Adresse, der in einer Zeigervariable gespeichert ist, erfolgt mittels des Dereferenzierungs-Operators `*` (s. Abb. 6.14), oder bei einem dynamischen Feld mittels des Zugriffsoperators (Index). Nach Ausführung des folgenden Beispiels steht der Wert 1 in der dereferenzierten Variable `zahl` (also im Speicher an der Adresse, die die Variable `zahl` speichert) und in der Variable `zahlKopiert`.
	`int *zahl = new int;`
	`*zahl = 1;`
	`int zahlKopiert = *zahl;`
	Die Anwendung des Adressoperators `&` auf eine beliebige Variable liefert die Adresse der Variable, also den Ort im Speicher, an dem der Variablenwert abgelegt ist. Folgende Abbildung zeigt ein Anwendungsszenario.

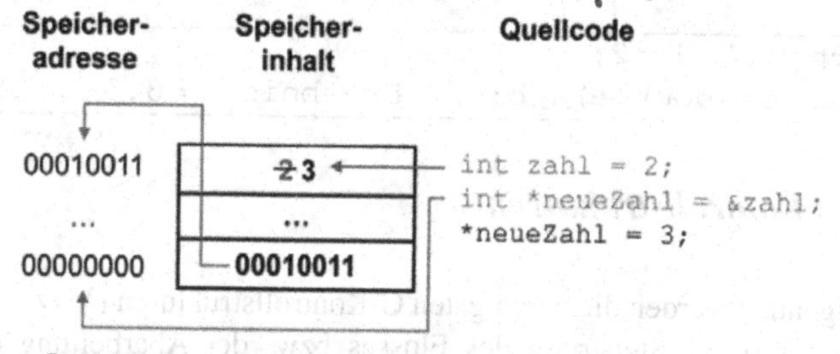

Die Auswertung mehrerer Operatoren in einem Ausdruck erfolgt nach geregelten Prioritäten, wie in Anhang A.3 erläutert.

6.4.6 Typumwandlung

Bei Bedarf nimmt C automatisch (implizit) Typumwandlungen vor. So wird bei Rechenoperationen mit unterschiedlichen Datentypen das Ergebnis in dem höherwertigen Datentyp vorgehalten, wobei Fließkommazahlen als höherwertig zu Ganzzahlen und diese wiederum höherwertig zu deren positiven (`unsigned`) Pendants erachtet werden. So wird in folgender Anweisungssequenz der Ausdruck `a * b` in einem `float`-Datentyp (Wert = 7.0) vorgehalten, bevor er durch die Zuweisung als double in der Variable `c` gespeichert wird.

```
short a = 2;
float b = 3.5;
double c = a*b;
```

Darüber hinaus meidet C Überläufe durch weitere, implizite Typumwandlungen. Bei der Betrachtung folgender Anweisungssequenz wäre das Ergebnis der Multiplikation von 2 und 30000 (Wert = 60000) zu groß für den Datentyp `short`, dessen Wertebereich mit 8 Bits nur bis 32767 reicht. C erkennt dies bei der Ausführung der Multiplikation und hält das Ergebnis vor Zuweisung zur Variable `c` als `int` vor.

```
short a = 2, b = 30000;
int c = a * b;
```

Bei arithmetischen Ausdrücken ist zu beachten, dass das Ergebnis typkonform ermittelt wird. So ist das Ergebnis folgender Ganzzahldivision 3, nicht etwa als 3.5. Somit speichert die Variable `c` den Wert 3.0.

```
short a = 7, b = 2;
double c = a/b; // Ergebnis c = 3.0
```

Neben der impliziten Typumwandlung ist es dem Programmierer möglich, für Ausdrücke manuelle (explizit) Typumwandlungen in C vorzunehmen, um wiederum die Vorteile der impliziten Typumwandlung zu nutzen. Hierfür wird dem Ausdruck der gewünschte Datentyp in Klammern vorangestellt. Auf obiges Beispiel zurückkommend, ist das Ergebnis folgender Division tatsächlich 3.5.

```
short a = 7, b = 2;
double c = (double) a/b; // Ergebnis c = 3.5
```

6.4.7 Kontrollstrukturen

Im Folgenden werden die wichtigsten C-Kontrollstrukturen (Verzweigung und Wiederholungen) zur Steuerung des Flusses bzw. der Abarbeitung des Programms vorgestellt.

6.4.7.1 Verzweigung

Verzweigungen bieten die Möglichkeit, bestimmte Anweisungen nur unter bestimmten Bedingungen auszuführen. Eine bedingte Verzweigung hat in C folgende Syntax:

```
if (<Bedingung>) {
  <Anweisungsblock1>
  }
else {
  <Anweisungsblock2>
  }
```

Dabei muss *<Bedingung>* ein Ausdruck mit einem booleschen Ergebniswert sein. Der erste Anweisungsblock *<Anweisungsblock1>* wird nur dann ausgeführt, wenn *<Bedingung>* den Wert `true` berechnet. Der zweite Anweisungsblock *<Anweisungsblock2>* wird dagegen nur dann ausgeführt, wenn *<Bedingung>* den Wert `false` berechnet. Dabei ist zu beachten, dass das `else` und somit der zweite Anweisungsblock optional ist. Eine exemplarische Verzweigung ist:

```
bool verzeigungsPrinzipVerstanden = true;
if (verzeigungsPrinzipVerstanden == true) {
  printf("schlauer Ingenieur");
  }
```

6.4.7.2 Wiederholung

Es gibt folgende Möglichkeiten, bestimmte Anweisungen wiederholt zu durchlaufen.

`while`-Schleife

Die Syntax einer `while`-Schleife ist wie folgt:

```
while (<Bedingung>) {
  <Anweisungsblock>
  }
```

Dabei muss *<Bedingung>* ein Ausdruck mit einem booleschen Ergebniswert sein. Der Anweisungsblock *<Anweisungsblock>* wird wiederholt ausgeführt, solange *<Bedingung>* den Wert `true` berechnet. Dabei wird die Bedingung jeweils vor Ausführen des Anweisungsblockes überprüft. Ist die Bedingung schon bei der ersten Abfrage nicht erfüllt, wird der Anweisungsblock überhaupt nicht ausgeführt.

Folgendes Beispiel gibt mittels einer `while`-Schleife die Zahlen 1 bis 10 auf dem Bildschirm aus

```
int n = 1;
while (n <= 10)
{
  printf("%i ", n);
  n++;
}
```

do-while-Schleife

Die `do-while`-Schleife ist der `while`-Schleife sehr ähnlich, führt den Anweisungsblock jedoch stets vor der Überprüfung der Bedingung aus. Diese Schleife ist zu bevorzugen, wenn der Anweisungsblock mindestens einmal ausgeführt werden soll. Die Syntax ist wie folgt:

```
do{
  <Anweisungsblock>
  }while (<Bedingung>)
```

Folgendes Beispiel gibt ebenfalls die Zahlen 1 bis 10 auf dem Bildschirm aus, jedoch mittels einer `do-while`-Schleife:

```
int n=1;
do
{
  printf("%i ", n);
  n++;
} while (n<=10)
```

for-Schleife

Die `for`-Schleife vereinigt eine Initialisierung, eine Bedingung und eine so genannte Fortschaltung in einem einzigen Konstrukt, mittels folgender Syntax:

```
for(<Initialisierung>; <Bedingung>; <Schleifenfortschaltung>){
    <Anweisungsblock>
}
```

Dabei ist *<Initialisierung>* eine Komma-getrennte Liste von Anweisungen, die einmalig vor Beginn der Schleifenbearbeitung ausgewertet wird. Typischerweise werden hier so genannte Zählvariablen initialisiert. Analog der `while`-Schleife wird der Anweisungsblock (hier jedoch erst nach der Initialisierung) wiederholt ausgeführt, so lange die Bedingung *<Bedingung>* den Wert `true` berechnet. Nach Ausführung des Anweisungsblockes wird die Schleifenfortschaltung ausgeführt, ebenfalls eine Komma-getrennte Liste von Anweisungen. Typischerweise wird hier eine Zählvariable manipuliert.

Folgendes Beispiel gibt ebenfalls die Zahlen 1 bis 10 auf dem Bildschirm aus, jedoch mittels einer `for`-Schleife:

```
for (int zahl=1; zahl<=10; zahl++)
{
  printf("%i", zahl);
}
```

6.5 Prozedurales Programmierparadigma (Beispiel C)

C ist eine so genannte prozedurale Programmiersprache, d. h. neben den Konstrukten einer imperativen Programmiersprache bietet C auch Konstrukte zur Modularisierung mittels so genannter *Funktionen.* In einigen Sprachen wird zwischen dem

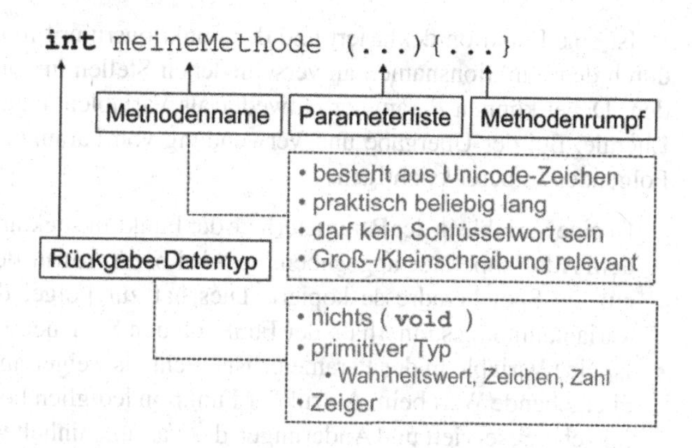

Abb. 6.15 Funktion in C

Begriff *Prozedur* (liefert keinen Rückgabenwert) und Funktion unterschieden. Beide werden in objektorientierten Programmiersprachen mit dem Begriff *Methode* ersetzt. Eine bestimmte Funktion wurde in vorangehenden Abschnitten bereits eingeführt: die `main`-Funktion, die als Einstieg in ein C-Programm dient.

6.5.1 Funktionen

Funktionen dienen:

- zur Kapselung von Anweisungsblöcken, die an beliebigen Stellen im Programm aufgerufen und ausgeführt werden können,
- zur Strukturierung von Algorithmen,
- zur Zerlegung von Problemen in einfachere Teilprobleme.

Konkret bedeutet dass, das eine Funktion ein parametrisierter Anweisungsblock mit einem Namen ist, und über diesen Namen aufgerufen wird. Nach Beendigung der Funktion wird das Programm bei der nächsten Anweisung fortgesetzt. Abbildung 6.15 stellt dar, wie eine Funktion grundsätzlich zu deklarieren ist.

Eine Funktion funktioniert nach Eingabe/Ausgabeprinzip. Ihr können sowohl Daten übergeben werden (Eingabe: durch Kommata getrennte Parameterliste, letztendlich Variablen) und sie kann einen Wert zurückgeben (Ausgabe). Die Rückgabe eines Wertes erfolgt mittels der `return`-Anweisung:

```
return <Ausduck>;
```

Der Datentyp des Ausdrucks <*Ausdruck*> muss dem deklarierten Rückgabe-Datentyp entsprechen. Eine `return`-Anweisung beendet die Ausführung der Funktion. Soll eine Funktion einen Wert zurückgeben, so muss sie mindestens eine `return`-Anweisung enthalten und es muss sichergestellt werden, dass jeder mögliche Pfad (z. B. bedingt durch Verzweigungen) auch zu einer Ergebnisrückgabe führt. Für Funktionen, die keinen Wert zurückgeben sollen (Rückgabe-Datentyp `void`), ist eine explizite `return`-Anweisung ohne <*Ausdruck*> optional, d. h. nicht zwingend erforderlich. In diesem Fall wird die Funktion bis zur letzten Anweisung abgearbeitet und dann beendet.

Ist eine Funktion deklariert und der Funktionsrumpf implementiert, so kann sie durch den Funktionsnamen an verschiedenen Stellen im Quelltext aufgerufen werden. Dabei können Parameter entweder als Variablen angegeben werden, oder als Literale. Bei der Übergabe und Verwendung von Parametern in einer Funktion ist Folgendes zu berücksichtigen:

- Ist eine Variable in der Parameterliste der Funktionsdeklaration als Zeiger oder mit dem Adressoperator angegeben, so wird beim Aufruf der Funktion ein Verweis auf die Speicheradresse kopiert. Dies hat zur Folge, dass eine Änderung des Variableninhaltes innerhalb der Funktion den Speicher an dieser Stelle ändert.
- Ist eine Variable in der Parameterliste nicht als Zeiger angegeben, so wird der zu übergebende Wert beim Aufruf der Funktion lediglich kopiert, d. h. es wird neuer Speicher reserviert und Änderungen des Variableninhaltes innerhalb der Funktion wirken sich außerhalb der Funktion nicht weiter aus.

Im Folgenden ist ein exemplarisches Programm zur Ausgabe aller Primzahlen zwischen 1 und 100 implementiert. Hierfür wurde eine Funktion entwickelt, um für eine bestimmte Zahl zu ermitteln, ob es sich um eine Primzahl handelt (durch Überprüfung, ob zu besagter Zahl Teiler außer 1 und der Zahl selbst existieren).

```
Zeile
1     #include <stdio.h>
2
3     bool prim(unsigned int zahl)
4     {
5         for (unsigned int j = 2; j < zahl; j++) {
6             if (zahl % j == 0) {
7                 return false;
8             }
9         }
10        return false;
11    }
12
13    int main ()
14    {
15        for (int i = 1; i <= 100; i++) {
16            if (prim((unsigned int)i) == true)
17            {
18                printf("%i", n);
19            }
20        }
21
22        getchar();
23
24        return 0;
25    }
```

In Zeile 16 wird die in Zeile 3 deklarierte Funktion aufgerufen. Da der Parameter `zahl` nicht als Zeigervariable und ohne Adressoperator angegeben ist, wird bei Aufruf der Funktion jeweils der Wert in der Variable `i` in die Funktionsvariable `zahl` kopiert. Diese ist auch nur innerhalb der Funktion gültig.

6.5.2 Rekursion

Im Kontext prozeduraler Programmiersprachen, so auch in C, gibt es eine ganz besondere Form von Funktionen: so genannte rekursiven Funktionen.

Definition 6.11 *Eine* ***rekursive Funktion*** *ist eine Funktion, die sich selbst aufruft.*

Die Rekursion als solche beschreibt ein bestimmtes Teile-und-Herrsche Verfahren zur Lösung einer Problemstellung. Teile-und-Herrsche Verfahren beschreiben im Allgemeinen die Zerlegung eines Problems in kleinere, leichter zu lösende Teilprobleme, dessen Ergebnisse zu einer Gesamtlösung kombiniert werden, wie in Abb. 6.16 veranschaulicht.

Ein gutes Beispiel für eine Rekursion ist die Berechnung der Fakultät. Folgende rekursive C-Funktion führt diese Berechnung durch. In Zeile 4 der Funktionsimplementierung ruft sich die Funktion selbst auf.

```
Zeile
1     int fakultaet(int zahl)
2     {
3         if (zahl > 0) {
4             return zahl * fakultaet(zahl - 1);
5         }
6         else if (zahl == 0) {
7             return 1;
8         }
9     }
```

Angenommen, folgendes Programm soll die Fakultät von 3 berechnen und auf dem Bildschirm ausgeben. Abbildung 6.17 stellt exemplarisch dar, wie die Rekursion funktioniert.

```
Zeile
1     #include < stdio.h>
2
3     int main()
4     {
5         printf("%i", fakultaet(3));
6
7         getchar();
8
9         return 0;
10    }
```

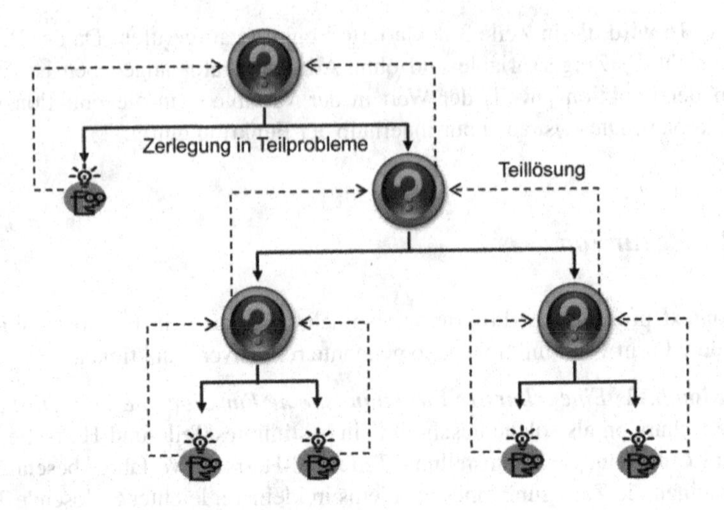

Abb. 6.16 Teile-und-Herrsche Prinzip

Abb. 6.17 Funktionsweise der Rekursion am Beispiel der Fakultät

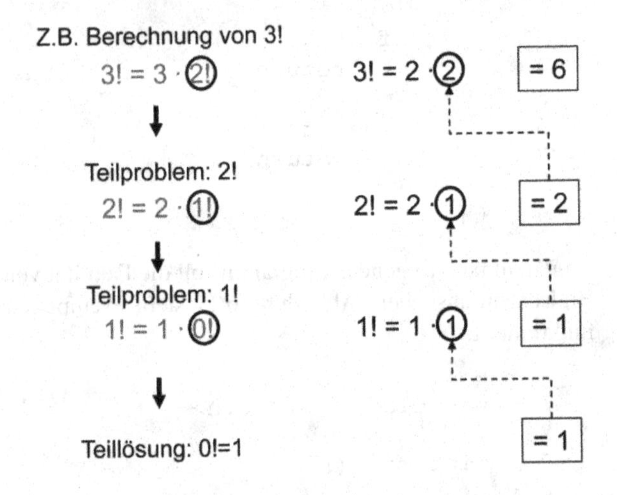

6.5.3 Standard Ein- und Ausgabe

Bereits im ersten Programm in Abschn. 6.4.2 wurde durch die Anweisung `#include<stdio.h>` eine wichtige Programmbibliothek von C importiert. Diese bietet mehrere Funktionen sowohl für die Ausgabe von Zeichenketten als auch für das Einlesen von Benutzereingaben in der Konsole an. Ein- und Ausgabe sind wichtige Bestandteile von Programmen. In diesem Abschnitt werden die zwei Funktionen `printf()` und `scanf()` behandelt.

6.5.3.1 Zeichenketten mit Hilfe von printf() ausgeben

Die Funktion `printf()` wird für die formatierte Ausgabe von Zeichenketten auf die Konsole verwendet. Daher kann `printf()` neben den eigentlichen Parametern zur Repräsentation der auszugebenden Zeichenketten auch Formatierungszeichen enthalten. Letztere werden durch Prozentzeichen „`%`" eingeleitet und greifen nacheinander auf durch Kommata getrennte Parameter zu. Das folgende Beispiel zeigt, wie sich Zahlen und Zeichen als formatierte Zeichenketten ausgeben lassen.

```
Zeile
1     #include <stdio.h>
2
3     int main ()
4     {
5         /* Die Aufrufe printf(5); und printf('a');
6         erzeugen einen Fehler. Stattdessen folgende
7         Formatierungszeichen verwenden*/
8         printf("%i", 5);
9
10        printf("%c",'a');
11
12        printf("%s","Hallo Welt");
13
14        /* Mehrere Formatierungszeichen und
15        Parameter für printf()*/
16        printf("Die Hälfte von %i ist %f",3,3.0/2);
17
18        getchar();
19
20        return 0;
21    }
```

Die `printf()`-Anweisung erwartet als Erstes eine Zeichenkette als Parameter. Danach können weitere Parameter folgen, auf die sich die Formatierungszeichen beziehen. In der letzten `printf()`-Anweisung des obigen Beispiels (Zeile 16) bezieht sich `%i` auf die Ganzzahl `3` und `%f` auf die Fließkommazahl, die durch den Ausdruck `3.0/2` berechnet wird, also `1.5`. Tabelle 6.10 zeigt eine Übersicht der gängigsten Formatierungszeichen.

Neben den Formatierungszeichen dürfen auch Steuerzeichen in einer `printf()`-Anweisung verwendet werden. Diese werden mit einem „\" eingeleitet. Einige Steuerzeichen haben Sonderbedeutungen und können die Formatierung der Ausgabe beeinflussen. Ein gutes Beispiel ist das Steuerzeichen `\n`, welches einen

Tab. 6.10 Liste der gängigsten Formatierungszeichen

Zeichen	Wirkung
`%d und %i`	Ausgabe einer vorzeichenbehafteten Ganzzahl
`%u`	Ausgabe einer vorzeichenlosen Ganzzahl
`%f`	Ausgabe von Float-Zahlen im Dezimalformat
`%lf`	Ausgabe von Double-Zahlen im Dezimalformat
`%e`	Ausgabe einer Fließkommazahl in Exponentialdarstellung
`%o`	Ausgabe einer Zahl in Oktaldarstellung
`%x`	Ausgabe einer Zahl in Hexadezimaldarstellung
`%c`	Ausgabe eines Zeichens
`%s`	Ausgabe einer Zeichenkette

Zeilenabbruch in der Ausgabe erzwingt. So erzeugen z. B. die folgenden vier `printf()`-Anweisungen

```
printf("Hallo");
printf("Welt\n");
printf("Hallo\nWelt);
```

die folgenden Ausgaben:

```
HalloWelt
Hallo
Welt
```

Die `printf()`-Anweisung erzeugt am Ende der Ausgabe keinen automatischen Zeilenwechsel. Daher schreibt die zweite `printf()`-Anweisung direkt nach der ersten in der gleichen Zeile weiter. Erst mit dem Steuerzeichen `\n` wird ein Wechsel erzwungen. Tabelle 6.11 zeigt Beispiele von Steuerzeichen und ihre Auswirkungen.

6.5.3.2 Daten Einlesen mit Hilfe von scanf()

Neben der `printf()`-Funktion bietet C ebenfalls eine `scanf()`-Funktion an, die zum Einlesen von Daten dient. Bei Anwendung der `scanf()`-Funktion müssen

Tab. 6.11 Beispiele von Steuerzeichen und ihre Auswirkungen

Zeichen	Wirkung
`\n`	**New line:** Setzt den Cursor auf die Anfangsposition der nächsten Zeile
`\t`	**Horizontal tab:** Zeilenvorschub zur nächsten horizontalen Tabulatorposition
`\a`	**Bell:** Gibt ein akustisches Warnsignal aus.
`\b`	**Backspace:** Setzt Cursor um eine Position nach links
`\r`	**Carriage return:** Setzt den Cursor zum Anfang der aktuellen Zeile
`\v`	**Vertical tab:** Zeilenvorschub zur nächsten vertikalen Tabulatorposition
`\"`	Gibt das Sonderzeichen " aus
`\'`	Gibt das Sonderzeichen ' aus
`\\`	Gibt das Sonderzeichen \ aus

Formatierungszeichen (s. Tab. 6.10) verwendet werden, um die Typen der einzulesenden Werte zu kennzeichnen. Als Ziele für die einzulesenden Werte werden Adressen erwartet, so dass gewöhnlichen Variablennamen der & -Operator voranzustellen ist. Das folgende Programm zeigt Beispiele zur Verwendung von `scanf()`.

Zeile	
1	`#include <stdio.h>`
2	
3	`int main ()`
4	`{`
5	`    int a, b;`
6	`    char z;`
7	
8	`    // Einlesen eines einzelnen Wertes`
9	`    scanf("%i", &a);`
10	
11	`    // Einlesen mehrerer Werte`
12	`    scanf("%i %c", &b, &z);`
13	
14	`    getchar();`
15	
16	`    return 0;`
17	`}`

Notiz In der Programmiersprache C++, welche ab dem nächsten Abschnitt für die objektorientierte Programmierung verwendet wird, finden ebenfalls beide Funktionen `printf()` und `scanf()` Verwendung. Zudem definiert C++ die zwei Funktionen `cin` und `cout` (beide aus der Bibliothek `iostream`), welche einfacher zu verwenden und weniger fehleranfällig sind.

6.6 Objektorientiertes Programmierparadigma (Beispiel C++)

In Kap. 5 wurde die Objektorientierung als heute gängige und bewährte Entwicklungsmethode eingeführt. Im Kontext einer objektorientierten Softwareentwicklung beschreiben objektorientierte Programmiersprachen Mittel zur konsequenten Fortsetzung eines entsprechenden Entwurfs in Form einer Implementierung. C selbst ist keine objektorientierte Programmiersprache. Um die sehr verbreitete Sprache jedoch auch für dieses Paradigma zugänglich zu machen, wurde sie weiterentwickelt und zur Programmiersprache C++ integriert. Der Übergang zwischen C und C++ ist fließend, d. h. in C entwickelter Quellcode kann in einem C++ Programm wiederverwendet werden.

Das objektorientierte Programmierparadigma ergänzt das prozedurale Paradigma dahingehend, dass Funktionen und Daten (z. B. Variablen) weiter zu Objekten gekapselt werden können (s. Abb. 6.18).

Bei den Daten eines Objektes spricht man von Attributen. Attribute und Methoden von Objekten werden wie in Kap. 5 angedeutet in so genannten Klassen definiert. In

Abb. 6.18 Imperativ vs. Prozedural vs. Objektorientiert

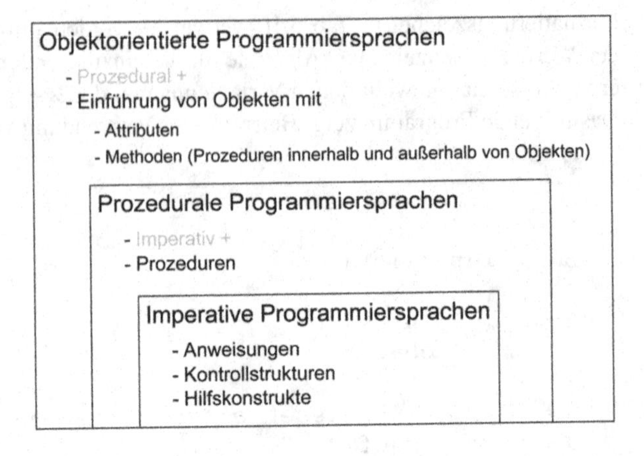

C++ wird hierbei zwischen der Definition einer Klasse und dessen Implementierung unterschieden.

6.6.1 *Definition einer Klasse*

Die Definition beschreibt lediglich, welche Attribute und Methoden zu einer Klasse gehören. Im Speziellen bedeutet dies, dass Methoden in der Definition keinen Methodenrumpf besitzen. Die entsprechende C++-Syntax ist in Abb. 6.19 dargestellt.

Objekte können nach dem objektorientierten Paradigma miteinander kommunizieren, d. h. dass sie z. B. über die in der Klasse definierten Methoden Nachrichten bzw. Informationen austauschen (s. auch Kap. 5 – Sequenzdiagramm). Der so genannte Sichtbarkeitsmodifikator bietet einen Kontrollmechanismus darüber, welche Informationen (Attribute oder Methoden) für andere Objekte sichtbar sind. Es wird zwischen `public` (Attribut bzw. Methode ist für alle anderen Objekte sichtbar), `protected` (Attribut bzw. Methode ist nur für spezialisierende Objekte – s. Kap. 5, Vererbung – sichtbar) und `private` (Attribut bzw. Methode ist für andere Objekte nicht sichtbar) unterschieden.

6.6.2 *Implementierung einer Klasse*

Ist eine Klasse definiert, kann sie implementiert werden. Die Syntax hierzu ist auf Basis des obigen Beispiels in Abb. 6.20 dargestellt.

Dabei funktioniert die Implementierung einer Methode analog des prozeduralen Paradigmas, ergänzt um den vorangestellten Klassennamen mit zwei Doppelpunkten.

Zur Definition und Implementierung einer Klasse eignen sich die in Abschn. 6.4.2 eingeführten Header bzw. Quelldateien.

Schlüsselwort · Methodenname

- besteht aus Unicode-Zeichen
- praktisch beliebig lang
- darf kein Schlüsselwort sein
- Groß-/Kleinschreibung relevant

Sichtbarkeitsmodifikator

```
class meineKlasse
{
public:
    float meinAttribut1;
    int meinAttribut2;
    void meinePublicMethode();

private:
    float meinePrivateMethode(int meinParameter);
};
```

Abb. 6.19 Definition einer Klasse in C++

Klassenname und zwei Doppelpunkte

```
void meineKlasse::meinePublicMethode()
{
    meinAttribut1 = 1.0f;
    ...
}

float meineKlasse::meinePrivateMethode(int meinParameter)
{
    ...
}
```

Verwendung der Attribute

Abb. 6.20 Implementierung einer Klasse in C++

Notiz Eine saubere C++ Programmierung beinhaltet eine klare Trennung zwischen Definition und Implementierung der Klassen. Dabei sollte jede Klassendefinition (auch Schnittstelle genannt) in einer eigenen Headerdatei mit der Endung .h und die Implementierung in einer eigenen Quelldatei mit entsprechender `#include<>`-Direktive, typischerweise mit der Endung .cpp (im Vergleich zu prozeduralen .c-Dateien, um schon auf Basis des Dateinamens identifizieren zu können um welche Programmiersprache es sich im Quelltext handelt) gespeichert werden.

Abbildung 6.21 verdeutlicht die Bestandteile eines typischen C++ -Programms.

Neben den Klassendefinitionen und -implementierungen dient eine weitere .cpp Datei typischerweise als Einstieg in das Programm. Hierin ist die `main`-Methode enthalten.

6.6.3 Instanziieren und Verwenden von Objekten einer Klasse

Angenommen, der folgende Quelltext sei wie in Abb. 6.21 angedeutet in einer Datei namens main.cpp gespeichert. Ferner sei angenommen, dass die in Abschn. 6.6.1

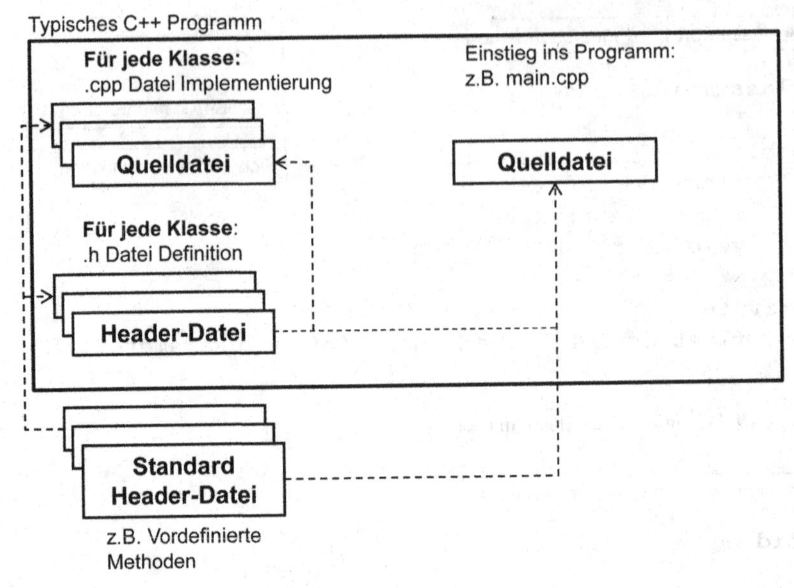

Abb. 6.21 Aufbau eines C++ Programms

definierte Klasse in einer Datei namens CMeineKlasse.h gespeichert und in einer Datei namens CMeineKlasse.cpp implementiert ist.

```
Zeile
1    #include <CMeineKlasse.h>
2
3    int main()
4    {
5        meineKlasse *objekt1 = new meineKlasse();
6        meineKlasse objekt2;
7
8        objekt1->meinePublicMethode();
9        (*objekt1).meinePublicMethode();
10       objekt2.meinePublicMethode();
11       (&objekt2)->meinePublicMethode();
12
13       objekt1->meinAttribut1 = 7.0;
14
15       getchar();
16
17       return 0;
18   }
```

In Zeilen 5 und 6 werden Objekte der Klasse angelegt (die Klasse wird instanziiert) und mittels Variablen referenziert. Dabei wird, wie auch bei elementaren Datentypen, zwischen einer statischen und einer dynamischen Speicherreservierung unterschieden. Die als `public` gekennzeichneten Attribute der Objekte können nach der Instanziierung verwendet und die Methoden aufgerufen werden. Beim Zugriff auf Attribute und Methoden wird unterschieden:

- Handelt es sich um eine Zeigervariable...
  - kann mittels des `->` Operators zugegriffen werden (s. Zeile 8 und Zeile 13).
  - kann der Zeiger mittels des `*`-Operators dereferenziert werden und der Zugriff mittels des `.`-Operators erfolgen (s. Zeile 9).
- Handelt es sich um eine gewöhnliche Variable...
  - kann mittels des `.`-Operators zugegriffen werden (s. Zeile 10).
  - kann mittels des Adressoperators die Adresse referenziert werden und der Zugriff mittels des `->` Operators erfolgen (s. Zeile 11).

6.6.4 Weiterführende Konstrukte

Die objektorientierte Programmierung bringt eine Vielzahl weiterführender Elemente mit sich. Hierzu gehören:

- Konstrukturen und Destruktoren zur Initialisierung von Attributen und Aufräumung dynamisch reservierten Speichers
- Prinzip von Getter- und Setter-Methoden zur sicheren Verwendung und Manipulation von Attributen
- Vererbung (s. auch Kap. 5) und das damit einhergehende Prinzip des Polymorphismus
  - Mehrfachvererbung und dessen Vor- und Nachteile
- Übergabe von Objekten als Methodenparameter mittels Zeigern
- Verwendung von Standard Bibliotheken
- Operator-Definitionen für Klassen

Auf diese und weitere Elemente soll an dieser Stelle nicht weiter eingegangen werden, denn hiermit lassen sich tausende Seiten füllen und der Fokus des Buches liegt auf der Vermittlung eines grundlegenden Verständnisses für die Informationstechnologie. Bei Interesse zu weiterführenden Elementen und zur Vertiefung der hier aufgeführten Konstrukte, ist in Referenzwerken nachzuschlagen, z. B. [STR-10; PRI-10].

6.7 OO-Programmierung am Beispiel des Scheibenwischers

In diesem Abschnitt wird auf das Beispiel der Entwicklung eines Scheibenwischer-Systems aus den vorangehenden Kap. 3 und 5 zurückgekehrt. Insbesondere werden nun einige der in Kap. 5 entworfenen Klassen (s. das UML-Klassendiagramm in Abb. 6.20), nach der vorhergehenden Einführung von Konzepten zur objektorientierten Programmierung, exemplarisch implementiert. Zudem wird der Ablauf zum Abfragen von Sensorwerten im UML-Sequenzdiagramm in Abb. 6.21, ebenfalls exemplarisch in Programmcode übersetzt. Das Augenmerk liegt insbesondere auf der Klasse Controller. Diese Klasse ist die zentrale Klasse des Scheibenwischer-Systems und ist für seine gesamte Steuerung verantwortlich. Sie enthält Beziehungen zu den Sensoren, um benötigte Ist-Größen zu erhalten, sowie zu den Aktuatoren, um gewünschte Soll-Größen zu stellen.

Als vorbereitender Schritt zur Überführung von UML-Klassendiagrammen in C++ Programme dient die Definition von Header-Dateien. Wie bereits zuvor erklärt, dienen Header-Dateien der Trennung zwischen Definition und Implementierung von Klassen. Nachfolgend wird gezeigt, wie für die Klassen aus dem UML-Klassendiagramm in Abb. 6.21 Header-Dateien definiert werden können. Um die Anzahl dieser Header-Dateien zu reduzieren, wird für die Sensoren und Aktuatoren jeweils eine einzige Datei definiert (also die Dateien Sensoren.h und Aktuatoren.h).

Zeile	**Headerdatei Sensoren.h**
1	`class GeschwindigkeitSensor`
2	`{`
3	`public:`
4	`    //Liefert die Geschwindigkeiten der Motoren`
5	`    float* GeschwindigkeitEmitteln();`
6	
7	`private:`
8	`    //Geschwindigkeit des linken/rechten Motors`
9	`    float Geschwindigkeit*;`
10	`};`
11	
12	`class ModusSensor`
13	`{`
14	`public:`
15	`    //Liefert den aktuellen System-Modus`
16	`    int ModusEmitteln();`
17	
18	`private:`
19	`    int Modus; //Der Wert 0 = Modus K`
20	`               //Der Wert 1 = Modus I`
21	`               //Der Wert 2 = Modus V`
22	`};`
23	
24	`class IntervallSensor`
25	`{`
26	`public:`
27	`    //Liefert das Intervall`
28	`    float IntervallEmitteln();`
29	
30	`private:`
31	`    float Intervall;`
32	`};`
33	

```
34  class SystemSensor
35  {
36  public:
37      bool StatusEmitteln();
38
39  private:
40      bool Status;
41      //Der Wert FALSE = Angeschaltet
42      //Der Wert TRUE = Ausgeschaltet
43  };
44
45  class RegenSensor
46  {
47  public:
48      // Ermittelt den Regenwert
49      float RegenMessen();
50
51  private:
52      float Regenwert;
53  };
```

Zeile	Headerdatei Aktuatoren.h

```
1   class WischermotorFront
2   {
3   public:
4       //Stellt einen Motor ein
5       void drehen(char Richtung,
6                   float Geschwindigkeit);
7
8       //Wechselt die Drehrichtung eines Motors
9       void umkehren();
10
11      //Bringt einen Motor in den Initialzustand
12      void zurücksetzen();
13
14  private:
15      //Einzustellende Soll-Drehgeschwindigkeit
16      float Geschwindigkeit;
17
18      //Einzustellende Drehrichtung('L' oder 'R')
19      char Richtung;
20  };
21
22  class Spritzaktuator
23  {
24  public:
25      //Öffnet das Ventil
26      void ventilOeffnen();
27
28      //Schließt das Ventil
29      void ventilSchliessen();
30  };
```

Zeile	Headerdatei Timer.h
1	`// Diese Bibliothek in C stellt wichtige`
2	`// Konstrukte für den Umgang mit der Zeit.`
3	`#include<time.t>`
4	
5	`class Timer`
6	`{`
7	`public:`
8	`    // Starte den Timer`
9	`    void starte();`
10	
11	`    // Liefert die seit dem letzten Aufruf`
12	`    // verstrichene Zeit`
13	`    time_t zeitAbfragen();`
14	
15	`private:`
16	`    // Startzeitpunkt des Timers. Der Typ`
17	`    // time_t wird zur Zeitmanipulation in C`
18	`    // verwendet.`
19	`    time_t Startzeit;`
20	
21	`    // Letzte aufgerufene Zeit`
22	`    time_t LetzteZeit;`
23	`};`

Zeile	Headerdatei Controller.h
1	`#include <Sensoren.h>`
2	`#include <Aktuatoren.h>`
3	`#include <Timer.h>`
4	
5	`class Controller`
6	`{`
7	`public:`
8	`    // Fragt alle Sensorwerte ab`
9	`    void sensorenAbfragen();`
10	
11	`    // Stellt beide Motoren ein`
12	`    void motorenStellen(char Richtung,`
13	`                float Geschwindigkeit);`
14	
15	`    // Öffnet das Spritzventil`
16	`    void spritzen();`
17	
18	`private:`
19	`    float FensterBreite;`
20	`    float FensterHoehe;`
21	

```
22        // Die von den Sensoren gelesenen Werte
23        float *Geschwindigkeit;
24        float Intervall;
25        int Modus;
26        bool Status;
27        float Regenwert;
28
29        // Referenz auf die Sensoren
30        SystemSensor *s;
31        ModusSensor *m;
32        IntervallSensor *i;
33        RegenSensor *r;
34        GeschwindigkeitSensor *g;
35
36        // Referenz auf die Aktuatoren
37        WischermotorFront w[2];// Links und Rechts
38
39        // Referenz auf den Timer
40        Timer t;
41    };
```

Basierend auf diesen Header-Dateien könnte eine Implementierung der Klasse Controller auszugsweise wie folgt aussehen:

Quelldatei Controller.cpp

```
#include <Controller.h>
// ...

void Controller::SensorenAbfragen()
{
    int Status = s->StatusErmitteln();

    // Verzweigung
    if (Status == true)
    {
        Modus = m->ModusErmitteln();
        Intervall = i->IntervallErmitteln();

        if (Modus==0) {

            // ...
        }
```

```
        else if (Modus==1) {
            Geschwindigkeit =
                    g->GeschwindigkeitEmitteln();
        }
        else {

            Regenwert = r->RegenMessen();
        }
    }
}

void Controller::MotorenStellen()
{
    // ...
}

void Controller::Spritzen()
{
    // ...
}
```

Die Parallelen zwischen den modellierten UML-Diagrammen und der Implementierung sind durch konsistente Benennung deutlich.

6.8 Zusammenfassung und Aufgaben

Zusammenfassung

In diesem Kapitel haben Sie

- ein Verständnis für Algorithmen als grundlegenden Mechanismus für die strukturierte Lösungsfindung zu IT-technischen Fragestellungen erhalten,
- verschiedene Algorithmusnotationen kennengelernt,
- den Unterschied zwischen imperativen, prozeduralen und objektorientierten Programmierparadigmen und -sprachen mitsamt den damit einher gehenden Konstrukten kennengelernt, und
- gelernt, eigene grundlegende C- und C++ Programme zu schreiben.

Übungsaufgaben

1. Begriffsdefinitionen

- Was versteht man unter einem Algorithmus?
- Was versteht man unter einem Datentyp?

- Welche Besonderheit zeichnet rekursive Algorithmen bzw. Methoden aus?
- Was ist der Unterschied zwischen einer Klasse und einem Objekt?

2. Wissen

- Welche Vor- und Nachteile ergeben sich bei der Verwendung höherer Programmiersprachen gegenüber Assemblersprachen?
- Welche Aufgabe wird bei der Programmierung bzw. Softwareentwicklung von einem Compiler übernommen?
- Nach welchen 2 wichtigen Kriterien werden Programmiersprachen klassifiziert?
- Aus welchen 2 wichtigen Bestandteilen bestehen Algorithmen?
- Nennen Sie 6 Notationsformen für Algorithmen?
- Welche Notationsform von Algorithmen ähnelt der natürlichen Sprache am meisten?
- Welche sind die wesentlichen Konstrukte imperativer Programmiersprachen?
- Durch welches Konstrukt unterscheiden sich prozedurale von imperativen Programmiersprachen?
- Welche grundlegende Idee untermauert die Objektorientierung?

3. Prozedurale Programmierung mit C

- Schreiben Sie angelehnt an dem ersten Programm im Anschnitt 6.3.2 ein neues C-Programm, das anstatt der Ausgabe „Hallo Welt„ den Text „Programmieren ist super!„ auf der Konsole ausgibt. Übersetzen Sie das Programm und führen Sie es aus.
- Schreiben Sie ein C-Programm, welches zwei ganze Zahlen vom Benutzer abfragt, ihre Summe bildet und das Ergebnis auf die Konsole schreibt. Verwenden Sie zum Einlesen von Benutzereingaben die Funktion `scanf()`.
- Erweitern Sie das vorherige Programm, so dass neben den zwei ganzen Zahlen zusätzlich ein Operator als Zeichen eingelesen wird. Für diesen Operator sind vier Werte möglich: `'A'` für Addition, `'S'` für Subtraktion, `'M'` für Multiplikation und `'D'` für Division. Das Programm soll anhand einer Fallunterscheidung entscheiden, welche Operation auf die beiden Zahlen angewandt werden soll und das entsprechend formatierte Ergebnis auf der Konsole ausgeben.
- Schreiben Sie ein C-Programm, das sechsmal eine Zeile „Hello World„ ausgibt.
- Schreiben Sie ein C-Programm, das die in der folgenden Tabelle dargestellte Folge von 64 Zahlen auf der Konsole ausgibt. Zur korrekten

Formatierung der Ausgabe sollen Sterne `'*'` vor und nach den jeweiligen Zahlen angegeben werden. Verwenden Sie dazu zwei verschachtelte `for`-Schleifen.

Erwartete Ausgabe
`*1**2**3**4**5**6**7**8*`
`*2**3**4**5**6**7**8**9*`
`*3**4**5**6**7**8**9*10*`
`*4**5**6**7**8**9*10*11*`
`*5**6**7**8**9*10*11*12*`
`*6**7**8**9*10*11*12*13*`
`*7**8**9*10*11*12*13*14*`
`*8**9*10*11*12*13*14*15*`

- Schreiben Sie ein C-Programm, welches vom Benutzer eine positive Zahl abfragt, ihre Quersumme berechnet und das Ergebnis auf die Konsole schreibt. Verwenden Sie dazu eine while-Schleife

  Beispiel: Für **`n`**`=4711` beträgt die Quersumme `4+7+1+1=13`
  Hinweis: Für zwei `int`-Variablen `a` und `b`:
  `a/b` ist die *Ganzzahldivision* z.B. `7/3 = 2`
  `a%b` ist der *Divisionsrest* z.B. `21%10 = 1`

- Schreiben Sie eine Funktion in C, welche zwei Ganzzahlen als Parameter bekommt und als Ergebnis ihre Summe liefert. Verwenden Sie das folgende Gerüst für ihre Funktion:

```
int addieren (int a, int b){
  //Hier kommt Ihr Programmcode hin
}
```

- Schreiben Sie eine Funktion `bestimmeTeiler` in C, die als Parameter eine positive ganze Zahl n bekommt und alle Teiler von `n` im Bereich `[1, n-1]` bestimmt und auf der Konsole ausgibt. Zur Bestimmung dieser Teiler soll eine `for`-Schleife innerhalb der Funktion verwendet werden. Testen Sie ihre Funktion durch entsprechenden Aufruf aus einem Hauptprogramm.

  Hinweis: Eine positive ganze Zahl `a` teilt eine ganze Zahl `n` gdw. gilt `n%a=0`.

Literatur

[CLA-03] Claus, V; Schwill A.: Duden. Informatik. Ein Fachlexikon für Studium und Praxis. Bibliographisches Institut, Mannheim; 2003

[KNU-97] Donald Ervin, Knuth: The Art of Computer Programming, Volumes 1–3, Addison-Wesley, 1997

[POM-08] Gustav, Pomberger; Heinz, Dobler: Algorithmen und Datenstrukturen – Eine systematische Einführung in die Programmierung, Pearson Studium, 1997, ISBN: 978-3-8273-7268-0

[PRI-10] Kirch-Prinz, U.; Prinz, P.: C++ - Lernen und professionell anwenden; mitp; 5. Auflage, 2010

[STR-10] Stroustrup, B.; Alm, P.; Louis, D.: Einführung in die Programmierung mit C++; Pearson Studium; 1. Auflage 2010

Kapitel 7
Mechatronik am Beispiel des ASURO

Ein mechatronisches Beispiel dient dem spielerischen Übertrag gelernter IT-Konzepte. Ziel soll es sein zum Anschluss dem angehenden Ingenieur auf die Sprünge zu helfen die neu gewonnenen Erkenntnisse erfolgreich anzuwenden.

Lernziele In diesem Kapitel wird das in Kap. 6 vermittelte Verständnis zu Programmiersprachen und -techniken an einem realen mechatronischen Beispiel verankert. Sie

- vertiefen die Entwicklung/Programmierung mit C/C++ am Beispiel des ASURO-Roboters, und
- lernen ein Beispiel einer realen Rechnerarchitektur kennen.

7.1 Einführung

Im vorherigen Kapitel wurden die Grundelemente der imperativen, prozeduralen und objektorientierten Programmierung am Beispiel von C/C++ dargelegt. Der ASURO-Roboter ist ein kleiner Roboter, der sich sehr gut eignet um die gelernten Konzepte auf ein reales Beispiel zu übertragen: „ASURO ist ein kleiner, frei in C programmierbarer mobiler Roboter, welcher am Deutschen Zentrum für Luft- und Raumfahrt (DLR) im Institut für Robotik und Mechatronik für die Lehre entwickelt wurde" [ARE-04].

ASURO kann als erschwinglicher Bausatz bestellt werden. Dieser muss zusammengelötet werden und die Steuerung des Roboters kann anschließend durch C programmiert werden. Hierfür enthält der bestellte Bausatz neben den benötigten elektrischen Komponenten wie Platinen, Widerstände, Dioden, etc. eine ausführliche Anleitung [ARE-04] über

- das Zusammenlöten der einzelnen Komponenten und den damit einhergehenden, benötigten Werkzeugen,
- das Testen hinsichtlich erfolgreichem Zusammenbau,

M. Eigner et al., *Informationstechnologie für Ingenieure*,
DOI 10.1007/978-3-642-24893-1_7,

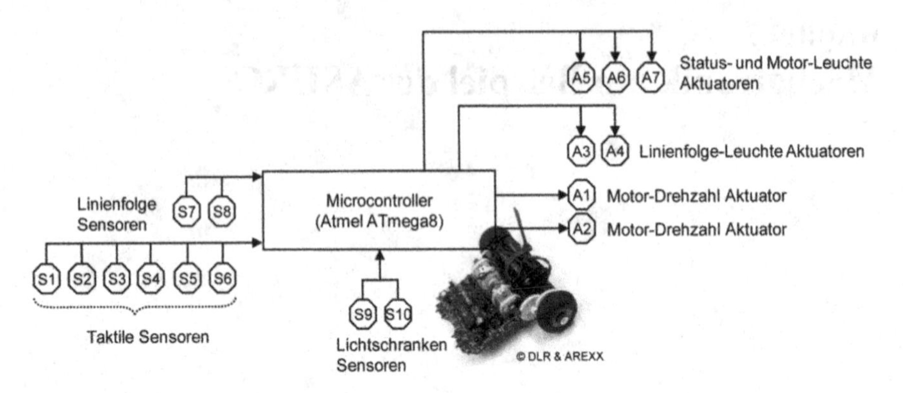

Abb. 7.1 Aufbau ASURO: Sensoren und Aktuatoren

- mitgelieferte Kernfunktionalität (Ansprechen der Sensorik, Aktuatorik, etc.)
- Entwicklungsumgebungen, die zur Programmierung des Roboters verwendet werden können,
- Software, um eigens entwickelte Steuerungen auf dem Roboter zu installieren.

Interessant dabei ist, dass durch das Zusammenlöten gleich ein Verständnis für die elektrische/elektronische Komponente der mechatronischen Produktentwicklung verinnerlicht wird. Der angehende Entwickler setzt sich unter anderem mit Schaltplänen auseinander, die auch in der Elektrik-disziplinären Modellierung eine wichtige Rolle spielen.

Angelehnt an die in Kap. 3 aufgeführten Kernkomponenten eines mechatronischen, eingebetteten Systems zeigt Abb. 7.1 den Grundaufbau des Roboters. Obwohl Status und Motorleuchten in den meisten Fällen keinen direkten Einfluss auf etwaige technische Prozesse haben, wurden Sie als Aktuatoren abgebildet.

ASURO enthält einen Mikrocontroller, der für seine Steuerung zuständig ist. Ein Mikrocontroller zeichnet sich dadurch aus, dass seine Komponenten, einschließlich weiterer Peripheriegeräte und Schnittstellen, alle auf einem einzigen Chip integriert sind. Der Mikrocontroller von ASURO ist wie in Abb. 7.1 angedeutet ein AVR-Mikrocontroller der Firma Atmel (der ATMega 8L). Er stellt ein reales Beispiel einer 8-Bit-Harvard-Architektur dar (s. Kap. 4). Wie in Abb. 7.2 dargestellt, besitzt er einen getrennten Speicher für die Befehle (Flash-ROM der Größe 8 kB) und einen getrennten Speicher für die Daten (SRAM der Größe 1 kB). Ein Flash-ROM ist ein lösch- und endlich beschreibbarer Speicher (nach Datenblatt bis zu 10.000-mal beschreibbar). Der Flash-ROM von ASURO ist in zwei Bereiche unterteilt. Der erste, auf Englisch *boot section* genannt, beinhaltet Programmbefehle, die beim Start sowie Zurücksetzen des ASURO ausgeführt werden. Der zweite Bereich, auf Englisch *application section* genannt, beinhaltet die vom Programmierer erstellten Anwendungsprogramme, sowie damit verbundene, konstanten Daten. Der Prozessor besitzt 32 gleichwertige Register zur Datenablage, sowie ein Befehlsregister (Instruction Register), einen Programmzähler (Program Counter) und eine ALU. Er besitzt einen Befehlssatz mit insgesamt 130 Befehlen und hat eine Taktfrequenz von 8 MHz.

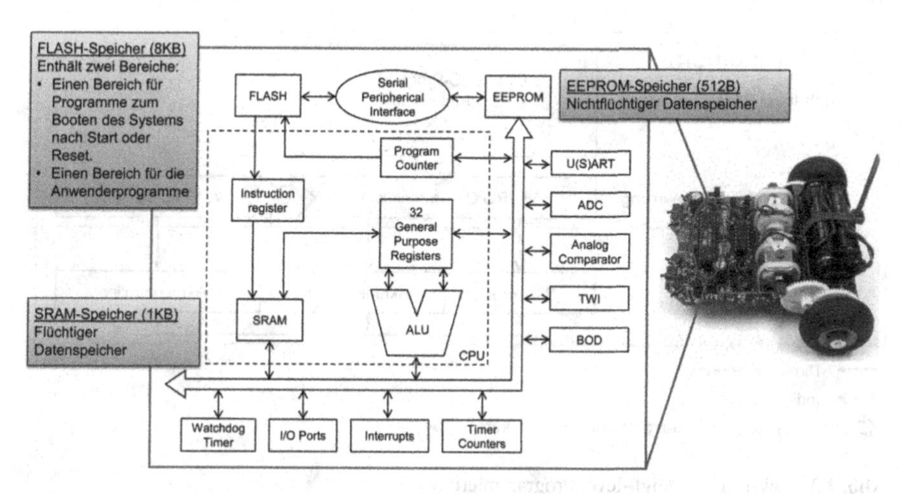

Abb. 7.2 Rechnerarchitektur des ASURO (angelehnt an [ARE-04])

Zusätzlich besitzt der Mikrocontroller einen EEPROM (Electrically Erasable Programmable Read Only Memory) der Größe 512 kB für die persistente Speicherung von wichtigen Daten. Er stellt so zu sagen das Gedächtnis des Mikrocontrollers dar. Außerdem besitzt der Mikrocontroller verschiedene Peripheriegeräte (z. B. Timer und AD-Wandler), sowie Schnittstellen (I/O Ports) für das Anschließen weiterer Geräte.

7.2 Prozedurale Programmierung des ASURO

Dieser Abschnitt führt an die Programmierung des ASURO heran. An dieser Stelle ist vorausgesetzt, dass der ASURO erfolgreich gelötet und die Software zum Programmieren und Flashen nach Anleitung installiert ist.

7.2.1 Grundwissen zur ASURO Programmierung

Wie in Abschn. 7.1 angedeutet, wird ASURO mit einer Reihe von Kern-Funktionen geliefert, die den Einstieg in die Programmierung erleichtern. Bei den Kern-Funktionen handelt es sich um Hardware-nahe, low-level Funktionen, die insbesondere das Ansprechen der Sensoren und Aktuatoren übernehmen (s. Abb. 7.1). Hierfür bedienen sich die Funktionen wiederrum AVR-Funktionen, die seitens des Mikrocontroller Herstellers bereitgestellt werden.

Zum Verständnis: seitens der AVR-Funktionen kann durch Veränderung vordefinierter Variablen (Manipulationen einzelner Bits) Einfluss auf Spannungen an den einzelnen Anschlüssen (auch Pins genannt) des Mikrocontrollers genommen werden. Dies beeinflusst dann z. B. die angeschlossene Motor- oder Leucht-Aktuatorik.

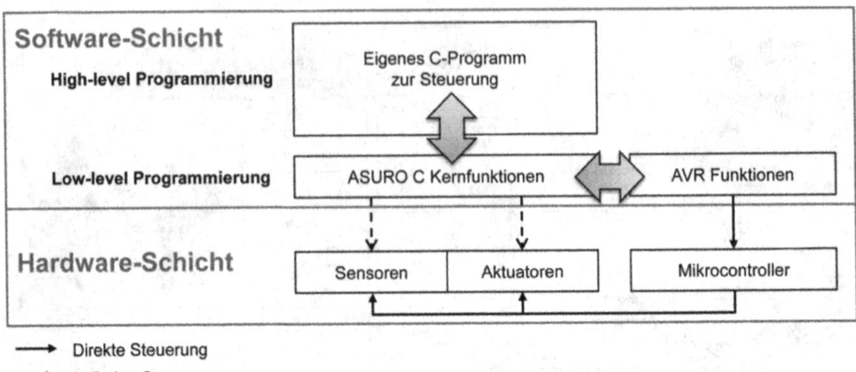

Abb. 7.3 Low-level vs. High-level Programmierung

Oftmals sind mehrere Pins zu so genannten Ports gruppiert (s. auch I/O Ports in Abb. 7.2). Die ASURO C-Kernfunktionen kapseln nun etwaige Veränderungen an relevanten Ports (Abb. 7.3).

So sehen beispielsweise Anweisungen zum Setzen der Motor-Drehrichtung wie folgt aus:

```
PORTD = (PORTD &~ ((1 << PD4) | (1 << PD5))) |
        left_dir;
PORTB = (PORTB &~ ((1 << PB4) | (1 << PB5))) |
        right_dir;
```

Dabei beschreiben `PORTD` und `PORTB` die Ports zur Steuerung des Motors, `PD4`, `PD5`, `PB4` und `PB5` Bits für die einzelnen Anschlüsse des Ports. Diese werden durch obige Manipulationen auf 1 bzw. auf 0 gesetzt.

Letzten Endes bedeutet solch bereitgestellte Funktionalität durch entsprechende Funktionen, dass sich ein Entwickler ganz auf die high-level Algorithmen zur eigentlichen Steuerung konzentrieren kann, ohne sich Gedanken über Bits und Bytes und die damit einhergehende low-level Hardwareprogrammierung machen zu müssen. Am obigen Beispiel orientiert kann der Entwickler eine Funktion `MotorDir` mit Parametern `left_dir` und `right_dir` aufrufen, die über vordefinierte Konstanten die Werte `FWD` (für vorwärts), `RWD` (für rückwärts) oder andere z. B. für still stehen speichern.

7.2.2 *ASURO C-Kernfunktionen*

Im Folgenden wird ein Auszug wesentlicher Kernfunktionen nach [ARE-04] beschrieben, die für die Programmierung des ASURO herangezogen werden können (Tab. 7.1).

Tab. 7.1 Auszug von ASURO Kernfunktionen (nach [ARE-04])

Funktion	Beschreibung
`void Init()`	Funktion, um den Mikrocontroller in seinen Grundzustand zu bringen; muss stets am Anfang eines Programms aufgerufen werden
`void FrontLED(unsigned char status)`	Funktion zum Ein- bzw. Ausschalten der Linienfolge-Leuchte (Front-LED). Mögliche Parameterwerte sind `ON` bzw. `OFF`
`void BackLED(unsigned char left, unsigned char right)`	Funktion zum Ein- bzw. Ausschalten der Motoren-Leuchten (Back-LEDs). Mögliche Parameterwerte sind `ON` bzw. `OFF`
`void MotorDir(unsigned char left_dir, unsigned char right_dir)`	Funktion zum Setzen der Drehrichtung beider Motoren. Mögliche Parameterwerte sind `FWD` (vorwärts), `RWD` (rückwärts), `BREAK` (stehenbleiben, oder und `FREE` (Freilauf); sollte vor der Funktion zum Setzen der Geschwindigkeit aufgerufen werden
`void MotorSpeed(unsigned char left_speed, unsigned char right_speed)`	Funktion zum Setzen der Geschwindigkeiten beider Motoren. Parameterwerte können zwischen 0 und 255 liegen (s. Kap. 6, Wertebereich `unsigned char`; 120 bedeutet ca. halbe Kraft)
`void LineData(unsigned int *data)`	Funktion zum Auslesen der beiden Linienfolge-Sensoren. Das Ergebnis wird in der übergebenen Zeigervariable gespeichert, die vor Aufruf der Funktion entsprechend angelegt sein muss. Der Wert des linken Sensors wird in `data[0]` und der Wert des rechten Sensors in `data[1]` gespeichert. Werte können zwischen 0 (dunkel) und 1023 (maximale Helligkeit) liegen
`void OdometrieData(unsigned int *data)`	Funktion zum Auslesen der beiden Lichtschranken-Sensoren. Parameter und Wertebereiche analog der Funktion `LineData`
`unsigned char PollSwitch()`	Funktion um die taktilen Sensoren auszuwerten. Das Ergebnis, als unsigned char gespeichert, enthält die Informationen darüber, an welchen der sechs Sensoren ein Kontakt anliegt. Dabei setzt Taster 6 das 0 Bit, Taster 5 das 1. Bit, und so weiter

Zur Vereinfachung der Steuerung von ASURO und Verwendung obiger Funktionen können verschiedene Konstanten herangezogen werden. Tabelle 7.2 stellt einen Auszug dar.

7.2.3 Beispielprogramme

Mit in Kap. 6 erlangtem Wissen und obigen Funktionen kann ASURO bereits programmiert werden. Die Kernfunktionen des ASURO sowie Konstanten sind typischerweise in Dateien namens „asuro.h" und „asuro.c" definiert und implementiert. Die Header-Datei ist wie in Kap. 6 erklärt via `#include<>`-Direktive in ein Steuerungsprogramm einzubinden.

Tab. 7.2 Auszug von ASURO Konstanten (nach [ARE-04])

```
#define FALSE                0
#define TRUE                 1
#define OFF                  0
#define ON                   1
#define LEFT                 0
#define RIGHT                1
#define FWD                  (1 << PB5)
#define RWD                  (1 << PB4)
#define BREAK                0x00
#define FREE                 (1 << PB4) | (1 << PB5)
#define RIGHT_DIR            (1 << PB4) | (1 << PB5)
#define LEFT_DIR             (1 << PD4) | (1 << PD5)
#define FRONT_LED            (1 << PD6)
#define ODOMETRIE_LED        (1 << PD7)
#define ODOMETRIE_LED_ON     PORTD |= ODOMETRIE_LED
#define ODOMETRIE_LED_OFF    PORTD &= ~ODOMETRIE_LED
```

Folgendes einfache Beispielprogramm lässt ASURO unendlich lang (bzw. bis die Batterie leer ist) vorwärts und links herum im Kreis fahren, in dem der rechte Motor angesteuert wird, während der linke stehen bleibt.

```
Zeile
1    #include <asuro.h>
2
3    int main()
4    {
5        Init();
6        MotorDir(BREAK, FWD);
7        MotorSpeed(0, 120);
8
9        while (TRUE) {}            // Endlosschleife
10       return 0;
11   }
```

Ein weiteres Beispielprogramm soll ASURO so lange mit ungefähr halber maximaler Geschwindigkeit geradeaus fahren lassen, bis er auf ein Hindernis stößt. Dabei wurde das Anhalten des Roboters in einer dedizierten Funktion `stop()` implementiert (s. Zeile 3). Die Motor-Leuchten werden in Zeile 12 angeschaltet, und beide Motoren werden in Zeilen 13 und 14 auf vorwärts und Geschwindigkeit 125 eingestellt. Bei Ausführung des Programms beginnt der Roboter also ab Zeile 14 zu fahren. Eine Schleife (Zeile 17) wird dann so lange durchlaufen, bis über die Funktion `PollSwitch()` ein Hindernis erkannt wird (Zeile 18). Dies ist dann der Fall, wenn die Funktion einen Wert größer als 0 zurückliefert, denn dies heißt, dass mindestens eines der Bits für die sechs taktilen Sensoren auf 1 steht. In diesem Fall wird die implementierte `stop()`-Funktion aufgerufen. Anschließend wird die im Programm deklarierte Variable `bASUROCrashed` auf `true` gesetzt, was die Bedingung zur Fortführung der Schleife negiert (Zeile 23).

```
Zeile
1     #include <asuro.h>
2
3     void stop()
4     {
5         BackLED(OFF, OFF);
6         MotorDir(BREAK, BREAK);
7     }
8
9     int main()
10    {
11        Init();
12        BackLED(ON, ON);
13        MotorDir(FWD, FWD);
14        MotorSpeed(125, 125);
15
16        char bASUROCrashed = FALSE;
17        do {
18            unsigned char crash = PollSwitch();
19            if (crash > 0) {
20                stop();
21                bASUROCrashed = TRUE;
22            }
23        } while (bASUROCrashed == FALSE);
24
25        return 0;
26    }
```

In einem dritten Beispiel soll die Funktionsweise der Linienfolge-Sensoren dargestellt werden. Der Roboter soll endlos einer auf den Boden gezeichneten Linie folgen, wofür vorerst die beiden Front-Leuchten (Linienfolge-Leuchten) eingeschaltet werden (Zeile 7). In einer endlosen Schleife (Zeile 10) wird fortlaufend der Wert an den Sensoren gemessen (Zeile 11) und überprüft, welcher Wert größer ist. Ist der links gemessene Wert größer, bedeutet das links eine hellere Messung, also mehr Reflexion auf Grund des Sensor-Abstands zur Linie. Das heißt, der linke Motor ist schneller zu stellen als der rechte um die Abweichung zu korrigieren (Zeile 13). Selbiges gilt umgekehrt, falls der rechts gemessene Wert größer ist als der linke (Zeile 15). Sind beide Wert gleich, ist davon auszugehen dass sich die Linie genau zwischen den beiden Sensoren befindet und die Motoren gleich schnell einzustellen sind.

```
Zeile
1     #include <asuro.h>
2
3     int main()
4     {
5         unsigned int data[2];
6         Init();
7         FrontLED(ON);
8         MotorDir(FWD,FWD);
9
10        while(TRUE) {
11            LineData(&(data[0]));
12            if (data[0] > data[1]) {
13                MotorSpeed(180, 80);
14            }
15            else if (data[1] > data[0]) {
16                MotorSpeed(80, 180);
17            }
18            else {
19                MotorSpeed(80, 80);
20            }
21        }
22        return 0;
23    }
```

Obige Steuerung bzw. Regelung ist sehr einfach und kann dazu führen, dass ASURO in seiner Fahrbahn schnell anfängt zu schwingen. Komplexere Regelungen sind denkbar, jedoch nicht weiterer Gegenstand dieses Buches. Bei Interesse eignen sich Referenzwerke zur Regelungstechnik wie [GAS-01] oder [REU-08].

Die Beispiele zeigen, wie schon mit einfachen Kontrollstrukturen und Funktionen ein verhältnismäßig anspruchsvolles Verhalten programmiert werden kann. Es sind jedoch komplexere Fragestellungen denkbar, für die ggf. auf eine Objektorientierte Entwicklung zurückgegriffen werden kann.

7.3 Objektorientierte Entwicklung mit ASURO

ASURO lässt sich auch objektorientiert mit C++ programmieren. Es sei jedoch angemerkt, dass dies einiges an Vorarbeit erfordert (die in diesem Buch nicht näher ausgeführt wird), denn dafür ist der überschaubare Atmel Controller nicht gedacht. So ist z. B. die Operation `new` eigens durch den Programmierer zu definieren/implementieren und der Compiler ist für C++ zu konfigurieren. Ungeachtet des Aufwands soll die objektorientierte Entwicklung im Folgenden nochmals am hiesigen Beispiel verankert werden.

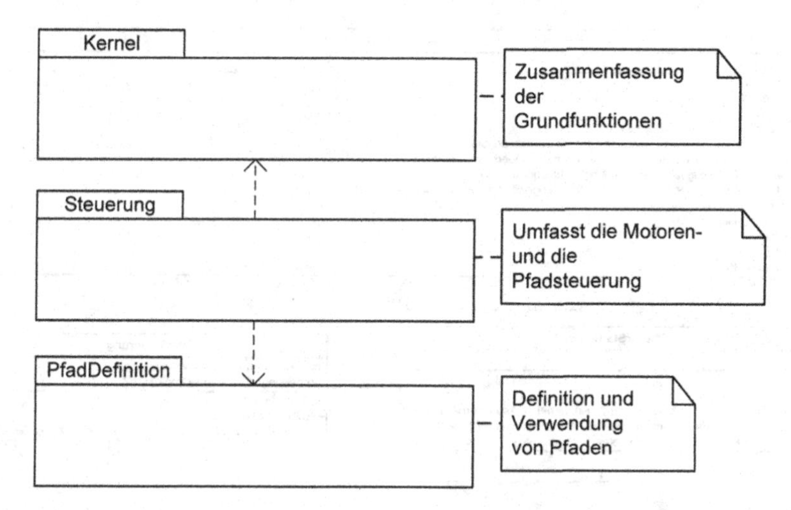

Abb. 7.4 ASURO UML Paketdiagramm

Gegeben sei folgende Problemstellung:

ASURO soll durch eine Steuerung kontrolliert werden. Es soll ihm möglich sein, einen vorgegebenen Pfad so genau wie möglich zu befahren. Ein Pfad soll sich im Vorfeld leicht definieren lassen. Eine gefahrene Strecke lässt sich durch an den Lichtschranken-Sensoren vorliegende Werte ermitteln. Hindernisse sollen schnell umfahren werden; die Erkennung dieser erfolgt z. B. über die an den taktilen Sensoren anliegenden Werte. Hindernisse sind nicht größer als 5 cm * 5 cm. Bei Erkennung eines Hindernisses und dessen Umfahrung soll der Roboter über die Leucht-Aktuatoren ein Signal ausgeben.

Die Fragestellung nach leicht zu definierenden Pfaden erfordert die Überlegung nach einem geeigneten Datenmodell. Ohne auf die frühen Phasen der Softwareentwicklung nach Kap. 5 einzugehen (Benutzer und Entwickler-Anforderungen), stellt Abb. 7.4 das Paketdiagramm und Abb. 7.5 das Klassendiagramm eines potenziellen Systementwurfs dar.

Dabei wurden Funktionen nach Kernel, Steuerung und Datenmodell (Definition von Pfaden) unterteilt.

Die C-Kernfunktionen wurden in einer Klasse `CAsuroKernel` gekapselt. Über die Klasse `CPfadManager` und die erbenden Segment-Klassen `CKurve` und `CGerade` lassen sich auf einfache Weise verschiedene Pfade definieren. Im Folgenden ist die Definition von vier Pfaden angedeutet, wobei der erste Pfad dann aus 3 Segmenten bestehen soll: einer Geraden, einer Kurve und einer weiteren Geraden. Der Quellcode spiegelt kein vollständiges Programm wieder und beinhaltet Konstrukte, die in diesem Buch nicht behandelt wurden (z. B. Polymorphismus in Zeilen 22 und 25), gibt jedoch einen Eindruck über die Anwendung des objektorientierten Paradigmas auch auf Basis des ASURO-Beispiels.

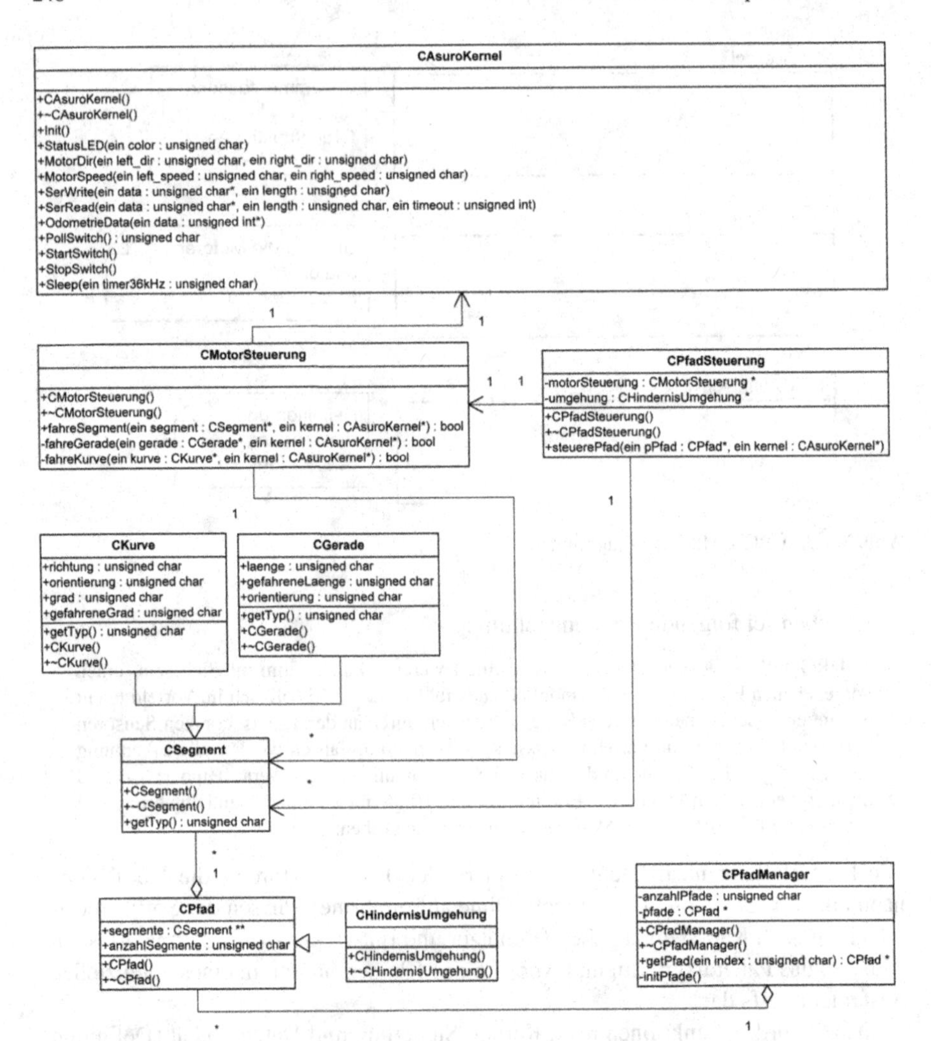

Abb. 7.5 ASURO UML Klassendiagramm

Zeile	
1	`void CPfadManager::initPfade()`
2	`{`
3	`    anzahlPfade = 4;`
4	`    pfade = new CPfad[anzahlPfade];`
5	
6	`    // 1. PFAD`
7	`    // -------`
8	`    CGerade *pP0Gerade1 = new CGerade();`
9	`    pP0Gerade1->laenge = 50;`
10	`    pP0Gerade1->orientierung = VOR;`
11	
12	`    CKurve *pP0Kurve1 = new CKurve();`
13	`    pP0Kurve1->richtung = CCW;`
14	`    pP0Kurve1->orientierung = VOR;`
15	`    pP0Kurve1->grad = 60;`
16	
17	`    CGerade *pP0Gerade2 = new CGerade();`
18	`    pP0Gerade2->laenge = 30;`
19	`    pP0Gerade2->orientierung = ZURUECK;`
20	
21	`    pfade[0].anzahlSegmente = 3;`
22	`    pfade[0].segmente = new CSegment*[3];`
23	`    pfade[0].segmente[0] = pP0Gerade1;`
24	`    pfade[0].segmente[1] = pP0Kurve1;`
25	`    pfade[0].segmente[2] = pP0Gerade2;`
26	
27	`    // 2. PFAD`
28	`    // -------`
…	`    // …`

Folgender Programmausschnitt deutet die Verwendung des definierten Pfades in einer `main`-Funktion an.

Zeile	
1	`#include <pfadsteuerung.h>`
2	`#include <pfadmanager.h>`
3	`#include <asurokernel.h>`
4	
5	`int main()`
6	`{`

```
7        CAsuroKernel kern;
8        kern.Init();
9
10       CPfadSteuerung *str = new CPfadSteuerung();
11       CPfadManager *mgr = new CPfadManager();
12
13       str->steuerePfad(mgr->getPfad(0), &kern);
14
15       return 0;
16   }
```

An dieser Stelle sei angemerkt, dass die objektorientierte Programmierung einen höheren Speicherbedarf ausweisen kann als die prozedurale Programmierung. Bei einem 8 kB großen Flash-Speicher, bei dem schon einige Adressen für Boot-Anweisungen vorreserviert sind, ist die Sinnhaftigkeit der OO-Programmierung von ASURO in Frage zu stellen. Bei solch eingebetteten Systemen ist generell auf effiziente Programmierung zu achten. Dies bedeutet z. B., keine 32-Bit großen `int`-Variablen zu verwenden, wenn es einen kleineren Wertebereich zu bearbeiten gilt.

7.4 Zusammenfassung und Aufgaben

Zusammenfassung

In diesem Kapitel haben Sie

- gelernt, die gewonnenen Kenntnisse in der Programmierung an einem realen mechatronischen Beispiel anzuwenden.

Im Internet finden sich vielerlei Beispielprogramme und Möglichkeiten, auch die Hardware von ASURO aufzurüsten, z. B. mittels Ultraschall-Sensoren oder Bluetooth Schnittstellen. Eine interessante Quelle ist die ASURO-Wiki Seite [WIK-11].

Übungsaufgaben

1. Wissen

- Beschreiben Sie, wie man theoretisch mittels der verfügbaren Sensoren und Aktuatoren die Geschwindigkeit eines ASURO-Roboters bestimmen könnte.

2. Prozedurale Programmierung

- Schreiben Sie ein Programm, das ASURO rückwärts im Kreis fahren und dabei die Motorleuchten blinken lässt.
- Schreiben Sie ein Programm, das ASURO stets geradeaus fahren lässt, bis er auf ein Hindernis trifft. In diesem Fall soll der Roboter kurz rückwärtsfahren, 90 Grad rechts drehen und dann wiederholt geradeaus fahren. Trifft ASURO beim Drehen auf ein Hindernis, soll er anhalten.

3. Fallbeispiel ASURO Entwicklung

Gegeben sei folgende Problemstellung:

Es soll ein Programm entwickelt werden, das es ASURO ermöglicht, einen eindeutigen Weg zu befahren, der durch Wände mit einem Abstand von 20 cm begrenzt ist und lediglich rechtwinklige Ecken enthält. Es ist davon auszugehen, dass der Weg auch keine Sackgassen beinhaltet (s. folgende Abbildung).

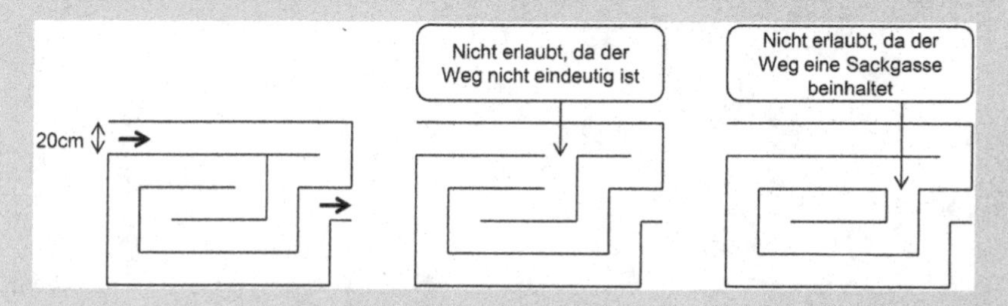

- Leiten Sie aus obiger Definition Benutzeranforderungen in Form einer nummerierten Liste ab. Zeichnen Sie ferner ein einfaches Anwendungsfalldiagramm.
- Leiten Sie Entwickleranforderungen in Form einer nummerierten Liste ab.
- Entscheiden Sie, ob eine Objektorientierte Entwicklung für genannte Problemstellung Sinn macht und begründen Sie ihre Entscheidung. Falls ja, erstellen Sie einen Systementwurf in Form eines Paketdiagramms und eines Klassendiagramms.
- Beschreiben Sie einen Algorithmus in Form eines Flussdiagramms, dass ASURO nach Problembeschreibung durch einen beliebigen Weg navigiert. Gliedern Sie Ihr Flussdiagramm ggf. in mehrere Diagramme, die Sie bei einer etwaigen Implementierung über Funktionen verknüpfen können.
- Schreiben Sie ein Programm, das obiger Problembeschreibung und den abgeleiteten Anforderungen gerecht wird.

Literatur

[ARE-04] Arexx Engineering (2004) ASURO Roboterbausatz – BAU- UND BEDIENUNGS-ANLEITUNG, Modell ARX-03

[GAS-01] Gassmann H (2001) Regelungstechnik: Ein praxisorientiertes Lehrbuch. Unstetige Regelung (Zwei- und Dreipunktregler), stetige Regelung (PID-Regler), optimale Einstellung, Stabilitätsanalyse. Mit Aufgaben und Lösungen; Deutsch (Harri); 2. Aufl.

[REU-08] Reuter M, Zacher S (2008) Regelungstechnik für Ingenieure: Analyse, Simulation und Entwurf von Regelkreisen; Vieweg + Teubner; 12. Aufl.

[WIK-11] ASURO Wiki: http://www.asurowiki.de/pmwiki/pmwiki.php; zuletzt besucht 18. Sept. 2011

Kapitel 8
Zusammenfassung und Ausblick

Dieses Buch ist aus der tiefen Überzeugung der Autoren entstanden, dass eine moderne innovative Produktentwicklung, die in hohem Maße von Elektronik und Software beeinflusst wird, nur interdisziplinär in gegenseitigem Verständnis und Respekt vor der jeweiligen anderen Disziplin gestaltet werden kann. In diesem Sinne sollte dieses Buch auch nicht ein „normales IT Lehrbuch" sein, sondern das Bewusstsein für interdisziplinäres Handeln, innovative Produkte und auch zukünftig neue Konstruktions- und Entwurfsmethoden, prägen. Natürlich nimmt die Software einen großen Teil des Buches ein. Es beschäftigt sich im Wesentlichen mit IT als Bestandteil eines mechatronischen Systems bzw. Produktes entweder als Teil eines Gesamtprojektes, bei dem der Ingenieur die Anforderungen definiert und am Systementwurf mitarbeitet oder direkt an der Softwarenentwicklung beteiligt ist. Ein interessanter Aspekt des Lösungsansatzes ist dabei, dass der modellbasierte Entwurf in der frühen Phase der Anforderungs- und Funktionsdefinition starke Anleihen aus der Softwareentwurfstheorie übernimmt. Die Methoden des Systems Engineering sind wesentlich aus der Entwicklung komplexer Softwaresysteme abgeleitet. Damit wird der zunehmenden Bedeutung der IT im Rahmen mechatronischer Produkte Rechnung getragen und es wurde gezeigt, dass sich diese Methoden auch hervorragend dazu eignen, Produkte auf einer Funktionsebene zu beschreiben, die noch nicht von der jeweiligen Disziplin geprägt ist. Nach der Anforderungsdefinition ist die integrierte Disziplinen-übergreifende Funktionsbeschreibung der zweite Schritt eines mechatronischen Produktentwicklungsprozesses. Der dritte Schritt ist die tiefergehende Beschreibung in Modellierungssystemen wie Simulink oder Modelica, die neben der Definition der logischen Elemente auch deren Verbindung durch Energie-, Stoff- oder Informationsflüssen darstellt. Auf dieser Basis sind auch erste Simulationen auf mechatronischen Partialsystemen möglich, z. B. ein inverses Pendel, dass sowohl von der kinematischen Grundkonstruktion als auch seiner Regelung und Steuerung logisch beschrieben wird. Erst der vierte Entwurfsschritt befasst sich mit der Disziplinen-orientierten virtuellen Beschreibung konkreter Produkte im M-CAD (Mechanik), E-CAD (Elektrik/Elektronik) oder in CASE-Tools.

Die Autoren sind sich bewusst, dass viele Studenten trotzdem noch die Frage stellen, warum sie denn Softwareentwicklung lernen müssen, dafür gibt es doch Informatiker. Abgesehen davon, dass viele gute Anwendungsprogramme von

M. Eigner et al., *Informationstechnologie für Ingenieure*,
DOI 10.1007/978-3-642-24893-1_8, © Springer-Verlag Berlin Heidelberg 2012

Ingenieuren entwickelt wurden geht es vor allem um das Verständnis für eine andere Disziplin. Nur wenn man einen Einblick in die Softwareentwicklung besitzt, wird man später in einem interdisziplinären Entwicklungsteam die Chancen, Einschränkungen und Potentiale der anderen Disziplin verstehen und sinnvoll in die Produktentwicklung einbringen.

Mit der Mechatronik ist ein industrieller Stand erreicht, der allgemein als dritte industrielle Revolution bezeichnet wird und durch intelligente Konsumgüter, Assistenzsysteme und hochgradig automatisierte Produktionssysteme gekennzeichnet ist. Die erste industrielle Revolution bezeichnet die Einführung mechanischer Produktionsanlagen Ende des 18. Jahrhunderts. Die zweite industrielle Revolution brachte die arbeitsteilige Massenproduktion vor allem mit elektrischer Energie. Kagermann, Lukas und Wahlster [KWL-11] beschreiben nun die vierte industrielle Revolution als „digitale Veredelung von Produkten und Produktionsanlagen“. So wie die Objektorientierung die professionelle Erstellung von Software revolutioniert hat, so lässt sich dieser Gedanke auch auf reale Produkte anwenden. Die Trennung zwischen Logik (Prozess-, Steuer-, Berichtslogik) und Produkt wird aufgehoben und es entstehen Smart Products mit hoher „eingebetteter Intelligenz“ und erweiterten integrierten Speicher- und Kommunikationsfähigkeiten, die eine aktive Rolle übernehmen (↳ Internet der Dinge).

Es wird also bei der Produktentwicklung in der Zukunft noch stärker darauf ankommen, Information- und Kommunikationstechnik als wesentlichen Bestandteil innovativer Produkte sinnvoll zu integrieren und durch die Hochschulen und die betriebliche Weiterbildung die Studenten und betrieblichen Mitarbeiter auf dieses Umfeld vorzubereiten und auszubilden.

Literatur

[KLW-11] Kagermann H, Lukas W D, Wahlster W (2011) Industrie 4.0: Mit dem Internet der Dinge auf dem Weg zur 4. industriellen Revolution, VDI Nachrichten, Berlin

Anhang

A.1 ASCII-Steuerzeichen und Ihre Bedeutungen

In Kap. 4 wurde auf die Zeichenkodierung im ASCII-Standard eingegangen. Der ASCII-Zeichensatz besteht aus insgesamt 128 Zeichen, wovon 33 nicht druckbar sind. Während sich die Bedeutung der restlichen 95 druckbaren Zeichen leicht erschließen lässt, bedarf es bei den nicht druckbaren einer Erklärung. Die nachfolgende Tabelle soll Abhilfe schaffen.

Zeichen	Bedeutung	Zeichen	Bedeutung
NULL	NULL	DLE	Data link escape
SOH	Start of heading	DC1	Device control 1
STX	Start of text	DC2	Device control 2
ETX	End of text	DC3	Device control 3
EOT	End of transmission	DC4	Device control 4
ENQ	Enquiry	NAK	Negative acknowledge
ACK	Acknowledge	SYN	Synchronous idle
BEL	Bell	ETB	End of transmission block
BS	Backspace	CAN	Cancel
HT	Horizontal tab	EM	End of medium
LF	Line feed	SUB	Substitute
VT	Vertical tab	ESC	Escape
FF	Form feed	FS	File separator
CR	Carriage return	GS	Group separator
SO	Shift out	RS	Record separator
SI	Shift in	US	Unit separator
SP	Space	DEL	Delete

A.2 Installation von Neumi (am Beispiel von Windows 7)

In Kap. 4 wurde zur Erörterung der Befehlsausführung im Rechner ein von-Neumann-Rechnersimulator namens Neumi verwendet. Zur Nachvollziehbarkeit der vorgestellten Erklärungen empfiehlt es sich, Neumi zu installieren. Hierzu kann auf

M. Eigner et al., *Informationstechnologie für Ingenieure*,
DOI 10.1007/978-3-642-24893-1, © Springer-Verlag Berlin Heidelberg 2012

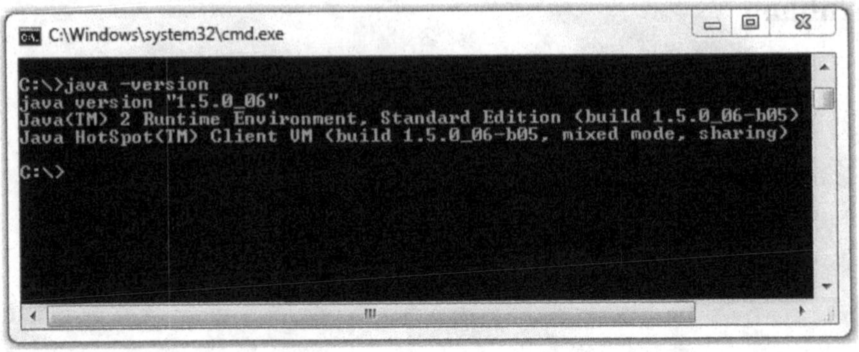

```
C:\Windows\system32\cmd.exe

C:\>java -version
java version "1.5.0_06"
Java(TM) 2 Runtime Environment, Standard Edition (build 1.5.0_06-b05)
Java HotSpot(TM) Client VM (build 1.5.0_06-b05, mixed mode, sharing)

C:\>
```

Abb. A.1 Ausgabe der installierten Java-Version in der Eingabeaufforderung

die Seite http://vpe.mv.uni-kl.de navigiert werden. Unter der Rubrik Lehre – IT Lehrbuch liegen die benötigten Downloads bereit. Zur Installation ist das JAR-Archiv (die Datei „Neumi.jar“) auszuwählen und in einem Verzeichnis (z. B. „C:\Neumi\“) zu speichern. Im Nachfolgenden wird dieses Verzeichnis NEUMI-HOME genannt. Die nächsten 3 Schritte beschreiben, wie Neumi unter Windows ausgeführt werden kann. Andere Betriebssysteme erfordern ggf. leicht angepasste Vorgehensweisen.

Den Java-Interpreter installieren

Neumi wurde in der Programmiersprache Java implementiert. Bei der heruntergeladenen Datei „Neumi.jar“ handelt es sich um eine Archiv-Datei, die nicht ausgepackt werden sollte. Zu ihrer Ausführung wird ein Java-Interpreter benötigt. Betriebsfähige Rechner besitzen häufig einen schon vorinstallierten Java-Interpreter. In der Regel liegt dieser im Verzeichnis „C:\Programme\“ bzw. „C:\Programme Files\“, dort innerhalb eines Unterverzeichnisses der Form „Java\jre<version>\bin“ oder „Java\jdk<version>\bin“. Findet sich auf dem Rechner kein ähnliches Verzeichnis, kann der Java-Interpreter kostenlos von der Webseite http://www.java.com/de/download/ heruntergeladen und anschließend installiert werden. Es ist diejenige Installationsdatei auszuwählen, die für das Betriebssystem des Rechners geeignet ist. Im Nachfolgenden wird das Installationsverzeichnis des Java-Interpreters JAVA-HOME genannt (z. B. „C:\Programme\Java\jre1.5.0_06\bin“).

Für den Fall, dass der Java-Interpreter schon vorinstalliert war, kann dessen Konfiguration mittels folgenden Befehls in der Eingabeaufforderung geprüft werden:

```
java -version
```

Ist der Interpreter richtig konfiguriert, wird bei obigem Aufruf ausgegeben, welche Java Version auf dem Rechner installiert ist (s. Abb. A.1). In diesem Fall kann der nächste Schritt (Java-Interpreter konfigurieren) übersprungen werden.

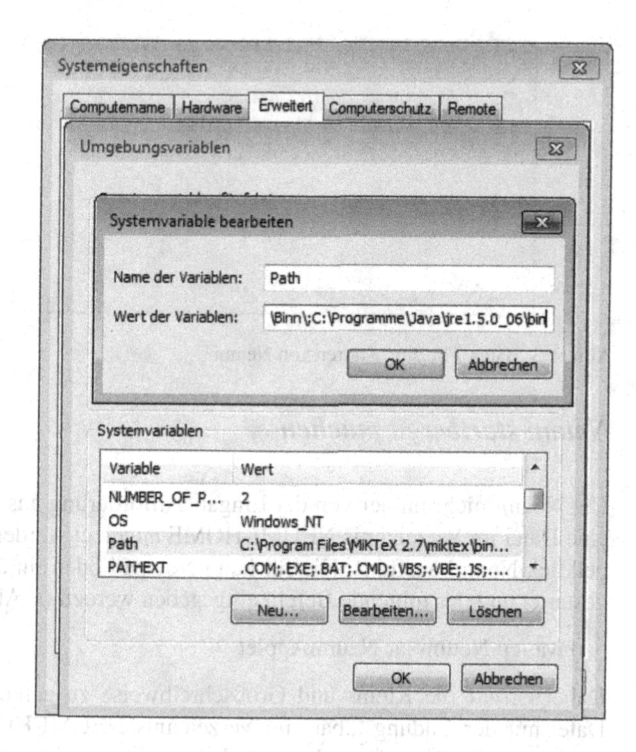

Abb. A.2 Dialog zum Bearbeiten von Umgebungsvariablen

Den Java-Interpreter konfigurieren

Um die Ausführung von Neumi zu vereinfachen ist es notwendig, dass der Java-Interpreter richtig konfiguriert ist. Bei der Konfiguration muss dem Betriebssystem mitgeteilt werden, in welchem Verzeichnis er den Java-Interpreter findet. Dazu muss der Umgebungsvariable „Path" der Pfad zum Java-Interpreter angehängt werden. Unter Windows 7 funktioniert das z. B. wie folgt:

- Öffnen der Systemsteuerung
- Klicken auf den Link *System*
- Klicken auf den Link *Erweiterte Systemeinstellungen*
- Klicken auf den Link *Umgebungsvariablen*.

Es erscheint ein Dialog zum Bearbeiten von Umgebungsvariablen (s. Abb. A.2). Im Bereich „Systemvariablen" kann nach der Umgebungsvariable mit dem Namen „Path" gesucht werden. In dem Feld mit dem Wert dieser Variable ist am Ende ein Semikolon (;) und anschließend der Pfad JAVA-HOME einzufügen. Abbildung A.2 stellt das Ergebnis dar. Zur Kontrolle, ob die Konfiguration erfolgreich war, soll die Eingabeaufforderung gestartet und der Test aus vorherigem Abschnitt durchgeführt werden (also Eingabe des Befehls „java -version").

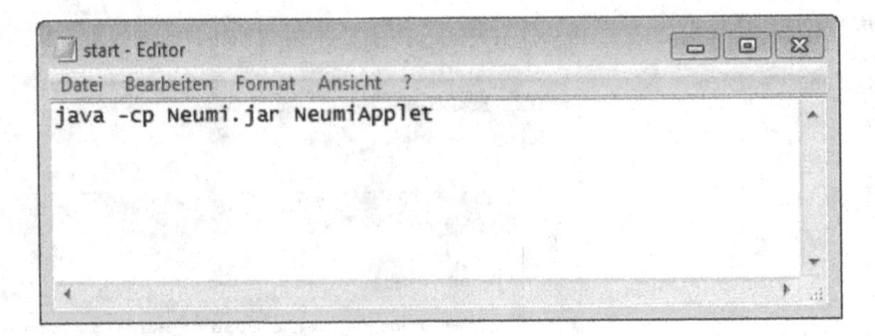

Abb. A.3 Batch-File zum Starten von Neumi

Neumi startbereit machen

Um Neumi nicht immer von der Eingabeaufforderung aus starten zu müssen, kann eine Datei im Verzeichnis NEUMI-HOME angelegt werden, die später durch Doppelklick Neumi ausführt. Hierfür kann Notepad oder ein ähnliches Textprogramm gestartet und der folgende Befehl eingegeben werden (s. Abb. A.3):

```
java -cp Neumi.jar NeumiApplet
```

Dabei ist auf die Klein- und Großschreibweise zu achten. Anschließend ist die Datei mit der Endung „.bat" im Verzeichnis NEUMI-HOME zu speichern, z. B. als „start.bat". Diese Datei kann auch von Internetseite zum Buch heruntergeladen werden.

Nun kann Neumi per Doppelklick auf obige Datei gestartet werden.

A.3 Prioritäten von Operatoren in Ausdrücken

In Programmiersprachen erfolgt die Auswertung von Ausdrücken mit mehreren Operatoren nach einer definierten Reihenfolge, die in einer Prioritätentabelle veranschaulicht werden kann. Für die Programmiersprache C fasst folgende Tabelle die Prioritäten der in Kap. 6 eingeführten Operatoren zusammen, ergänzt um weitere C (z. B. Bedingungsoperator) und C++ Operatoren.

Bezeichnung	Operator	Priorität	Assoziativität
Komponentenzugriff bei Klassen und Feldern, Klammerung	−>, ., [ ], ( )	15	Links
Zeiger- und unäre Operatoren	++, − −, +, −, ~. !, &(Adresse), *(Dereferenzierung)	14	Rechts
Typkonvertierung	( )	13	Links
Multiplikation, Division, Modulo	*, /, %	12	Links
Addition, Subtraktion	*, −	11	Links

Bezeichnung	Operator	Priorität	Assoziativität
Verschiebung	<<, >>	10	Links
Vergleich	<, >, <=, >=	9	Links
Vergleich	==, !=	8	Links
Bitweises UND	&	7	Links
Bitweises EXKLUSIV ODER	∧	6	Links
Bitweises ODER	|	5	Links
Logisches UND	&&	4	Links
Logisches ODER	||	3	Links
Bedingung	?:	2	Links
Zuweisung	=	1	Links

A.4 Entwicklungsumgebung Dev-C++

Um die Programmierbeispiele in diesem Buch nachvollziehen zu können, empfiehlt sich die Installation einer überschaubaren Entwicklungsumgebung (IDE), welche vor Allem kostenfrei verfügbar ist. Ein gutes Beispiel für die C und C++ Entwicklung ist das Tool namens Dev-C++ für das Windows Betriebssystem. Im Folgenden werden das Tool und dessen Verwendung kurz beschrieben.

Dev-C++ kann z. B. unter http://www.bloodshed.net/dev/devcpp.html kostenfrei heruntergeladen werden. Hinweise zur Installation sind ebenfalls online zu finden. Abbildung A.4 stellt das Hauptfenster von Dev-C++ nach der Installation dar.

Zur Eingabe eines Programms in der Dev-C++ IDE muss eine neue Datei angelegt werden. Hierfür dient folgender Menüeintrag:

„Datei → Neu → Quelldatei“

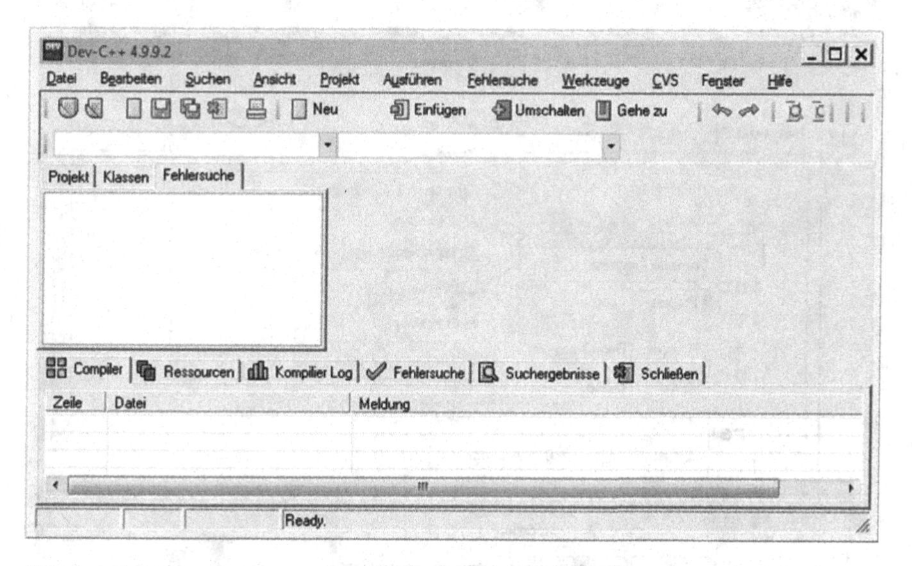

Abb. A.4 Dev-C++ Oberfläche

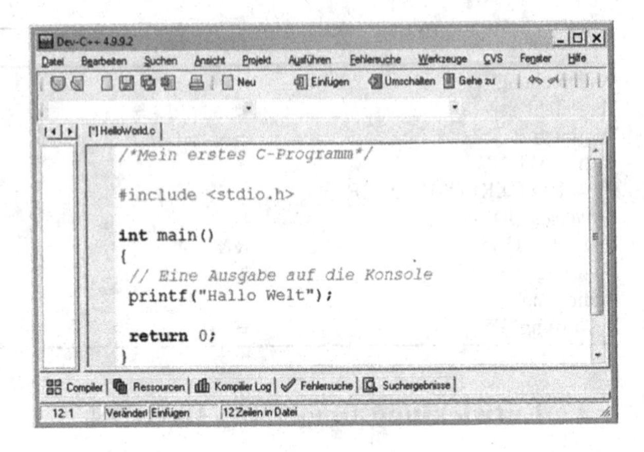

Abb. A.5 Ein Programm in Dev-C++

Anschließend kann in die neu erzeugte Datei der Quellcode zum Programm eingegeben werden, wobei darauf zu achten ist, dass C zwischen Klein- und Großschreibweise unterscheidet. Abbildung A.5 zeigt ein in Dev-C++ geschriebenen Quellcode.

Um ein in Dev-C++ entwickeltes Programm ausführen zu können, muss die Datei bzw. müssen die Dateien mit dem Quellcode in einem Verzeichnis gespeichert und anschließend kompiliert werden. So kann z. B. obiges Programm in einer Datei namens „HelloWorld.c" gespeichert werden. Der Dateiname sollte stets die Endung „.c" haben. Der Kompiliervorgang kann über folgenden Menüeintrag gestartet werden, wie in Abb. A.6 dargestellt.

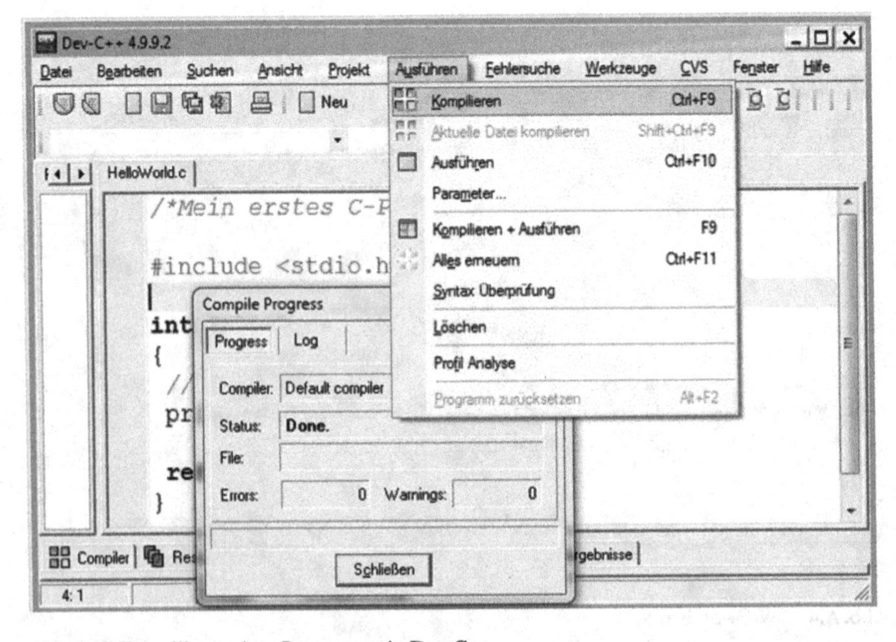

Abb. A.6 Kompilieren eines Programms in Dev-C++

„*Ausführen → Kompilieren*“

Wenn der Quellcode korrekt eingegeben wurde, wird das Programm fehlerfrei kompiliert. Nach erfolgreicher Kompilierung kann das Programm über folgenden Menüeintrag gestartet werden:

„*Ausführen → Ausführen*“

Bei der Ausführung geht im Betriebssystem Windows ein Fenster auf, das sich nach Ausführung der letzten Anweisung der `main()`-Methode (im obigen Beispiel **`return`** `0;`) wieder schließt. Um das sofortige Schließen des Fensters zu meiden, z. B. um die Ausgabe auf dem Bildschirm zu untersuchen, kann vor der letzten Anweisung noch die Anweisung getchar(); eingefügt werden. Bei der Ausführung dieser Anweisung wartet das Programm, bis die ENTER-Taste betätigt wurde.

Sachverzeichnis

M. Eigner et al., *Informationstechnologie für Ingenieure*,
DOI 10.1007/978-3-642-24893-1, © Springer-Verlag Berlin Heidelberg 2012